Klimahybris

Klaus Dethloff

# Klimahybris

## Zwischen Realität und Simulation

Springer

Klaus Dethloff
Kühlungsborn, Deutschland

ISBN 978-3-662-73323-3 ISBN 978-3-662-73324-0 (eBook)
https://doi.org/10.1007/978-3-662-73324-0

Die Deutsche Nationalbibliothek verzeichnet diese Publikation in der Deutschen Nationalbibliografie; detaillierte bibliografische Daten sind im Internet über https://portal.dnb.de abrufbar.



Covermotiv: © Autor; aus Orgis, T., 2013, Unstetige Galerkin-Diskretisierung niedriger Ordnung in einem Multiskalenmodell der atmosphärischen Dynamik, Diss. Math.-Nat. Fakultät der Universität Potsdam, Abb. C3. Wirbelentwicklung im Horizontalschnitt der Wirbelstärke nach 7 Tagen; Konturintervall $10^{-4}$ $s^{-1}$.

Planung/Lektorat: Simon Shah-Rohlfs
Springer ist ein Imprint der eingetragenen Gesellschaft Springer-Verlag GmbH, DE und ist ein Teil von Springer Nature.
Die Anschrift der Gesellschaft ist: Heidelberger Platz 3, 14197 Berlin, Germany

*„Die Hybris, die uns versuchen lässt, das Himmelreich auf Erden zu verwirklichen, verführt uns dazu, unsere gute Erde in eine Hölle zu verwandeln."*

*K. Popper*

**Dank** Dieses Buch widme ich dem Andenken an meine Eltern Walter Dethloff (1919–1998) und Marie Dethloff, geb. Oswald (1921–2010) sowie meine Schwiegereltern Budai János (1916–1993) und Budai Margit, geb. Beke (1928–2016).

Ich erinnere mit diesem Buch auch an Prof. E. A. Lauter (1920–1984), Direktor des Zentralinstituts für Solar-Terrestrische Physik der Akademie der Wissenschaften der DDR, der mich 1973 als Forschungsdoktorand im Observatorium für Ionosphärenforschung Kühlungsborn einstellte.

Meiner Frau Gyöngyi Dethloff danke ich für einzigartige Unterstützung beim Schreiben des Buches in Kühlungsborn an der mecklenburgischen Ostseeküste und im ungarischen Miske. Unseren Kindern Claudia Mitzschke, geb. Dethloff und Dr. Thomas Dethloff bin ich für ihre ständige Unterstützung in allen Lebenslagen sehr dankbar.

Ein herzlicher Dank gilt meinem Lektor Herrn Simon Shah-Rohlfs für die umfassende Betreuung und Frau Abirami Sankar, beide vom Springer-Verlag, für die technische Umsetzung. Dr. Thomas Orgis danke ich für seine Abbildung zur Erstellung des Buchcovers. Dr. Andreas Benkel danke ich für Unterstützung bei der Erstellung von Abb. 16.4.

Ich danke dem National Center for Environmental Prediction NCEP/NCAR für die Nutzung seiner Re-Analysedaten (http://psl.noaa.gov/NCEP/NCAR Reanalysis Data) und dem Climate Change Institute, University of Maine (https://ClimateReanalyzer.org) für die Nutzung der verfügbaren Re-Analyse- und CMIP-Modelldaten. Mein Dank gilt auch dem European Center for Medium-Range Weather Forecast ECMWF (https://apps.ecmwf.int/datasets) und dem Climate Change Service Copernicus der Europäischen Kommission (https://climate.copernicus.eu/) und (https://thermaltrace.climate.copernicus.eu).

Für seine strategische Weitsicht und intellektuelle Unterstützung beim Aufbau der Atmosphärenforschung in der AWI Forschungsstelle Potsdam gilt Herrn Prof. Ernst Augstein mein herzlichster Dank.

Es ist mir ein Bedürfnis, den Professoren Gotthilf Hempel, Heinz Miller, Dieter Fütterer, Dirk Olbers, Wolfgang Hiller sowie Herrn Dr. Uwe Nixdorf und Herrn Dr. Rainer Paulenz aus Bremerhaven, Prof. Hans von Storch und Prof. Klaus Fraedrich aus Hamburg für ihre Weichenstellung und Unterstützung beim Aufbau der AWI Forschungsstelle Potsdam Dank zu sagen.

Den geschätzten Doktoren Hartwig Gernandt, Annette Rinke, Roland Neuber, Peter von der Gathen und Dörthe Handorf gilt mein Dank für unsere Arbeiten in der Potsdamer Gründerzeit.

**Interessenskonflikt** Der/die Autor*in hat keine relevanten Interessenskonflikte im Zusammenhang mit dieser Publikation.

# Maßeinheiten

**Geopotenzial:** Darstellung der potenziellen Energie eines Luftpaktes mit der Masse von 1 kg in einer bestimmten Höhe der Atmosphäre. Die Höhe z des Luftpakets über der Erdoberfläche wird mit der Erdbeschleunigung g multipliziert. Maßeinheit des Geopotenzials ist das geopotenzielle Meter gpm. Dabei ist 1 gpm = 9,8 $m^2/s^2$. Die geopotenzielle Höhe z einer Druckfläche in m ergibt sich aus der Division des Geopotenzials durch die Schwerebeschleunigung.

**Temperatur, Temperaturdifferenz**

Temperatur: °C (Grad Celsius)

Temperaturdifferenz: K (Grad Kelvin); In einigen Abbildungen werden Temperaturdifferenzen auch in Grad Celsius angegeben.

**hPa-Luftdruck**

1 Pa = 1N/$m^2$ = 1 kg/$ms^2$

1 hPa = 100 Pa

1 hPa = 1 mb (Millibar)

Atmosphärischer Luftdruck in Meereshöhe ca. 1013 hPa

**Umrechnung von Luftdruck (hPa) in Höhe (km)**

850 hPa ca. 1,5 km

700 hPa ca. 3 km

500 hPa ca. 5 km

300 hPa ca. 10 km

10 hPa ca. 30 km

**$CO_2$-Konzentration**
1 ppm = 1 Molekül $CO_2$ / $10^6$ Luftmoleküle
1 ppmv = 1 Volumenanteil $CO_2$ / $10^6$ Volumenanteile Luft (Volumenmischungsverhältnis)

**TW-Terrawatt, MW-Megawatt**
1 TW = $10^{12}$ W
1 MW = $10^6$ W

**Tg-Terragramm**
1 Tg = $10^{12}$ g, entspricht $10^9$ kg oder $10^6$ t

**Gt-Gigatonne**
1 Gt = $10^9$ t

**J-Joule**
1 J = 1 $kgm^2s^{-2}$ = 1 Ws
Exajoule: 1 EJ = $10^{18}$ J

***µm-Mikrometer***
1 $\mu m = 10^{-6}$ m

**TCF-Terrakubikfuß**
1 TCF = $10^{12}$ Kubikfuß

# Inhaltsverzeichnis

# Erläuterung der Akronyme

| | |
|---|---|
| AA | Arctic Amplification |
| AKM | Akademie-Mitglied |
| AMOC | Atlantic Meridional Overturning Circulation |
| AO | Arctic Oscillation Pattern |
| AOGCM | Atmospherice Ocean General Circulation Model |
| ATL | Atlantic Pattern |
| AWI | Alfred-Wegener-Institut |
| BIP | Bruttoinlandsprodukt |
| BKS | Barents- und Karasee |
| BMFTR | Bundesministerium für Forschung, Technologie und Raumfahrt |
| CESM1 | Community Earth System Model Version 1 |
| CESM2 | Community Earth System Model Version 2 |
| CMIP5 | Coupled Model Intercomparison Project 5 |
| CMIP6 | Coupled Model Intercomparison Project 6 |
| DJF | Dezember, Januar, Februar |
| Dipol SH | Dipol Sibirisches Hoch |
| DWD | Deutscher Wetterdienst |
| ECMWF | European Centre for Medium-Range Weather Forecasts |
| EOF | Empirische Orthogonale Funktion |
| EP | Eliassen-Palm-Flüsse |
| EPA | Environmental Protection Agency |
| ERA5 | European Reanalysis from 1940 to Present |
| ERA | Interim Global Atmospheric Reanalysis from 1979 to 2019 |
| ESM | Earth System Model |
| EU | European Union (Europäische Union) |
| EUA | European Environment Agency |
| FZ | Ferrel-Zelle |
| GCM | General Circulation Model |

| | |
|---|---|
| GFDL | Geophysical Fluid Dynamics Laboratory |
| GHG | Greenhouse Gases (Treibhausgase) |
| GND | Green New Deal |
| HZ | Hadley-Zelle |
| IPCC | Intergovernmental Panel on Climate Change |
| IEA | International Energy Agency |
| JJA | Juni, Juli, August |
| LENS2 | CESM2 Large Ensemble Community Project |
| LNG | Liquefied Natural Gas (Flüssigerdgas) |
| MPI | Max-Planck-Institut |
| MSLP | Mean Sea Level Pressure (mittlerer Luftdruck in Meereshöhe) |
| NAO | North Atlantic Oscillation |
| NASA | National Aeronautics and Space Administration |
| NCEP | National Center for Environmental Prediction |
| NCAR | National Center for Climate Research |
| NGO | Non-Governmental Organisation |
| NOAA | National Oceanic and Atmospheric Administration |
| NSF | National Science Foundation |
| PNA | Pacific North-America Pattern |
| PlaSim | Planet Simulator Model |
| PV | Potential Vorticity |
| RCM | Radiative Convective Model |
| RCP8.5 | Radiative Concentration Pathway 8,5 W/m$^2$ im Jahr 2100 in CMIP5 |
| RWQ | Rossby-Wellenquelle |
| SCAND | Scandinavian Pattern |
| SLP | Sea Level Pressure (Luftdruck in Meereshöhe) |
| SST: | Sea Surface Temperature (Temperatur der Wasseroberfläche) |
| UNEP | United Nations Environment Programme |
| UN | United Nations (Vereinte Nationen) |
| USAID | United States Agency for International Development |
| SSP585 | Radiative Concentration Pathway 8,5 W/m$^2$ im Jahr 2100 in CMIP6 |
| SSP245 | Radiative Concentration Pathway 4.5 W/m$^2$ in the year 2100 in CMIP6 |

# 1
# Prolog

**Hinweisfenster**

**Menschliche Hybris manifestiert sich in der Ausblendung der Folgen anthropogener Eingriffe in das Klimasystem und dem Wunschdenken einer Dekarbonisierung des globalen Wirtschaftssystems. Der Klimawandel bildet den Deckmantel für alle möglichen Interessengruppen, um von eigenen Verfehlungen abzulenken. Übertreibungen, blinde Flecken und Scheuklappen bestimmen die Diskussionen im Spagat zwischen gesellschaftlicher Produktion von Reichtum und dessen privater Aneignung. Von dem Geschäft mit der Klimarettung vor der durch eine ungezügelte Marktwirtschaft verursachten Klimakatastrophe profitiert eine große darum gestrickte Industrie.**

## Selbstüberschätzung

In seinen Metamorphosen warnte der römische Dichter Ovid (43 v. Chr. bis 17 n. Chr.) vor der Hybris, der Selbstüberschätzung des Menschen. Phaethon, der Sohn des Sonnengottes, bittet seinen Vater Phoebus darum, nur einen Tag lang den Sonnenwagen über den Himmel lenken zu dürfen. Dieser warnt ihn, die Rosse nicht zu sehr anzutreiben, sondern eher zu zügeln. Er soll den Wagen auch auf den früheren Bahnen halten, die er an den Radspuren erkennen kann. Wenn der Wagen der Sonne zu nahe kommt, verbrennt er, und sinkt er zu tief, wird die Erde in Flammen aufgehen und vernichtet. Phaeton kann trotz der dringlichen Hinweise des Vaters zur Vorsicht den von wilden Rossen gezogenen Wagen nicht steuern, verliert die Kontrolle und rast steuerlos über den Himmel. Dabei versengt er Nordafrika, lässt Europas Norden zu



K. Dethloff, *Klimahybris*, https://doi.org/10.1007/978-3-662-73324-0_1

Eis gefrieren und verursacht ein Klimachaos. Phaethon stürzt infolge eigener Selbstüberschätzung ab. Sein Scheitern steht symbolisch für den Fortschrittsglauben und die vergifteten Folgen menschlicher Eingriffe in das unberechenbare Klimasystem der Erde.

Den ersten experimentellen Nachweis des Einflusses von künstlich erzeugtem Kohlendioxid auf die Zunahme der atmosphärischen Lufttemperaturen erbrachte Calendar (1938). Er führte deren Anstieg über Landregionen von 1880 bis 1935 um 0,3 K auf eine sechsprozentige $CO_2$-Erhöhung zurück, aber seine Arbeiten wurden vergessen und erst nach den 1958 initiierten $CO_2$-Messungen von Keeling et al. (1976) wiederentdeckt. Die Keeling-Kurve der Zunahme von $CO_2$-Konzentrationen in der Atmosphäre hat maßgeblich zur Entwicklung der Klimaforschung beigetragen. In führenden Forschungszentren der Welt wurden ab 1964 numerische Klima- und Erdsystemmodelle entwickelt, die auf den Pionierarbeiten von Joseph Smagorinsky basierten. Sie wurden durch die Verleihung des Physik-Nobelpreises im Jahr 2021 an Klaus Hasselmann (MPI Hamburg) und Syukuro Manabe (GFDL Princeton) gewürdigt. Beiden wurde der Preis für die physikalische Modellierung des Erdklimas, die Quantifizierung der Variabilität und die zuverlässige Vorhersage der globalen Erwärmung zuerkannt. Die auf sie zurückgehenden Erdsystemmodelle stellen herausragende wissenschaftliche Leistungen dar und haben sich zu unverzichtbaren Instrumenten der Zivilgesellschaften entwickelt. Ihre Entwicklung ist ähnlich hoch einzuschätzen wie der Bau des größten zivilen Verkehrsflugzeugs der Welt, dem Airbus A-380, einem Flugzeug der Superlative. Klimamodelle ermöglichen es, die Wirkungsweise des nichtlinearen Klimasystems zu verstehen, die Auswirkungen menschlicher Eingriffe zu bewerten und Voraussagen und Szenarien zu liefern. Die erzeugten Datensätze bilden die Basis für internationale Forschungsprogramme und werden für die Sachstandsberichte des Intergovernmental Panel on Climate Change (IPCC) genutzt. Die Ursachen des globalen und regionalen Klimawandels gehören zu den fundamentalen Fragen der Zeit, und glaubwürdige Antworten können nur mit Hilfe der komplexesten und am weitesten entwickelten Klimamodelle geliefert werden.

Das Klima der Erde entsteht durch nichtlineare Wechselwirkungen unterschiedlicher natürlicher Systeme. Deren Modellierung auf Supercomputern stellt ein schwieriges Problem dar. Da jedes Klimamodell Stärken und Schwächen hat, ist internationale Zusammenarbeit für den Vergleich der Ergebnisse verschiedener Modelle und deren Weiterentwicklung unerlässlich. Dadurch können Modellergebnisse aus verschiedenen Blickwinkeln bewertet und Unsicherheiten der Klimaprojektionen reduziert werden. Die am weitesten entwickelten Erdsystemmodelle werden mittels großer Modellensembles zur

Quantifizierung der internen Variabilitätsmoden des Klimasystems eingesetzt. Sie dienen auch als virtuelles Laboratorium für gezielte Experimente zum Verständnis der Ursachen von Klimaänderungen der Gegenwart und Vergangenheit. Eine dritte Anwendung betrifft die Erstellung von Klimaprojektionen der Zukunft für unterschiedliche Emissionsszenarien, basierend auf möglichen ökonomischen Entwicklungspfaden. Diese werden in der Klimapolitik als fundamentale Leitplanken für den Umgang mit dem anthropogenen Treibhauseffekt betrachtet. Der intellektuelle und finanzielle Aufwand zur Lösung der skizzierten Aufgaben in den führenden Klimaforschungszentren übertrifft den eines Formel-1-Teams.

Das Klimaproblem hat sich zu einem politischen Reizthema entwickelt, in dem eine heuchlerische Debatte mit Halbwahrheiten, gefilterten Expertenmeinungen und medialer Einseitigkeit unter dem Regenschirm *„Follow the Science"* geführt wird. Wissenschaft liefert keine absoluten Wahrheiten, sondern entwickelt Hypothesen. Dazu gehören, wie Hoven (2025) schreibt, auch Korrekturen, die sich exemplarisch nach der Coronapandemie 2020 herausstellten. Die deutsche Regierung politisierte damals unterstützt von bereitwillig liefernden Wissenschaftlern wissenschaftliche Fakten, um demokratische Einschnitte des übergriffigen Staates zu rechtfertigen. In der Klimadiskussion, in der *„wissenschaftliche Zulieferer"* durch handverlesene Personen und Institutionen bereitstehen, ist eine ähnliche Tendenz zu beobachten. Diese Zulieferer stellen die gewünschten Expertenurteile bereit, die von der Politik als Machtmittel eingesetzt werden. Die Ignorierung kontroverser Meinungen in der Klimadebatte in Medien und Politik engen den gesellschaftlichen Diskursraum ein und zerstören das Vertrauen in die Wissenschaft. Das Gefühl, nicht wahrhaftig informiert, sondern umerzogen zu werden, hat dazu geführt, dass sich viele Bürger von traditionellen Parteien und Leitmedien abwenden und nach Alternativen suchen.

Wie Liessmann (2024) schreibt, bildet der globale Klimawandel den Deckmantel für alle möglichen Interessengruppen, um von eigenen Verfehlungen abzulenken: *„Wenn alles dem Klima zugeschrieben werden kann, dann waren es eben nicht riskantes, spekulationsbetriebenes Bauen, Flussbegradigungen, Bodenversiegelungen, Abholzungen und Monokulturen, die uns die sommerlichen Miseren bescheren. Die Bereitschaft, in jeder Naturkatastrophe den definitiven Beweis für den Klimawandel zu sehen, darf nicht die Einsicht blockieren, dass vieles aus unterschiedlichen Gründen falsch gemacht wurde."* Mausfeld (2025) erklärt, dass die diabolische Doppelnatur der kapitalistischen Ordnung auf ideologischer Verblendung beruht. Obwohl sie einem Raubabbau aller Ressourcen entspringt und die Zukunft durch selbstgeschaffene Folgeprobleme in Frage stellt, *„empfiehlt sich der Kapitalismus für die Bewältigung seiner Zerstörungsfolgen immer wieder selbst als Therapie … In diesem Versprechen liegt die* *große illusionserzeugende Kraft.*" Die in den Neujahrsreden beschworene Solidarität und der Gemeinschaftssinn einer Zivilgesellschaft wurden durch den marktführenden Neoliberalismus ausgehöhlt. dieser hat zu Individualisierung und Atomisierung der Gesellschaft geführt, in der auf dem Arbeitsmarkt jeder Konkurrent jedes anderen ist und der Mensch zunehmend nur noch als Konsument zählt.

## Lastenverteilung

Der ökologische Umbau zu einer Welt mit nichtfossiler Energie hat bereits begonnen, doch ein großer Teil der Bevölkerung spürt, dass die damit verbundenen finanziellen Belastungen von ihr getragen werden und ihren Lebensstandard reduzieren. Nicht nur in der Klimadebatte, sondern auch bei anderen strittigen Themen wie Krieg, Aufrüstung, Verteidigung, Energieversorgung und Sozialstaat wird es schwieriger, einen gesellschaftlichen Konsens der unterschiedlichen Perspektiven zur Lastenverteilung zu finden. Blakeley (2025) beschreibt, dass das permanente Gerede von der Freiheit im Kapitalismus eine „*Nebelkerze*" darstellt, die durch Subventionen, staatliche Steuererleichterungen und Absprachen in Hinterzimmern die Reichen schützt. Die Bürger werden durch eine staatlich erschaffene Plutokratie entmündigt und müssen in Krisen wie bei der Bankenrettung 2008 ohne demokratische Kontrolle mit ihrem Steuergeld Finanzkonzerne alimentieren. Eine Allianz von Politik- und Wirtschaftseliten betreibt einen globalen Überbietungswettbewerb zur Ansiedlung internationaler Konzerne mit Staats-Subventionen und dem gleichzeitigen Abbau von mühsam erkämpften Sozialleistungen. Cremer (2025) stellt mit Recht fest, dass Deutschland weiterhin zu den Ländern mit einem hohen Lebensstandard gehört und seinen Bürgern die Leistungen eines funktionierenden Sozialstaats sichert. Deshalb müssen Mängel benannt und abgestellt werden, aber die Erregung über ideologische Streitfragen und Probleme darf nicht zur Erzeugung einer Katastrophenstimmung missbraucht werden, die demokratische Institutionen untergräbt und die Lösung grundlegender Probleme behindert.

Laut Liessmann (2024) sind „*Hurrikans und das Schmelzen der Polkappen, die nahen und fernen Kriege, der Hunger in Afrika, der Terror in den großen Städten und die Exzesse in den sozialen Medien, die Zukunft des Bildungswesens und der Zustand der Europäischen Union, die Lage der Flüchtlinge und der Aufstieg des Rechtspopulismus, die autoritären Machthaber in Asien, die Krise der Demokratie und die Verletzung der Menschenrechte: alles Gegenstände der Sorge und Besorgnis*". Staab (2025) charakterisiert den inneren Widerspruch der bürgerlichen Gesellschaft, der *„in der Aneignung gesellschaftlich produzierten Reichtums durch wirtschaftliche Eliten"* besteht. Die Herrschaftsideologie zum Erhalt politischer Loyalität beinhaltet das Zukunftsversprechen, die steigenden Forderungen der Bevölkerung durch Wachstum zu befriedigen. Der dadurch entstandene ökologische Krisenzustand konfrontiert die Masse der Menschen mit der Angst vor dem Zusammenbruch ihrer bisher verfolgten Lebensmodelle. Staab (2025) formuliert diese Analyse auch für den grünen Kapitalismus mit einer sozial-ökologischen Marktwirtschaft: *„Politische Konfliktfelder, in denen einmal um die Verbesserung der Gesellschaft gestritten wurde, sind heute Ort der krampfhaften Verteidigung eines eigentlich als unhaltbar betrachteten Status Quo."*

In Ländern mit westlichem Lebensstil hat sich ein instabiler Gradient zwischen moralischer Rhetorik und geopolitischer Realität entwickelt. Die bisherigen Konzepte von Wirtschaftswachstum, Wohlstand und Fortschritt mit ausuferndem Konsum, Eigennutz und Profitmaximierung werden in Frage gestellt. Kehnel (2021) schlägt vor, durch Wiederentdeckung von Kreislaufwirtschaft und gemeinnützigem Denken Nachhaltigkeit auf einem Planeten mit begrenzten Ressourcen zu erzwingen. Dieser Perspektive kann man in der geopolitischen Großwetterlage aber nur wenig Vertrauen schenken. Übertreibungen, blinde Flecken und Scheuklappen bestimmen die Diskussionen im Spagat zwischen gesellschaftlicher Produktion von Reichtum und dessen privater Aneignung. Die Anerkennung von Meinungsvielfalt, die aus den divergierenden Interessenkonflikten der Bevölkerungsschichten in diesem fundamentalen Widerspruch resultiert, wird durch die Medien und die Politik nicht abgebildet. Wenn wissenschaftliche Hypothesen als Fakten und Prognosen als Realitäten verkauft werden, siedelt sich die Berichterstattung nach Hoven (2025) dicht an der Lüge an. So misstrauen rund 24 % der Menschen der medialen Berichterstattung über den Klimawandel. Wie in der Coronapandemie setzt die Politik auch in der Klimadebatte Angsterzeugung zur Durchsetzung ihrer politischen Agenda ein. Man kann in der Klimadebatte einen Verfall der Glaubwürdigkeit von Meinungen selbsternannter Klimaexperten feststellen, die eng mit Printmedien zusammen agieren. Abweichende Ansichten und Wahrnehmungen der Menschen kommen in den Leitmedien nicht vor, weil diese sich zum moralischen Sprachrohr der Politik prostituiert haben.

Wie Mausfeld (2025) ausführt, wird in kapitalistischen Demokratien ein massenwirksames Trugbild gesellschaftlicher Realität errichtet. Dadurch *„lässt sich jederzeit ein ganzes Heer akademischer Söldner-Experten und Prokuratoren des Geistes bereitstellen, dessen Aufgabe es ist, die Narrativkontrolle in die gewünschte Richtung zu treiben, die ideologische Konformität zu stabilisieren und* *die Grenzen des zulässigen Diskurses zu markieren*". Diese Zustände erinnern die Bewohner der ehemaligen Ostblockländer an ihre Zeit im Sozialismus. Seit dem Ukrainekrieg und im Konflikt mit Russland hat sich nach Mausfeld (2025) die Wut der europäischen Machteliten zur Verteidigung ihres eigenen Weltbildes verstärkt, bei der sich die Realität nicht ihren Fantasien fügt und die Gefahren eines atomaren Weltkriegs mit verheerenden potenziellen Folgen für das Klima des Planeten bagatellisiert werden. Von dem Geschäft mit der Klimarettung vor der durch eine ungezügelte Marktwirtschaft verursachten Klimakatastrophe profitiert eine große darum gestrickte Industrie. Dadurch erstarken die politischen Ränder mit anderen Informationsräumen, wie man derzeit überall in Europa beobachten kann. Wie Hoven (2025) ausführt, leben wir alle in einer komplexen Welt, die wir mit unterschiedlichen Überzeugungen und Werten reflektieren, weswegen wir bei vielen Themen zu divergierenden Aussagen gelangen. Bereits Chargaff (1986) konstatierte, dass das Leben für den Einzelnen so kompliziert geworden ist, dass er die subtilen Manipulationen durch *„korrupte Politiker, hirnlose Militärs, kriegslüsterne Wissenschaftler, gierige Konzerne und die … widerwärtige Meinungsindustrie*" nicht mehr durchschauen kann.

Dieses Buch möchte zur Korrektur einer einseitigen medialen Berichterstattung über die Klimakrise beitragen. Die Komplexität des Klimaproblems ist derart groß, dass Meinungsjournalismus ein verzerrtes Weltbild mit gefilterten Fakten liefert. Wie Hoven (2025) betont, müssen scheinbar eindeutige Ergebnisse zu den Ursachen und Folgen der Erderwärmung hinterfragt werden, da andernfalls Wissenschaft in moralisierende Ideologie umzuschlagen droht. Dies gilt besonders für die in den Medien ignorierte Rolle interner Variabilität beim Klimawandel. Die Unabhängigkeit wissenschaftlicher Forschung als Voraussetzung für Erkenntnisgewinne wird durch die unter politischen Vorgaben erfolgende Drittmittelfinanzierung der EU und nationaler Forschungsministerien häufig eingeschränkt. Nach meiner eigenen Erfahrung bei der Antragstellung von EU-Projekten waren Förderlinien teilweise klar auf Arbeiten zum anthropogenen Klimawandel ausgerichtet. Wissenschaft sollte der Politik jedoch differenzierte Informationen zur Abwägung von Alternativen bereitstellen – nicht aber zu einem bereits vorab festgelegten Ergebnis gelangen. Dazu müssten Wissenschaftler unabhängig und nicht als Klimaaktivisten auftreten, denn politische Maßnahmen zur Lösung der Klimakrise sind die Aufgabe gewählter Volksvertreter. Hoven (2025) bemerkt dazu: *„Wissenschaftliche Erkenntnisse bewahren nur dann ihre Autorität, wenn die Menschen darauf vertrauen, dass Forscher persönliche Überzeugungen bei ihren Studien ausblenden."*

## Literatur

Blakeley, C., 2025. Die Geburt der Freiheit aus dem Geist des Sozialismus. Tropen. 492 S.

Calendar, G. S., 1938. The artificial production of carbon dioxide and its influence on temperature. Quart. J. Royal Met. Soc. 64, 223–240.

Chargaff, E., 1986. Ernste Fragen. Essays. Klett-Cotta. 288 S.

Cremer, G., 2025. Alles schrecklich ungerecht? Mythen, Halbwahrheiten, Fakten zum deutschen Sozialstaat. Herder. 256 S.

Hoven, E., 2025. Das Ende der Wahrheit. Wie Lügen, Fake News und Framing unsere Gesellschaft bedrohen und was wir dagegen tun müssen. Dumont. 303 S.

Keeling, C. D. et al., 1976. Atmospheric carbon dioxide variations at Mauna Loa Observatory, Hawaii. Tellus 28, 538–564.

Kehnel, A., 2021. Wir konnten auch anders. Eine kurze Geschichte der Nachhaltigkeit. Blessing. 486 S.

Liessmann, K. P., 2024. Lauter Lügen und andere Wahrheiten. Piper. 249 S.

Mausfeld, R., 2025. Hegemonie oder Untergang. Die letzte Krise des Westens. Westend. 210 S.

Ovid, 2023. Metamorphosen. Anaconda. 320 S. https://de.wikipedia.org/wiki/Phaethon_(Mythologie)

Staab, P., 2025. Systemkrise. Legitimationsprobleme im grünen Kapitalismus. Suhrkamp. 221 S.

# 2

# Klimakonflikte

**Hinweisfenster**

**Trotz internationaler Klimaschutzabkommen sind die weltweiten $CO_2$-Emissionen seit 1990 um 60 % und die Methanemissionen um 20 % gestiegen. Klimamodellsimulationen lassen auch nach dem Erreichen von globalen *„Nullemissionen"* weiter über Jahrzehnte andauernde Klimaänderungen erwarten. Der Lebensstil der Zivilgesellschaften mit Wachstums- und Konsumfetischismus verhindert die Entwicklung von Nachhaltigkeit. Auf der geopolitischen Weltkarte sind andere Prioritäten in den Vordergrund gerückt, das Klimaproblem dagegen in den Hintergrund. Die globale Ressourcenvergeudung könnte durch veränderte kulturelle Rahmenbedingungen mit der Entwicklung einer Kreislaufwirtschaft beendet werden. Diese erfordert reparierbare langlebige Güter, energieeffiziente Heizungssysteme, treibstoffsparende Autos, Reparatur- und Recyclingbetriebe, Produktion vor Ort, reduzierte $CO_2$-Fußabdrücke bei Nahrungsmitteln, im Massentourismus, Flugverkehr und in der Rüstungsindustrie. Statt des teuren Tankertransportes amerikanischen Flüssiggases über den Ozean könnte eine preiswerte Versorgung über das bestehende Pipelinenetz aus Russland erfolgen. Politischer Spin müsste zu Finanzinvestitionen in regenerative Energieerzeugung statt in sinnlose Rüstungsproduktion beitragen. Sowohl demokratische als auch autokratische politische Systeme stehen vor der Aufgabe, die komplexen sozioökologischen Transformationsprozesse tatsächlich voranzutreiben und die planetaren Belastungsgrenzen ernsthaft zu respektieren.**

## Plünderung des Planeten

In Deutschland und im übrigen Europa wurde die Klimadebatte ideologisiert, es wurde versucht, durch mediale Erziehungsarbeit und eine Propagandafassade die Menschen zur *„ökologischen Vernunft"* zu bringen. Darin offenbart



K. Dethloff, *Klimahybris*, https://doi.org/10.1007/978-3-662-73324-0_2

sich die Überheblichkeit divergierender Strömungen innerhalb der Machteliten, die Heilung des kapitalistischen Wirtschaftssystems durch ein *„grünes Wachstumsmodell"* versprechen. Das kapitalistische Wirtschaftssystem hat sich nach dem Zusammenbruch des sozialistischen Ostblocksystems durchgesetzt und durch Wirtschaftswachstum in manchen Erdregionen Armut und Hunger verringert. Die Antwort auf Bevölkerungswachstum und Urbanisierung ohne Wirtschaftswachstum sind aber *„Slums"*. Wie Marwecki (2025) beschreibt, leben heute 1,1 Mrd. Menschen in diesen schauerlichen Armutsinseln von prekärer Arbeit und ohne jeden sozialen Schutz. Wachsende Ungleichheit, Oligarchisierung und soziale Verwahrlosung finden nicht nur im globalen Süden, sondern auch in Ländern des reichen Nordens statt. Während in demokratisch regierten Ländern ein marktwirtschaftliches System mit staatlichen Regulierungs- und Umverteilungselementen verfolgt wird, setzen autokratisch regierte Staaten auf ein staatskapitalistisches Wirtschaftssystem mit strategischer Planung. Beide divergierende Ansätze der Gesellschaftsentwicklung in Demokratien und Autokratien benötigen für die Zukunftssicherung ihrer Länder stabile Klimabedingungen und unterstützen deshalb trotz politischer Differenzen klimapolitische Bemühungen der Dekarbonisierung.

Die geheuchelten Warnungen der politisch-intellektuellen Eliten vor der Klimakatastrophe beleuchten den schwierigen Spagat zwischen dem erforderlichen Wachstum der Volkswirtschaften, ihrer Konkurrenzfähigkeit auf dem Weltmarkt sowie den Anforderungen des Klimaschutzes. Die EU erwartet die Problemlösung durch „$CO_2$-*Nullemissionen*" bis zum Jahre 2050. China und Russland planen, Nullemissionen bis 2060 zu erreichen, Indien erst im Jahr 2070. Gegenwärtig ist nach Bart (2025) China für 29,2 % der Treibhausgasemissionen verantwortlich, die USA für 11,2 %, Indien für 7,3 %, die EU für 6,7 % und Russland für 4,8 %. Mausfeld (2025) macht den globalen Norden (USA, Kanada, Neuseeland, Israel, Japan, Südkorea und die EU-Länder) für 74 % des globalen Ressourcenverbrauchs zwischen 1970 und 2017 verantwortlich. Der parasitäre Lebensstil der entwickelten westlichen Länder geht mit einem gnadenlosen Ressourcenabbau der afrikanischen und südamerikanischen Kontinente einher, die auch die Umweltkosten zu tragen haben. Das Nettowachstum und der Lebensstandard der westlichen Volkswirtschaften beruhen zu großen Teilen auf der Plünderung der Ressourcen ökonomisch und militärisch schwächerer Weltregionen. Würden alle Erdbewohner soviel Ressourcen verbrauchen wie die USA oder Kanada, bräuchte man nicht nur eine, sondern fünf Erden. Die Erdölreserven der Welt beliefen sich im Jahr 2020 auf 236 Mrd. t. Die größten Reserven besitzen Venezuela und Saudi-Arabien, beide mit geschätzten 41 Mrd. t, gefolgt von Kanada mit 23 Mrd. t und Russland mit 15 Mrd. t. Diese Mengen werden in jedem Fall aus der Erde geholt und gefördert werden, um die Wirtschaft in Gang zu halten.

Borowiak et al. (2025) verdeutlichten in Klimamodellsimulationen, dass auch nach dem Erreichen von globalen Nullemissionen weiter über viele Jahrzehnte andauernde Klimaänderungen auftreten werden. Die teuer erkauften Emissionsreduktionen werden somit keinen sofort erkennbaren Nutzen bringen, was deren gesellschaftliche Akzeptanz erschwert. DeAngelo und Curry (2025) schätzen die Bedrohung durch den vom Menschen verursachten Klimawandel als weniger dramatisch ein und plädieren für eine langsamere Reduktion der Nutzung fossiler Rohstoffe und die Entwicklung eines Portfolios von Energiequellen. Die Transformation der Zivilgesellschaften durch Dekarbonisierung wird schwierig werden, teure Investitionen erfordern, sich über viele Jahrzehnte hinziehen und für die gegenwärtige Generation kaum sichtbare Effekte liefern. Die Grenzen der Biosphäre der Erde wurden als Folge der Bevölkerungsexplosion bereits dauerhaft überschritten, und selbst bei Nullemissionen verbleibt das kumulativ über die Jahrzehnte angereicherte $CO_2$ in der Atmosphäre und verändert die atmosphärischen Zirkulationsmuster. Deshalb werden Technologien zur Kohlenstoffabscheidung aus der Atmosphäre und Kohlenstoffspeicherung im Ozean oder auf Land sehr wichtig werden. Diese Technologien müssten mit hoher Priorität gefördert und entwickelt werden, um deren Preise wie bei Photovoltaikanlagen zu senken.

Lozán und Graßl (2024) beschreiben die direkte $CO_2$-Abscheidung aus der Umgebungsluft mithilfe chemisch-technischer Verfahren. Dabei wird Atmosphärenluft durch einen Filter geleitet, der das Kohlendioxid chemisch oder physikalisch bindet. Damit könnte man in energieintensiven Industrien wie der Stahl- und Zementproduktion sowie in Kohlekraftwerken das produzierte $CO_2$ aus dem Rauchgas abscheiden und die Emission von $CO_2$ in die Atmosphäre von vornherein vermeiden. Mit verbesserten Technologien könnten die hohen Kosten sinken und dazu beitragen, in der Europäischen Union Klimaneutralität zu erreichen. Dieser politische Wille schwächt sich aber angesichts des ökonomischen Abstiegs Europas gerade ab. Während Deutschland in der Solarindustrie die Segel gestrichen hat, sind Chinas $CO_2$--Emissionen im Jahr 2025 erstmals gesunken, weil das Land zum Weltmarktführer bei regenerativen Energiequellen in Form von Solarmodulen und Windkraft aufgestiegen ist. Marwecki (2025) schreibt, dass Chinas Aufstieg Hoffnungen für einen grünen Kapitalismus der Zukunft markiert, aber gleichzeitig auch ein technologisches Dilemma für den Westen darstellt.

## Re-Analysedaten

Der Hysterie und den medialen Übertreibungen bei der Beurteilung des Klimawandels kann man nur mit Analysen auf der Basis von Beobachtungsdaten entgegentreten. Deshalb benutze ich Ergebnisse des Climate Change Institute der Universität Maine, das einen nutzerfreundlichen Zugang zu globalen Re-Analysedaten des ECMWF und des NCEP bietet. ERA5 stellt die fünfte Generation der atmosphärischen Re-Analysedaten des globalen Klimas durch das ECMWF dar und umfasst den Zeitraum von Januar 1940 bis heute. Zur Erzeugung der atmosphärischen 2 m-Temperaturen und der Bodentemperaturen wurde ein Atmosphärenmodell mit einem Ozeanwellenmodell sowie einem Landoberflächenmodell gekoppelt. Stündliche Schätzungen atmosphärischer und ozeanischer Klimavariablen erfolgen mit einer horizontalen Auflösung auf einem 31-km-Gitter mit 137 Schichten von der Erdoberfläche bis zu einer Höhe von 80 km. Die Re-Analysedaten ERA5 assimilieren neben den Routinemessungen zusätzliche qualitätsgesicherte Beobachtungsdaten aus Wetterstationen, Radiosonden sowie Schiffs- und Satellitenmessungen.

Abb. 2.1 stellt die jährlich gemittelte 2 m-Lufttemperatur im Zeitraum 2005–2024 dar. Man erkennt in den mittleren Breiten gemäßigtes Klima mit Temperaturen von 10 °C, die den Aufstieg der Industrienationen Nordamerikas und Europas zu Wohlstand begünstigt haben. Die Temperaturen in den Tropen und Subtropen liegen hingegen bei 30 °C und bescheren den Bewohnern vielerlei Lebensprobleme. Die jährlichen Niederschlagsmengen betragen in den tropischen Regenwäldern etwa 480 cm, in mittleren Breiten aber nur 80 cm. Man erkennt auch deutlich die niederschlagsarmen Wüsten-

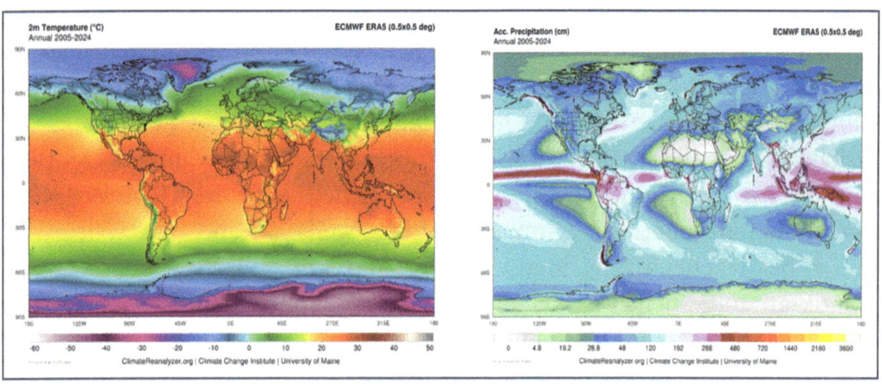


**Abb. 2.1** Jährlich gemittelte 2 m-Lufttemperatur (°C, links) und Niederschlagsverteilung (cm, rechts) im Zeitraum 2005–2024. (Quelle: Climatereanalyzer.org/research_tools/monthly_maps/)

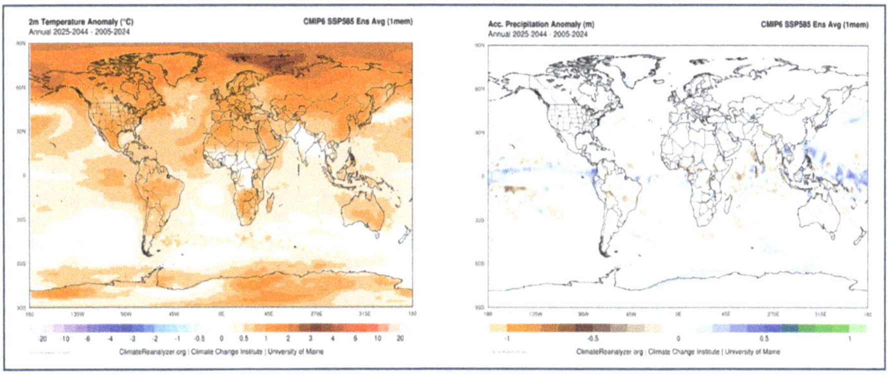


**Abb. 2.2** Vorausgesagte jährlich gemittelte 2 m-Lufttemperaturerhöhung (K, links) und Niederschlagsänderung (m, rechts) im Zeitraum „2025–2044 minus 2005–2024" aus CMIP6-Modellen mit dem SSP585 Szenario. (Quelle: climatereanalyzer.org/research_tools/monthly_maps/)

zonen in der Sahara und der Mongolei. Die in Abb. 2.2 dargestellte berechnete Temperaturerhöhung auf der Grundlage der CMIP6-Szenarienmodelle verdeutlicht, dass sich die mittleren und hohen Breiten zwischen 2025–2044 um 2–3 K erwärmen, aber auch die bereits unter hohen Temperaturen leidenden tropischen Regionen Afrikas und Asiens weitere Temperatursteigerungen verkraften müssen. Die zukünftige Niederschlagsverteilung wird sich am stärksten in den Tropen ändern und dort besonders die Regenwaldregionen betreffen. Die Änderungen in mittleren Breiten Europas werden in den kommenden zwei Jahrzehnten moderat ausfallen und keine größeren Gefahren für Landwirtschaft, Wasserversorgung und Ernährung heraufbeschwören.

Im Unterschied zu realen Daten sind Computersimulationen Modellorakel, die mit dem Schleier der Ungewissheit belastet sind. Die Anpassung an die prognostizierten Änderungen der Umwelt- und Lebensbedingungen erfordert realistische Strategien in angemessenen Zeiträumen, die sowohl den Lebensstandard der Bevölkerung als auch ausreichenden Klimaschutz gewährleisten können. Im Jahr 2024 importierten die EU-Länder Kohle, Öl und Gas im Wert von fast 400 Mrd. €, da Europa seinen Bedarf nicht aus eigenen Ressourcen decken kann. Obwohl seit den Arbeiten von Nobelpreisträger Klaus Hasselmann aus den 1980er-Jahren der menschliche Einfluss auf das Klima bekannt ist, konnte keine der dreißig Klimakonferenzen eine Wende erzwingen und den Vormarsch der weltweit expandierenden Öl- und Gasunternehmen aufhalten. Auf der 30. Klimakonferenz 2025 in Belém im brasilianischen Regenwald prallten die Gegensätze zwischen den Ölförderländern und den Verfechtern eines *„grünen Kapitalismus"* wieder aufeinander und erwiesen sich wie in der Vergangenheit als unlösbarer Gordischer Knoten divergierender Interessen.

Nach der Finanzkrise 2008 und unter dem Eindruck der Klimakrise entwickelten die begüterten Eliten der EU und der USA ein neues Geschäftsmodell für *„grünes Wirtschaftswachstum"*. Als Folge politischer Lobbyarbeit und mit großzügiger Unterstützung und Subventionierung durch EU-Institutionen konnten sie den Markt regenerativer Energien öffnen und mit Investitionen in erneuerbare Energien und Elektromobilität sowie $CO_2$-Bepreisung Geld verdienen. Bis heute importiert die EU fossile Energie aus den USA im Wert von etwa 60 Mrd. US-Dollar pro Jahr. Im Zollstreit 2025 mit den USA hat die EU zugesagt, in den nächsten drei Jahren fossile Energieträger im Wert von 750 Mrd. US-Dollar zu importieren, was eine Vervierfachung der bisherigen Importe von Kohle, Öl und Gas bedeutet und im Widerspruch zur angestrebten Dekarbonisierung steht. Nach Angaben des Statista-Portals bezog die EU im ersten Quartal 2025 fast 53 % ihres Erdgasbedarfs aus Norwegen, 19 % aus Algerien und 11 % aus Russland. Bei LNG werden 51 % aus den USA herantransportiert, 17 % aus Russland und 11 % aus Katar. An Erdöl wurden im Jahr 2025 etwa 1 Mio. t aus Russland geliefert. Während die Gaslieferungen über russische Pipelines auf ein Minimum gesunken und Importe von russischem Öl und russischer Kohle in die EU inzwischen verboten sind, nehmen die Einfuhren des per Schiff transportierten tiefgekühlten Erdgases zu. Russisches Gas ist deutlich billiger als Gas aus den USA, und der Anteil von russischem LNG, das die EU auf dem kurzfristigen Spotmarkt einkauft, ist im Jahr 2024 auf 33 % gestiegen. Nach dem 2022 erfolgten völkerrechtswidrigen Angriffskrieg Russlands auf die Ukraine und der einseitigen russischen Verletzung der im Budapester Memorandum von 1990 gegebenen Sicherheitsgarantien verhängte die EU wirtschaftliche und politische Sanktionen gegen Russland.

Zur Umgehung der durch die EU gegen Russland verhängten Sanktionen beziehen Deutschland und Polen seit Dezember 2025 über Zwischenhändler Erdöl aus Kasachstan. Dieses Beispiel für kreative Lösungen der ökonomischen Eliten wird von Birbayeva (2025) beschrieben. Kasachstan transportiert dabei sein Öl durch existierende russische Leitungsnetze und zahlt Leitungsgebühren. Das Öl gelangt im nördlichen Zweig der Druschba-Pipeline über Russland, Belarus und Polen nach Deutschland. 55,7 Mio. t Öl und damit 81 % aller Ölexporte lieferte Kasachstan über die Ölleitung des internationalen Kaspischen Pipeline Konsortiums und das Schwarze Meer nach Europa. Wie beim Öltransport nach Norden verläuft auch diese Route über russisches Staatsgebiet. Die US-Politik zur Kontrolle der Erdölförderung Venezuelas, der öffentlich verkündete Anspruch auf die Einverleibung Grönlands sowie das

*„Kuschen"* der EU-Eliten infolge mangelnder eigener wirtschaftlicher und militärischer Machtmittel verdeutlichen die Kluft zwischen Realpolitik und moralischer Heuchelei. Die Kontrolle der Erdölpreise durch ausgeweitete Förderung sollte inflationsdämpfend wirken und ein günstigeres Energieumfeld für die globale Wirtschaftsentwicklung schaffen, aber der völkerrechtswidrige Angriffskrieg Israels und der USA auf den Iran im Frühjahr 2026 verteuerte Erdöl erheblich. Die weltweite Ölversorgung geriet in eine Krise, die Energiepreise stiegen an, die Wirtschaft wurde geschwächt, die Inflation angefacht und die europäischen Träume von einem schnellen sozio-ökologischen Umbau vorerst beerdigt.

Die neoliberale Globalisierung hat die ökonomische und politische macht der multinationalen Konzerne verstärkt, während sich die Durchsetzung von Gemeinwohlinteressen und der Schutz elementarer Lebensbedingungen wie *„Heizung und Ernährung"* durch die Regierungen verschlechtert haben. Der Streit um die politisch-ökonomischen Strategien zur Bewältigung der Klimakrise entzweit Gesellschaften weltweit, polarisiert aber auch innerhalb der einzelnen Länder und zwischen den ärmeren und reichen Bevölkerungsschichten. Beispielhaft dafür steht die Energiepolitik der Europäischen Union, die durch den Importstopp von russischem Öl und Gas und die Einführung von $CO_2$-Steuern die Gaspreise für Verbraucher von 2022 bis 2025 um 77 % verteuert hat. Die EU-weite Besteuerung fossiler Energieträger soll die Ablösung des historisch entstandenen Energiesystems mit Ausbeutung der fossilen Erdressourcen durch grünes Wachstum auf der Basis regenerativer Energien befördern und ohne Kompensation durch die Verbraucher bezahlt werden. Im Umgang mit der Realität offenbaren sich die Selbstüberschätzung des regierenden Establishments und seine Missachtung ökonomischer, gesellschaftlicher und moralischer Grenzen. Europa hat sich aus der Energieabhängigkeit von Russland gelöst, aber gleichzeitig die Abhängigkeit von amerikanischem LNG erheblich verstärkt.

Russland ist ein großer Markt und so reich an Bodenschätzen, dass die EU im Interesse des eigenen Überlebens strategische Ideen entwickeln muss, um die Beziehungen zu Russland und China zu verbessern. Gloger und Mascolo (2025) haben frühere Fehleinschätzungen der amerikanischen und deutschen Russlandpolitik analysiert und zitieren den Bericht des amerikanischen Botschafters in Moskau aus dem Jahr 2008: *„Ein Eintritt der Ukraine in die NATO ist die roteste aller Linien für die russische Elite … Es wird den Boden bereiten für russische Einmischung auf der Krim und im Osten der Ukraine."* Chargaff (1986) bezeichnet die Idee des Fortschritts als eine der effektivsten Waffen im Arsenal der Heuchelei, denn der rührende Glaube an den nicht enden wollenden Fortschritt der Menschheit in Richtung eines besseren Lebens hat in der

Menschheitsgeschichte schon oft zur Rückkehr an den Ausgangspunkt geführt: *„Selbst das philosophische Postulat, unsere Welt sei die beste aller Welten, enthielt nicht die prophetische Hilfsklausel, dass sie ständig noch besser werden müsste.“* Chargaff lebte über 70 Jahre in New York und war ein pessimistischer Begleiter der persönlich erlebten Zivilisationsfortschritte. Mit Sicht auf viele verwahrloste Metropolen des Westens wollte ihm nichts einfallen, was besser geworden war, aber viel, was sich ungeheuerlich verschlechtert hatte. Er wies darauf hin, dass Fortschritt auf dem verbreiteten Wunsch jedes Organismus beruht, über seine Verhältnisse zu leben: *„Unsere Welt bräche zusammen, würden einige Milliarden von Unterdrückten und Beleidigten jene Pseudowahrheiten plötzlich glauben, die ihnen Tag und Nacht eingehämmert werden. Dann wäre es zu spät, darauf hinzuweisen, dass doch keiner glaubt, was er den anderen sagt.“*

## Planetare Grenzen

Die durch die Industrialisierung heraufbeschworene Klimakrise hat zusammen mit der Bevölkerungsexplosion die Zivilgesellschaften der Erde an ihre planetaren Grenzen geführt. Der Unfähigkeit oder dem Unwillen, die aus der Klimakrise resultierenden Probleme durch politische und ökonomische Zusammenarbeit zu lösen, begegnen die westlichen Staaten trotz zahlreicher kriegerischer Konflikte weiterhin mit heuchlerischem Optimismus und Fantasieideen des Geoengineerings, die die Probleme nur verstärken würden. Ihre Überflussgesellschaften mit ausufernden Konsum, modernen Technologien wie Smartphones und Künstlicher Intelligenz, die als Vorbild und Blaupause für die Entwicklung aller Erdteile dienen, benötigen immer mehr Energie, was zu weiter steigenden $CO_2$-Emissionen führen wird. Diese soll in den führenden Industrienationen durch erneuerbare Energien erzeugt werden, grünes Wirtschaftswachstum soll mit Nullemissionen von klimaschädlichen Treibhausgasen erreicht werden. Das ist ein verbreiteter Trugschluss, denn bei einer Berechnung aller anfallenden Kosten für regenerative Energien finden auch hier indirekte Emissionen statt. Zum Bau und Betrieb von Kernkraftwerken benötigt man bei Berücksichtigung aller anfallenden Kosten für die Erzeugung einer Kilowattstunde das Äquivalent von 55 g $CO_2$. Bei Photovoltaikanlagen liegt dieser Wert bei 57 g und bei maritimen Windkraftanlagen bei 18 g. Für Energieerzeugung aus der Tiefengeothermie fallen 166 g an, die Stromerzeugung aus Gaskraftwerken erfordert 459 g $CO_2$-Äquivalente. Diese vom Verbund der Energieverbraucher (VdE 2024) erhobenen Werte verdeutlichen, dass Klimaneutralität weder durch Atomenergie noch durch erneuerbare Energien erreichbar ist.

Die in den Leitmedien und der Politik durch Komplexitätsreduktion beschworene Formulierung lautet, das Wirtschaftswachstum sei erforderlich, um Arbeitsplätze zu schaffen. Die dadurch entstehende ungerechte Umverteilung des gesellschaftlichen Reichtums mit niemals endenden sozialen Konflikten wurde bereits von Márai (1947) beschrieben: „*Bekanntlich sind es die Reichen, die ohne Mühen und Qualen zu scheuen, in der ganzen Welt umherreisen, um Augenzeugen eines überwältigenden Naturschauspiels, eines Wasserfalls, eines Vulkans oder eines Urwalds zu werden, während die Armen meist zu Hause hocken oder vor dem Schlafengehen noch ihr Kartoffelfeld besichtigen.*" Eine andere Sicht vertrat Popper (2025) im Jahr 1958: „*Ich behaupte, dass unsere Zeit, trotz allem die beste aller Zeiten ist, von denen wir historische Kenntnis haben; und dass die Gesellschaftsform, in der wir im Westen leben, trotz vieler Mängel die Beste ist.*" Die zwischen den Weltkriegen und danach herrschende Armut als Folge von Arbeitslosigkeit war bis 1958 im Westen durch Produktionssteigerung als soziales Problem überwunden. Popper glaubte an die wirtschaftliche Überlegenheit einer freien Markwirtschaft, die in europäischen Ländern zu Wohlfahrtsstaaten geführt hatte und der staatlichen, zentralistischen Planwirtschaft in den sozialistischen Ländern überlegen war. Er beschrieb die sowjetisch dominierten Ostblockländer als Beispiel für einen misslungenen Ansatz: „*Es ist ein Experiment, von dem wir lernen, wie leicht die, die sich anmaßen, den Himmel auf Erden zu verwirklichen, die Hölle verwirklichen können.*" Popper war bewusst, dass sich die Intelligenz der Menschen schneller entwickelt als ihre Moral und die Menschheit zwar klug genug war, Atom- und Wasserstoffbomben zu bauen, aber nicht in der Lage war, einen Weltstaat zu konstruieren, der sie vor einem vernichtenden Krieg bewahren könnte.

Nur sechs Jahrzehnte später verblasst diese Mahnung. Rothkopf (2009) und Bülow (2025) beschreiben den nach dem Zusammenbruch des Ostblocks und der neoliberalen Marktentfesselung betriebenen Sozialabbau, bei dem eine kleine Kaste überdimensional vom Wirtschaftswachstum profitiert. Die Superreichen in Demokratien und Autokratien vergrößern trotz aller Krisen ihren Reichtum, während das versprochene Klimageld für den Normalbürger zur Kompensation steigender Energiepreise durch $CO_2$-Steuern nicht gezahlt wird. Eine Demokratie sollte dafür sorgen, dass nicht wenige profitieren, sondern das Gemeinwohl, aber weltweit entscheiden beim Kampf um Investitionen die finanziellen Schwergewichte. Die „*rhetorische Demokratie*" wird demontiert, und eine Oligarchie entsteht, eine Herrschaft der Wenigen, bei der eine kleine Gruppe von Reichen im Verbund mit gewählten und verbeamteten Staatsdienern das Land führt.

Der von Castellanos (2024) beschriebene historische Niedergang der „*Res Publica*" von einer Demokratie zur Monarchie vor mehr als 2000 Jahren durch ökonomische und soziale Konflikte bietet ausreichend Denkanstöße auch für die heutige Zeit. Die römische Republik war kein Gedankenkonstrukt, sondern ein über Jahrhunderte gewachsenes und funktionierendes System durch das Zusammenspiel ihrer Institutionen wie Volksversammlungen, Senat und Magistrat, die gemeinsam ein kohärentes Ganzes bildeten. Die Mechanismen dieser Republik erlaubten Machtbegrenzung, beinhalteten Verfahren zur Konfliktregulierung und Möglichkeiten der politischen Teilhabe. Die politische Elite, die *„Nobilitas"*, nutzte diese Mechanismen sowohl zur Wahrung ihrer Vorherrschaft gegenüber der *„Plebs"*, aber auch zur Förderung des Gemeinwohls. In diesem Spannungsfeld zwischen Eigeninteresse und öffentlicher Verantwortung entwickelte sich *„Res Publica"*, die römische Demokratie, als ein System, das über Jahrhunderte stabil funktionierte und widerstandsfähig war, bis es am Ende durch innere Widersprüche, externe Belastungen und strukturelle Erschöpfung zerbrach. Die römische Republik und ihre Funktionsfähigkeit und Stabilität war das Ergebnis einer tief verwurzelten römischen Kultur und eines komplexen sich korrigierenden Geflechts von Institutionen. Damit gelang es über viele Jahrhunderte, Krisen zu absorbieren, Machtübergänge zu gestalten, Rivalitäten zu zähmen und die kollektive Identität der Römer aufrechtzuerhalten. Das System war natürlich nicht gerecht, denn es beruhte auf sozialer Ungleichheit und der Ausgrenzung großer Bevölkerungsteile in den eroberten Provinzen Roms sowie einem Cliquen- und Patronagewesen, das persönliche Loyalitäten über allgemeine Prinzipien stellte.

## Blödmaschinen

Auch heute bedienen sich die Eliten diesseits und jenseits des Atlantiks bei brisanten Themen moralischer Debatten, in denen es nicht um die Beseitigung realer Missstände und die Lösung sozialer Konflikte geht, sondern um die Bewahrung von Macht und Reichtum. In der Klimadebatte findet ein mittelalterlicher *„Ablasshandel"* statt, bei dem Konzerne Emissionszertifikate zum Ausgleich ihres $CO_2$-Ausstoßes kaufen können und der ohnmächtige Bürger durch Verteuerung der Energie stärker belastet wird. Beispielhaft dafür steht die seit 2019 ausufernde Inflation von bis zu 50 % bei den Lebensmittelpreisen durch die Marktmacht der Unternehmen. Diese schieben in heuchlerischer Weise die Verteuerung auf den Klimawandel mit Missernten durch Dürren und widrige Wetterbedingungen in Lieferländern, kassieren aber in Wirklichkeit mehr als 50 % Profit.

Cotar (2026) beklagt die Doppelmoral deutscher Politiker mit ständigen Ermahnungen an die Staatsbürger, weniger zu fliegen, mehr Bahn zu fahren, mit der Forderung nach einem Verbot von Inlandsflügen und der Erhöhung der $CO_2$-Steuer. Zu den Spielen der Fußballeuropameisterschaft flogen deutsche Politiker unter Aushebelung des Nachtflugverbots aber ungerührt. Deutschland leistet sich mit dem Bundeskanzleramt den größten Regierungssitz der westlichen Welt. Cotar (2026) listet die Kosten verschiedener Baumaßnahmen an Regierungsgebäuden auf, die sich Ende 2025 auf mehr als 4 Mrd. € beliefen und fragt, weshalb immer nur bei den Leistungen für Bürger gespart werden muss, aber gleichzeitig die Berliner Politik das Geld zum Fenster hinauswirft und eine abgehobene Elfenbeinturmmentalität dokumentiert.

Metz und Seeßlen (2025) analysieren die auf diesen Privilegien basierende Verachtung vieler Menschen für die Gesellschaft, in der sie leben und sprechen von Blödmaschinen: *„Die privatisierte oder teilprivatisierte Struktur der wichtigsten Elemente von Infrastruktur, sagen wir die Bahn, die Post, das Krankenhaus, die Busverbindung, die Schule, das Schwimmbad, das Seniorenheim, die Universität, verpflichten den Bürger und die Bürgerin nicht mehr zur Dankbarkeit gegenüber dem Staat (dem demokratischen mithin), sondern bringen sie nur gegen ihn auf. Im entgesellschafteten Staat macht die Regierung konsequenterweise Politik gegen die Bevölkerung.“* Die soziale Ungerechtigkeit hat sich seit den neoliberalen Regierungen der 1980er-Jahre über die Heiligsprechung der ökonomischen Folgen der Globalisierung mit Privatisierung der Gewinne und Vergesellschaftung der Schulden verstärkt. Die Kluft zwischen Arm und Reich wächst unaufhaltsam, unabhängig davon, welche Partei regiert. Im Wahlkampf vor den vorgezogenen Neuwahlen im Februar 2025 pochte die CDU/CSU mit ihrem Kanzlerkandidaten auf die im Grundgesetz verankerte Schuldenbremse. Danach entfesselte eine schwarz-rote Regierung durch eine Grundgesetzänderung und der herbeigeredeten russischen Bedrohung aus dem Osten eine Verschuldungsorgie gewaltigen Ausmaßes. Die Nettokreditaufnahme wird 2026 bei 175 Mrd. € liegen, die Gesamtschulden Deutschlands werden auf 2,2 Billionen € wachsen und zu jährlichen Zinsausgaben von 30 Mrd. € führen. Die Schulden sollen bis 2029 auf 2,7 Billionen € anwachsen. Der Politik gelingt es nicht, die Widersprüche zwischen den Systemen *„Demokratie“* und *„Neoliberalismus“* auf der Basis der historisch entstandenen Regeln einer sozialen Marktwirtschaft zu bändigen und den beabsichtigten sozialen Kahlschlag zu verhindern.

Das Verhältnis zwischen dem demokratischen Staatssystem und seinen Bürgern wird neu ausgehandelt werden müssen, denn im Neoliberalismus wird die Krise zum Dauerzustand, was permanent zahlreiche Verlierer und kaputte Strukturen erzeugt, die den Bürger jeden Tag verärgern. Das politische System müsste die Reibung zwischen seinen Akteuren durch Einforderung von Leistung, Sanktionierung von Sozialschmarotzertum und die weitere Ausgestaltung eines effizienten Sozialstaats reduzieren. Seit Jahrzehnten werden die versprochene Steuerentlastung der Mittelschicht sowie die Besteuerung extremen Reichtums hinausgeschoben. Stattdessen erfolgt die Abwälzung der Krisenkosten auf die arbeitende Bevölkerung und die Vernachlässigung der staatlichen Infrastruktur. Die neoliberale Privatisierung ehemaliger Staatsunternehmen steigerte die Profite und Aktienkurse großer Konzerne, während die Wirtschaft in die Rezession schlitterte. Diese Mischung aus erlebtem Staatsversagen, Willkür, Bürokratismus und medialer Gehirnwäsche führt zu einer gefährlichen Wendung nach rechts. Fischer (1967) beschreibt die Jahre der geistigen Öde und Dürre, Demütigung und Verfolgung in Deutschland nach der Machtergreifung durch die Nationalsozialisten im Jahr 1933. Ihm gelang 1938 die Flucht über Schweden in die USA, die er wie viele europäische Emigranten als Hort des sozialen Friedens und wirtschaftlichen und geistigen Wohlstandes schätzte. Mit dieser historischen Hypothek belastet, resultiert der Kampf der Regierungsparteien gegen eine rechtspopulistische Opposition zwar aus einer berechtigten Besorgnis, aber überhöht diese Gefahr. Der Widerhall rechtspopulistischer Stimmungen in West- und Ostdeutschland beruht zum Teil auf Ängsten vor dem Verlust des eigenen sozialökonomischen Wohlstands angesichts der hohen Staatsausgaben von 40 Mrd. € pro Jahr für Flucht- und Migrationsfolgen.

Standing (2024) und Rothkopf (2009) beschreiben, wie der Neoliberalismus eine neue globale Klassenstruktur hervorgebracht hat, bei der Reiche immer höhere Einkommen aus materiellem, geistigem und finanziellem Eigentum und Kapital sowie aus Aktiengewinnen erzielen. An der Spitze steht nach Cloer (2025) eine Plutokratie von über 3300 Multimilliardären mit einem Gesamtvermögen von 15 Billionen US-Dollar. Darunter befindet sich die schrumpfende Schicht der Lohnempfänger: Menschen mit festem Arbeitsplatz, einer Altersrente, bezahltem Urlaub und vielerlei Formen von Lohnersatzleistungen. Eine Stufe tiefer folgen die Arbeitnehmer aus dem Proletariat, die hauptsächlich einfache Tätigkeiten ausführen. Für sie wurde in den 1960er-Jahren der von Popper gerühmte Wohlfahrtsstaat geschaffen. Die Lohnempfänger und das Proletariat werden durch eine neue Klasse verdrängt: das Prekariat. Es besteht aus Menschen in wechselnden, unsicheren Beschäftigungsverhältnissen mit schwankendem Einkommen, die soziale, wirtschaftliche und kulturelle Rechte verlieren. Auch ihre politischen Rechte, Parteien und Politiker zu wählen, die ihre Wünsche, Interessen und Bedürfnisse vertreten, schrumpfen. Dieser unwürdige Zustand charakterisiert ein

Prekariat, das europaweit und weltweit wächst und verarmt, am deutlichsten in den Entwicklungsländern. Ein ursprünglich gut gedachtes Europa mit Freizügigkeit ohne Grenzen verleitet zu Sozialtourismus, dem Missbrauch von Sozialleistungen ohne persönliche Integrationsbemühungen und befördert die Verwahrlosung der Städte.

Nach dem Zusammenbruch der Sowjetunion sahen die USA die Zeit gekommen, ihre Weltherrschaftsansprüche auf die ganze Welt ausdehnen zu können. Wie Mausfeld (2025) ausführt, wird unter der jetzigen US-Regierung die neoliberale Stoßrichtung vertieft, bei der ein von allen demokratischen Einflüssen bereinigter freier Markt mit schrankenloser Freiheit des Kapitals regiert. Die Differenzen der in den amerikanischen Thinktanks ausgebildeten europäischen Eliten mit der jetzigen US-Regierung sind nur Indikatoren für Interelitenkonflikte zwischen verschiedenen Interessengruppen der mächtigen Schicht von Hyperreichen diesseits und jenseits des Atlantiks. Bei der Erhöhung der NATO-Militärausgaben auf 5 % des Bruttoinlandsprodukts soll die EU-Bevölkerung die Hauptlast der Kosten tragen. Mausfeld (2025) schreibt dazu: *„Gegen eine solche Umverteilung und die Entstehung parasitärer Eliten wurde die egalitäre Demokratie als zivilisatorisches Schutzinstrument entwickelt … Davon ist jedoch nur eine rhetorische Ruine erhalten."* Die Bereitschaft zur *„Kriegstüchtigkeit"* hat Deutschland in seiner Geschichte bereits mehrmals bewiesen, und diese erreichte man nur durch die Manipulation der öffentlichen Meinung in einem Verblendungsgewölbe. Die geopolitische Realität wird durch das Prisma der Machteliten verzerrt abgebildet, die Bevölkerung wird belogen und die Urteilsfähigkeit geht verloren. Mausfeld (2025) folgt den Ideen von Huxley (1946, 2025), wenn er schreibt: *„Dazu reicht es, Menschen sozial und gedanklich zu fragmentieren und sie durch Konsumismus, Überflutung mit Nichtigkeit und durch billige Unterhaltung in einem permanenten gedanklichen Nebel der Verwirrung zu halten."*

Nach dem Abzug der sowjetischen Truppen aus Ostdeutschland 1990 und dem verpufften Vertrauensvorschuss Gorbatschows in Richtung Westen, der die deutsche Wiedervereinigung ermöglichte und die Errichtung eines gemeinsamen europäischen Hauses vorschlug, wurde bösartiger Russenhass wieder zur erklärten Staatsdoktrin. Scheidler (2025) bemerkt, dass statt in der heutigen gefährlichen Situation wie damals auf Deeskalation und Diplomatie zu setzen, *„große Teile des Führungspersonals in Europa den Weg in Richtung Konfrontation und schrankenloser Aufrüstung gewählt"* haben. Die Behauptungen der EU-Eliten, dass Russland sich darauf vorbereite, die NATO anzugreifen, sind angesichts des seit 4 Jahren eingefrorenen Stellungskrieges in der Ukraine gezielte Lügen und Desinformation. Seit Jahrhunderten prägte die rassistische Herabwürdigung von Russen und Slawen die westlichen Gesellschaften, und das ideale Feindbild einer neuen Bedrohung aus dem Osten konnte schnell wiederbelebt werden. Der Zerfall der Sowjetunion und Jelzins Präsidentschaft ab 1991 ermöglichte dem Westen, Zugriff auf Russland durch Einführung einer Marktwirtschaft mit Privatisierung des riesigen Staatsvermögens zu erlangen. Wie Mausfeld (2025) schreibt, war Russland für die USA wegen seiner immensen Rohstoffvorkommen das mit Abstand begehrlichste Beutestück. Der beispiellose Raubtierkapitalismus durch russische Oligarchen und westliche Konzerne führte Russland ins Chaos. Nach dem Machtantritt des russischen Präsidenten Putin 1999 wurde der westlich ausgerichtete Reformkurs abgebrochen und die Filetierung Russlands beendet. Die gescheiterte Kontrolle Russlands durch innere Veränderung beantwortete die US-Strategie durch die geplante NATO-Osterweiterung bis in die Ukraine, um Russland durch äußeren Druck und ökonomische Sanktionen zu schwächen. Diese Vorgehensweise ist ökonomisch und militärisch gescheitert, aber die EU und die von den USA geführte NATO sind nicht bereit, einen ernsthaften Interessenausgleich zwischen den Kriegsparteien durch Verhandlungen zu erreichen.

Die Dank des politischen Willens von Generalsekretär M. Gorbatschow und Bundeskanzler H. Kohl 1990 erreichte Wiedervereinigung Deutschlands kann als Blaupause für die Bewältigung der heutigen Krise dienen. Die Verschuldung Europas für eine beispiellose Aufrüstung gegen Russland mit gleichzeitigen Steuergeschenken für die Reichen wird zum sozialen Kahlschlag bei der Mittelschicht und den Ärmeren führen. Zur Vermeidung dieses selbstzerstörenden Szenarios muss die EU trotz der gegenwärtigen Verwerfungen ihr Verhältnis zu Russland zum gegenseitigen Vorteil normalisieren. Mausfeld (2025) erkennt im moralischen Politik- und Demokratievakuum Deutschlands noch weitere Gemeinsamkeiten: *„Wie im Feld der Außenpolitik der Kampf gegen den Terror soll auch der verordnete Kampf gegen 'Rechts' ein Erkennen der tatsächlichen Kausalitäten blockieren und durch Angsterzeugung die Bevölkerung dazu bringen, der politischen Führung willige Gefolgschaft zu leisten.“* Zur Rechtfertigung der gigantischen Investitionen in die Rüstungsindustrie durch Verschuldung unter dem Label *„Sondervermögen“*, die durch *„Sparpolitik im Sozialbereich“* finanziert werden soll, bedarf es der Entwicklung einer äußeren Bedrohung. Dieses einigende Feindbild wurde in den Autokratien Russland und China konstruiert. Die EU hat die Strategie einer militärischen Niederlage Russlands im Ukrainekrieg mit Waffenlieferungen stets befeuert. Auch nach vier Jahren Krieg hat sie keine eigenen diplomatischen Strategien einer Verhandlungslösung und Beendigung des eingefrorenen Konfliktes entwickelt und wurde sogar von US-Präsident Trump überholt.

Baab (2025) beschreibt, dass die EU nach der Aufnahme der osteuropäischen Staaten ein Friedensprojekt hätte werden können, aber es nicht schaffte, die Grundlagen für ein geeintes Europa zu legen. Der Ausbau der ökonomischen Beziehungen zu dem vor Europas Haustür liegenden russischen Markt hätte ein großer Gewinn für die EU werden können. Stattdessen beförderte der durch die EU-Sanktionen ausgelöste Verzicht auf preiswertes russisches Öl und Gas zusammen mit der Sprengung der deutsch-russischen Nord-Stream Erdgasleitung durch *„Verbündete"* steigende Energiepreise und die ökonomische Schwächung Deutschlands. Wie Baab (2025) schreibt, ist Russlands völkerrechtswidriger Überfall auf die Ukraine nicht nur ein Stellvertreterkrieg, sondern auch ein Raubzug gegen die Menschen in der Ukraine und in Deutschland, die diesen Krieg und den späteren Wiederaufbau sehr teuer bezahlen müssen. Die Ukraine wird als ein zerstörter und finanziell ruinierter Staat von Finanzkrediten der EU und der USA abhängen und bereits im Krieg zum Spielball korrupter Eliten.

In seinen Memoiren beschreibt Gorbatschow (2013) den Aufstieg zum Generalsekretär der KPdSU. Die Ersten Sekretäre der Partei in allen Regionen dieses großen Landes waren nach seinen Worten *„Zar und Gott in einem"* und mit unvorstellbarer Macht ausgestattet. *„Die Chefetage konnte sich alles leisten und musste sich nur mit dem Generalsekretär vertragen. Der Erste Sekretär ist etwas Besonderes, eine Schlüsselfigur der Macht. Amt und Machtfülle hat er nicht vom Volk, nicht aufgrund von Wahlen bekommen, sondern von moskau, vom Politbüro, vom Generalsekretär der KPdSU persönlich."* Nach Chruschtschows Versuch, ab 1956 das autoritäre Stalinmodell der Sowjetunion zu reformieren, wurde nach 1964 unter der Herrschaft Breschnews wieder eine harte neostalinistische Linie verfolgt und ein beispielloser Kampf gegen Andersdenkende geführt. Jegliche Änderungen wurden blockiert, das Land landete in einer Sackgasse mit langer Rückständigkeit und in einer tiefen gesellschaftlichen Krise. Nach Breschnews Tod 1982 wurden in einem 850 Tage währenden Intrigenspiel der Kremleliten erst Andropov und nach dessen Tod der schwerkranke Tschernenko zum Generalsekretär erkoren. Gorbatschow (2013) gibt zu, dass bis zu seinem gescheiterten Versuch einer Demokratisierung durch die Perestrojka die Kremlpolitik *„Sache eines kleinen Kreises von Personen und Clans ganz oben und einer für die einfachen Leute undurchsichtigen Sphäre geheimen Kampfes"* war. Der Versuch Gorbatschows dieses totalitäre System zu reformieren, das nur in der Rüstungsindustrie und aufgrund seiner Energieressourcen konkurrenzfähig war, scheiterte auch an eigenen Fehlern. Unter Jelzins Führung zerbrach die Sowjetunion, Russland entstand unter schweren Geburtswehen und wird seit 1999 mit Unterbrechungen von Präsident Putin geführt. Der Kalte Krieg mit der Drohung einer atomaren Katastrophe schien beendet und kehrte als Folge des durch den völkerrechtswidrigen Überfall Russlands auf die Ukraine ausgelösten Konfliktes mit der Bürde ungelöster Probleme nach Europa zurück.

IPPNW (2025), die Vereinigung der Internationalen Ärzte und Ärztinnen für die Verhütung des Atomkrieges fordert eine neue Entspannungspolitik zur Beendigung des Ukrainekriegs durch Respektierung nicht nur der ukrainischen, sondern auch der russischen Sicherheitsinteressen. Die fortdauernde Eskalationsspirale könnte in einen Krieg der NATO mit Russland münden und damit in einen Atomkrieg. Die Entwicklung einer deutschen *„Kriegstüchtigkeit“* mit Megaaufrüstung unter Erdrosselung der eigenen Industrie und des Sozialstaats sowie Aufblähung der Bundeswehr ist ein Irrweg. Die US-Regierung unter Präsident Trump betrachtet, im Gegensatz zu den früheren Präsidenten Obama und Biden, Russland als legitimen Gesprächspartner und ist bereit, die geopolitischen Interessen Russlands anzuerkennen. Dies verdeutlicht die weltanschauliche Übereinstimmung der politischen Strategie beider Großmächte, die in einer Geringschätzung der derzeitigen regelbasierten Ordnung und neo-imperialen Ambitionen besteht.

Das Vertrauen zwischen der von den USA geführten NATO, Europa und Russland liegt völlig in Trümmern. Trenin et al. (2025) gehen davon aus, dass Russlands Status als Nuklearmacht bisher einen direkten Zusammenstoß zwischen NATO-Truppen und den russischen Streitkräften in der Ukraine vermieden hat. Die USA glaubten, dass die Länder des Westens einen indirekten Krieg gegen Russland in der Ukraine führen könnten, ohne einen nuklearen Schlag von russischer Seite befürchten zu müssen. Bei diesen Randbedingungen betrachtete der Westen die Ukraine als Werkzeug für einen indirekten Krieg, um Russland durch die Streitkräfte der Ukraine bei allseitiger Unterstützung der USA und des Westens eine strategische Niederlage zuzufügen. Trenin et al. (2025) beschuldigen die herrschenden Kreise Europas, sich mit politisch-moralischen und militärökonomischen Vorbereitungen für einen großen Krieg mit Russland zu beschäftigen. Die russische Führung vermittelt bei den gegenwärtigen Dreierverhandlungen mit der Ukraine und den USA deshalb das Signal, den Ukrainekonflikt nur zu für Russland günstigen Bedingungen mit der Herstellung einer Sicherheitszone zu beenden.

Wie Hübl (2024) schreibt, suggerieren die täglich herabprasselnden Moralspektakel der Mehrheit der rechtschaffenden und arbeitenden Menschen, dass sie unverdiente Privilegien genießen, obwohl sie mit ihrer häufig schlecht bezahlten Arbeit geradeso ihre Familie durchbringen, Kinder erziehen und durch ehrenamtliche Arbeit den Kitt für den Zusammenhalt der Gesellschaft liefern. Diese Moralspektakel äußern sich auch in der Klimadebatte, bevorzugt in den reichen Industrieländern des Nordens, in denen die Menschen geringere materielle Sorgen haben und durch materielle oder ideelle Statussymbole ihrem Leben einen Sinn geben möchten. Dafür wird durch die Politik und die begleitenden Leitmedien eine Angst- und Einschüchterungskultur aufgebaut, bei der sogar die Wissenschaft leidet, wenn Fakten durch moralische Debatten übertüncht werden. Politische Antworten und Maßnahmen müssten sich aber auf objektiv ermittelte Daten stützen, weil das Vertrauen der Zivilgesellschaft in die demokratischen Institutionen verloren geht, wenn diese als ideologisch erziehend wahrgenommen werden.

## Dekarbonisierung

Die angestrebte Dekarbonisierung ist unumgänglich, stellt aber angesichts der divergierenden politisch-ökonomischen Gesellschaftsmodelle eine Sisyphos-Aufgabe dar. Bart (2025) beschreibt die dafür erforderlichen Schritte in wichtigen Wirtschaftsbereichen und erhofft sich eine erfolgreiche Lösung, während Smil (2024) nicht daran glaubt. Die reicheren Länder mit vergleichsweise hohem Wohlstand und technologischen Fähigkeiten können sich große Schritte in Richtung Dekarbonisierung erlauben, während bei 5 Mrd. in Armut lebenden Menschen die plötzliche Abkehr von fossilen Kohlenstoffen völlig unmöglich ist und sich nur langsam vollziehen kann. Auch wenn es wünschenswert wäre, hält Smil (2024) eine Dekarbonisierung bis zum Jahr 2050 für völlig ausgeschlossen. Nach seinen Berechnungen benötigt das Energiesystem der Welt jährlich 8 Mrd. t Kohle, 4 Mrd. t Erdöl und 3 Mrd. t Erdgas. Aus fossilen Energieträgern werden 4 TW Strom erzeugt, es fahren 1,5 Mrd. Autos, und es gibt 500 Mio. Gasboiler, 120.000 Ozeanschiffe und 25.000 Passagierflugzeuge. Es wird unmöglich sein, diese Flotte innerhalb von nur 25 Jahren durch regenerative Energieträger zu ersetzen. Die wesentlichen Pfeiler der Zivilisation basieren bei der Herstellung von Zement, Eisen, Plastik und Ammoniak auf fossilen Energiequellen und werden sich nur innerhalb von Dekaden umstellen. Smil (2024) geht deshalb davon aus, dass nach realistischen Einschätzungen im Jahr 2050 die Hälfte der globalen Energie aus fossilen Energien stammen wird, die andere Hälfte aus erneuerbaren Energien. Um eine völlige Dekarbonisierung zu erreichen, wären jährliche Investitionen von 9000 Mrd. US-Dollar erforderlich. Im Jahre 2003 belief sich der gesamte Investitionseinsatz in fossile und regenerative Energien auf 2800 Mrd. US-Dollar. Eine Umlenkung der Rüstungsausgaben der Welt, die sich 2025 auf 2700 Mrd. US-Dollar beliefen, könnte zur Lösung des Investitionsproblems beitragen, wird in der Klimadebatte aber selbst von Klimaaktivisten völlig außer Acht gelassen.

Horizonterweiterung beginnt mit kritischer und unabhängiger Wissenschaft. Die mediale Gehirnwäsche und heuchlerische Warnung vor der Klimakatastrophe ist kontraproduktiv, wenn gleichzeitig Hochrüstung propagiert und die Gesellschaft auf kriegerische Auseinandersetzungen vorbereitet wird. Metz und Seeßlen (2025) sprechen deshalb von *„Blödmaschinen"* und einer Fabrikation politischer Paranoia: *„Denn wie blöde muss eine Kultur sein, die sich angesichts drohender ökologischer Katastrophen nun auch noch soziale und politische Katastrophen leistet, nur um ein ökonomisches System zu stützen, das sich feudal aller Kontrolle und Kritik entziehen will."* Die Autoren befürchten, dass große Teile des Establishments westlicher Demokratien, die den Kapitalismus des *„Goldenen Westens"* bis zu seiner Neoliberalisierung sozial gezähmt hatten, die Warnsignale der Selbstzerstörung nicht erkennen und unfähig sind, sich der Transformation in politische Autokratien zu widersetzen. Der öffentliche Vertrauensverlust in die Ergebnisse der Klimaforschung ist groß und wächst weiter. Hoven (2025) beleuchtet die divergierende Rolle der Logik in Politik und Wissenschaft und stellt fest: *„Die Wissenschaft muss immer und ausnahmslos zu den Grenzen ihrer Erkenntnismöglichkeiten stehen und darf keine falschen Gewissheiten vorgeben."* Die Politik ist in den Augen der Öffentlichkeit zu Handlungsfähigkeit verdammt und fordert dafür von Klimawissenschaftlern eindeutige Antworten, die diese aber nicht liefern können, ohne die Bereitschaft zur Selbstkorrektur und zu kontroversem Diskurs aufzugeben. Klimawissenschaftler müssten immer die Vorläufigkeit ihrer eigenen Erkenntnisse betonen und dem Drängen der Politik widerstehen, mit Modellorakeln endgültige Wahrheiten zu verkünden, die politische Entscheidungen mit teuren Klimaanpassungsmaßnahmen wie der $CO_2$-Besteuerung rechtfertigen. All diese Maßnahmen können den Karren nicht aus dem Dreck ziehen.

Die zögerlichen Verpflichtungen der Teilnahmeländer zur $CO_2$-Emissionsreduktion anlässlich der 30. Klimakonferenz in Brasilien im November 2025 verdeutlichen die Änderung der Krisenstimmung. Diese manifestiert sich eindrucksvoll bei Milliardär Gates (2025), der bisher am Geschäftsmodell Klimarettung verdiente und jetzt seine Prioritäten und Investitionen in die Verbesserung der Lebensqualität der Menschheit in einer wärmeren Welt umlenken will. Er schreibt: *„Es gibt eine Weltuntergangssicht auf den Klimawandel … und er wird nicht zum Untergang der Menschheit führen … Die Weltuntergangsprognose führt dazu, dass sich ein Großteil der Klimagemeinschaft zu sehr auf kurzfristige Emissionsziele konzentriert und Ressourcen von den effektivsten Maßnahmen abzieht … Obwohl der Klimawandel arme Menschen mehr als alle anderen treffen wird, wird er für die große Mehrheit von* *ihnen nicht die einzige oder sogar die größte Bedrohung für ihr Leben und ihr Wohlergehen sein. Die größten Probleme sind Armut und Krankheit, so wie sie es schon immer waren.“*

Man muss dieses Zitat noch unbedingt durch das Wort Krieg ergänzen. Die Erfassung von Treibhausgasemissionen der Vertragsparteien des Pariser Klimaabkommens wurde für politisch stabile und friedliche internationale Beziehungen entwickelt. Leider werden aber weltweit zahlreiche Kriege geführt und seit 2022 auch wieder in Europa. Bun et al. (2024) haben die Emissionen aufgrund des Krieges in der Ukraine in den ersten 18 Monaten des Zeitraums 2022/2023 bestimmt, die in offiziellen nationalen Berichten fehlen. Die Summe dieser nicht erfassten Emissionen von Kohlendioxid, Methan und Lachgas für den Krieg in der Ukraine beläuft sich nach ihrer Schätzung auf 77 Mio. t $CO_2$-Äquivalent mit einer Unsicherheit von 22 %. Bun et al. (2024) berücksichtigten dabei Emissionen aus dem Einsatz von Bomben, Raketen, Artilleriegeschützen und Minen, dem Verbrauch von Erdölprodukten für militärische Operationen, den Bränden in Erdöllagern, Raffinerien, Gebäuden, Infrastruktureinrichtungen, Wald- und Agrarflächen und aus der Zersetzung von kriegsbedingtem Müll und Abfall. Diese Emissionen sind höher als die jährlichen Treibhausgasemissionen von Österreich, Portugal oder Ungarn, werden aber in keinerlei Statistiken berücksichtigt und konterkarieren alle Anstrengungen zu dauerhafter Dekarbonisierung und die damit einhergehende moralische Selbstbeweihräucherung. Ein Gesellschaftssystem, das sich die Klimarettung zum Ziel stellt, darf keine Kriege zulassen oder führen, denn diese sind Treibstoff der Zerstörung.

## Klimaforschung

Dieses Buch will möglichst unverfälscht und kritisch den Stand der Wissenschaft zur Lösung der dringenden Klimaprobleme und die Herausforderungen einer weltweiten Dekarbonisierung beschreiben. Das ist ein schwieriges Unterfangen, weil die Zahl der Publikationen rasant steigt und eine Kommerzialisierung der Klimawissenschaft stattgefunden hat. Die Wissenschaftsverlage haben sich zu Massenbetrieben gewandelt, mit denen Geld verdient wird. Die Forschungsergebnisse werden wie eine Schokoladentafel in viele Publikationen zerstückelt und erschweren Verständnis und Überblick. Immer mehr Akteure, staatliche Institutionen, NGOs und Medien verdienen ihr Geld mit der Klimakatastrophe, obwohl viele davon keinen Schimmer haben und von erschreckender Ahnungslosigkeit und bedauernswerten Wissenslücken künden. Populärwissenschaftliche Sachbücher zum Klimawandel rufen mit Halbwahrheiten und übertriebenen Thesen die größte Katastrophe der Menschheit aus. Unsichere Behauptungen zur Klimazukunft der Erde dürfen nicht unkritisch übernommen werden und das Meinungsbild bestimmen. Die Welt hat sich in den letzten 20 Jahren in Höchstgeschwindigkeit verändert und wird dies weiterhin auf unvorhersehbare Weise tun. Ich möchte dem Bildungsbürger zu einem Verständnis der nichtlinearen Komplexität des Klimasystems und seiner Vorhersagegrenzen verhelfen. Die Kopplung von Niederschlagsmustern, Landnutzung, Entwaldung und Aufforstung, Grundwasserabsenkung und Ernährung wird Klimaänderungen regional ungleich verteilen und wie bereits in der Vergangenheit Gewinner- und Verliererländer produzieren. In der Folge werden mittlere Breiten des Nordens und bereits wohlhabende Länder durch Ertragssteigerungen und Begrünungstrends vom Klimawandel profitieren, während tropische Regionen mit weiter erhöhten Temperaturen zu kämpfen haben.

Ich kam 1950 in Kämmerich, einem kleinen Dorf in Mecklenburg zur Welt. Mein Vater hatte 1939 seine Schmiedelehre beendet, wurde zur Wehrmacht eingezogen, holte nach dem Zweiten Weltkrieg und russischer Kriegsgefangenschaft an der Abendschule das Abitur nach, studierte Landwirtschaft und arbeitete in der DDR als Vorsitzender einer Landwirtschaftlichen Produktionsgenossenschaft. Die Vorfahren und die Familie meiner Mutter, geborene Oswald, hatten seit 120 Jahren in Teplitz (Bessarabien) gelebt und meine Mutter dort Schneiderin gelernt. Nach dem Hitler-Stalin-Pakt wurde sie mit Eltern und Geschwistern im Jahr 1940 aus Bessarabien nach Deutschland umgesiedelt. Im Januar 1945 strandete ihre Familie bei der Flucht vor der vorrückenden Roten Armee in Mecklenburg-Vorpommern. Meine Eltern heirateten 1949, und ich wuchs mit dem plattdeutschen und schwäbischen Dialekt beider Großeltern auf. 1968 legte ich das Abitur an der EOS Teterow ab und studierte Physik an der Universität Rostock. Nach meinem 1973 erworbenen Physikdiplom begann ich meine Arbeit im Zentralinstitut für Solar-Terrestrische Physik an der Akademie der Wissenschaften der DDR und gelangte so in die Atmosphären- und Klimaforschung. Dieser 50-jährige Erfahrungsschatz mit Forschungsaufenthalten am Obukhov-Institut für Atmosphärenphysik Moskau der sowjetischen Akademie der Wissenschaften, beim Meteorologischen Dienst Budapest, am Max-Planck-Institut für Meteorologie Hamburg und an wissenschaftlichen Instituten der USA, Kanadas, Japans, Australiens, Russlands, Dänemarks, Großbritanniens, Finnlands, Schwedens, Norwegens, Polens, Ungarns und Chinas erlauben mir, die Entwicklung der Klimaforschung aus Daten- und Modellsicht zu beurteilen. Die Auseinandersetzung mit Phrasen begleitete mich in zwei politischen Systemen das ganze Leben. Rettung gelingt nur durch Bildung, die auf Wissen beruht und den durch Zensur vorgegebenen Meinungskorridor mit Politphrasen und Heuchelei erweitert. Liessmann (2019) beschreibt, dass *„Bildung mit der Einsicht in die eigene Unzulänglichkeit verbunden ist, mit dem Wissen des Nichtwissens“*. Diese Bescheidenheit macht sie zu einer Haltung *„ohne den Gestus einer moralischen oder intellektuellen Überlegenheit und ohne den Dünkel eines selbstgefälligen Elitenbewusstseins, das mittlerweile selbst zu einem Signum der Unbildung geworden ist“*. Bis zur Auflösung der Institute der DDR-Akademie der Wissenschaften 1991 arbeitete ich im Observatorium für Atmosphärenforschung Kühlungsborn und ab 1992 im Alfred-Wegener-Institut für Polar- und Meeresforschung, Forschungsstelle Potsdam.

Die Themen der Klimaforschung haben sich stetig gewandelt und erlangten immer höhere gesellschaftliche Relevanz. Dethloff und Hupfer (2009) haben die im Rahmen der DDR-Klimaforschung bearbeiteten Themen beschrieben. Heute sind die über viele Jahrzehnte entwickelten komplexen Erdsystemmodelle von wenigen weltweit führenden Forschungsinstituten wie dem MPI für Meteorologie Hamburg und dem NCAR Boulder die besten Instrumente zur Abschätzung der Risiken anthropogener Eingriffe in das nichtlineare Klimasystem. Das komplexe Klimasystem ist verletzlich, und Energiesparmaßnahmen und Schritte zur Dekarbonisierung des Klimasystems sind unumgänglich. Wie dies in einer multipolaren Welt mit immer mehr Akteuren und kriegerischen Auseinandersetzungen um Ressourcen gelingen kann, ist trotz aller internationalen Klimakonferenzen offen. Die Moralisierung durch Leitmedien und Klimaaktivisten führt bei der Bevölkerung zu einer Empörungserschöpfung und Gleichgültigkeit, notwendige Maßnahmen zur Begrenzung des Klimawandels zu akzeptieren. Zudem wird auch in einer Welt mit Nullemissionen von $CO_2$ Klimawandel stattfinden, wodurch die Akzeptanz von Klimaschutzmaßnahmen weiter erschwert wird. Technologische Lösungen für Negativemissionen, um bereits akkumuliertes $CO_2$ aus der Atmosphäre zu entfernen, müssen erst gefunden werden und stellen ein teures Unterfangen dar. Regierungen, Unternehmen, Nichtregierungsorganisationen und alle Bürger müssten sich dafür einsetzen, dass das Klimasystem der Erde, die Grundlage für Wirtschaftswachstum und Wohlstand, nicht noch mehr irreversible Schäden erleidet.

## Realitätscheck

Der Realitätscheck der CMIP6-Simulationen mit den ERA-Re-Analysen im Zeitraum von 1984–2025 im Vergleich zu 1942–1983 ist in Abb. 2.3 für Winterbedingungen dargestellt. Obwohl Differenzen ersichtlich sind, erkennt

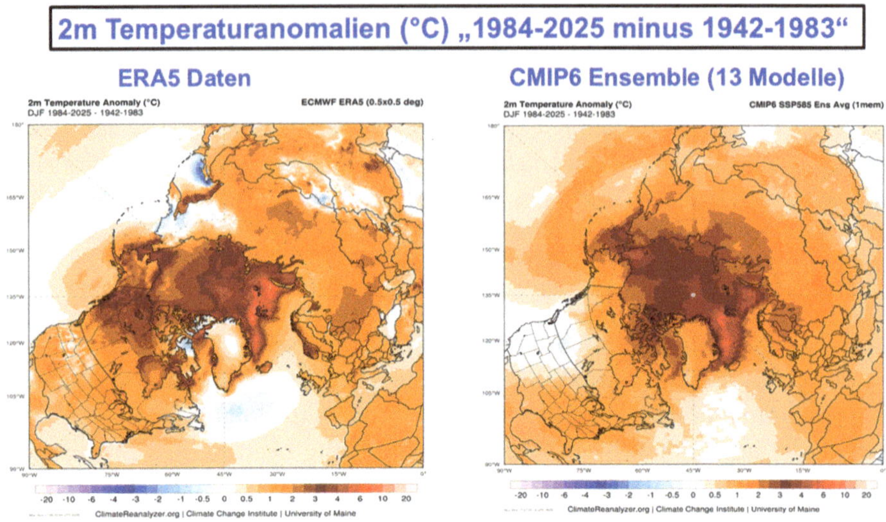


**Abb. 2.3** Winterliche 2 m-Lufttemperaturveränderung (K) im Zeitraum „1984–2025 minus 1942–1983" aus ERA5-Daten (links) und den CMIP6-Modellen mit dem SSP585 Szenario (rechts). (Quelle: https://climatereanalyzer.org/research_tools/monthly_maps/)

man zweifelsfrei in beiden Datensätzen die verstärkte Erwärmung der Arktis. Da Modelle die intern generierte Variabilität unterschätzen, ist die *„Arktische Verstärkung des Treibhauseffektes"* zu mindestens 50 % auf die in den Modellen berücksichtigte Zunahme der atmosphärischen Treibhausgaskonzentrationen zurückzuführen. Angesichts der voraussichtlichen Verdoppelung des Umfangs der Weltwirtschaft bis 2030 und des Anstiegs der Weltbevölkerung um ein Drittel wird eine weitere Ausdehnung der bestehenden Verbrauchs- und Produktionsstrukturen die Temperaturerhöhung noch verschärfen.

Andre et al. (2024) haben eine repräsentative Umfrage in 125 Ländern durchgeführt und 130.000 Personen zur Unterstützung von Klimaschutzmaßnahmen befragt. Von diesen würden zwei Drittel bis zu einem Prozent ihres persönlichen Einkommens spenden, und 86 % befürworten klimafreundliche soziale Normen. Trotz solcher Statistiken leben weiter große Teile der Welt in Armut, und nur Ignoranten können dort Einschränkungen des Lebensstandards befürworten.

Wie Bart (2025) und Bätzing (2023) feststellen, würden nur kulturelle und ökonomische Selbstbegrenzung persönlicher Ansprüche und eine administrative Einschränkung des ausufernden Massenkonsums im reichen Norden Klimaschutz ermöglichen. Ob die Entwicklung einer Gesellschaft mit kultureller Selbstbegrenzung durch eine Art von grüner Ökodiktatur oder demokratisch ausgehandelte Gesetzgebung überhaupt erreicht werden kann, ist völlig offen. In der Geschichte der Zivilisation wurden oft Grundrechte der Bürger und Gesetze geändert und zunehmende Komplexität durch administrative Regeln begrenzt – wie bei der Währungsreform, im Steuer- oder Strafrecht, der Schul- und Wehrpflicht oder der Straßenverkehrsordnung. Regierungen könnten durch gesetzgeberische Maßnahmen die Überflussgesellschaft des Westens mit Massenkonsum einschränken, Wachstum durch selbstgesetzte und kulturell verankerte Rahmenbedingungen begrenzen und zwischen erforderlichen und vernachlässigbaren Bedürfnissen unterscheiden. Dies wird bereits bei der $CO_2$-Steuer auf fossile Energien praktiziert. In Krisenzeiten wie Kriegen wurden Lebensmittel rationiert und auf Lebensmittelkarten ausgegeben. Es sei an die langen Wartezeiten von mehreren Jahren für den Kauf eines Autos im sozialistischen Ostblock erinnert.

Der dekadente Verschwendungswahn mit inakzeptabler Ressourcenvergeudung durch ständig neue kurzlebige Wegwerfprodukte und Müllgenerierung könnte durch die Herstellung reparierbarer langlebiger Güter ersetzt und durch kulturell verankerte Rahmenbedingungen der Gesellschaft begrenzt werden. Wirkliche Nachhaltigkeit würde Energieeinsparung durch effizientere Heizungssysteme und Klimaanlagen, treibstoffsparende Autos, Reparatur- und Recyclingbetriebe, ressourcenschonendes Bauen und Produktionsstätten vor Ort erfordern. Dazu bedürfte es der Minimierung der globalen Transportketten bei vielen Nahrungsmitteln und Billigprodukten, beim Massentourismus und Flugverkehr, begleitet von der Minimierung einer zu immer mehr Konsum auffordernden Werbungsindustrie. Die Ablösung des teuren Tankertransportes von Flüssiggas über die Ozeane wäre durch preiswertere und klimaschonende Versorgung über das existierende Gas- und Ölleitungsnetz Europas aus Russland möglich. Die Umleitung der Finanzströme in Investitionen für regenerative Energieerzeugung statt in die Rüstungsproduktion würde von Respekt für die planetaren Grenzen der Erde künden. Die zur Bewältigung der Herausforderungen der kommenden Jahrzehnte erforderlichen technologischen Lösungen stehen bisher nur ansatzweise zur Verfügung. Sie wären bei vertrauensvollerer geopolitischer Zusammenarbeit auch bezahlbar, sind aber in der geopolitischen Weltkarte völlig illusionär. Es ist zudem wenig wahrscheinlich, dass die in der EU verfolgten Nullemissionsszenarien bis 2050 verwirklicht werden können. Auf der geopolitischen Weltkarte werden gerade andere Prioritäten gesetzt, und das Klimaproblem rückt zunehmend in den Hintergrund. In Deutschland und Europa können weder die Regierungen noch die Oppositionsparteien ein realistisches und illusionsfreies Angebot vorlegen, wie der Umbau einer verzahnten Weltwirtschaft zu Nachhaltigkeit vonstattengehen könnte.

Eine Reduktion der $CO_2$-Emissionen auf Netto-Null wird zwar die atmosphärische $CO_2$-Konzentration und auch die Wärmeaufnahme der Ozeane reduzieren. Dennoch wird selbst ein Null-Emissions-Szenario regionale Temperaturveränderungen, langfristige Umweltschäden durch Klimaerwärmung und die natürliche Klimavariabilität der Erde nicht stoppen. Corner et al. (2023) zeigen, dass der globale Meeresspiegelanstieg aufgrund des Massenzuflusses aus den Eisschilden und die Volumenexpansion durch die Erwärmung des tiefen Ozeans mit hundert- bis tausendjährigen Zeitverzögerungen weitergehen werden. Diese durch frühere anthropogene Emissionen angetriebenen Änderungen werden weiter ablaufen, bis die Wärmeaufnahme des Ozeans und die Massenanpassung der Eisschilde einen neuen stationären Zustand erreichen. Isoliert betrachtet hat der Rückgang der atmosphärischen $CO_2$-Konzentration einen abkühlenden Effekt auf das Klimasystem, während die Verringerung der Wärmeaufnahme des Ozeans einen wärmenden Effekt hat.

In Erdsystemmodellsimulationen wird der Rückgang der atmosphärischen $CO_2$-Konzentration durch langsame Prozesse im Kohlenstoffkreislauf bestimmt, die Kohlenstoff zwischen der Atmosphäre, dem Ozean, dem Land und geologischen Reservoiren umverteilen. Änderungen der Rückkopplungsmechanismen, die sich auf die Wolken und das Rückstrahlvermögen (Albedo) der Oberfläche gegenüber der einfallenden Solarstrahlung, die atmosphärischen Erwärmungsmuster und den Wärmeaustausch mit dem tiefen Ozean auswirken, werden die Art und Weise verändern, wie die Erde in zukünftig Energie absorbiert und emittiert. Dadurch werden auch die bei Nullemissionen auftretenden Zirkulations- und Klimaänderungen unsicher bleiben.

Die Klimaforschung muss mit Geduld, Demut und ausreichend finanziert an den kniffligen Grundproblemen arbeiten. Diese betreffen unzureichende Daten, unsichere Modellgleichungen und Parametrisierungen, nichtlineare Dynamik und Turbulenz, die Existenz von deterministischem Chaos und intern generierter Variabilität und werden auch durch den Einsatz von Künstlicher Intelligenz nur schrittweise gelöst werden können. Leider dreht sich der Wind in den USA gerade in die entgegengesetzte Richtung, so warnt Witze (2025) vor den Plänen der US-Regierung, das *„National Center for Atmospheric Research"* (NCAR) in Boulder, ein weltweit einzigartiges Flaggschiff für Erd- und Klimawissenschaften zu schließen. Seine Erdsystemmodelle und Erdbeobachtungen bilden die Grundlage für unverzichtbare Forschungsarbeiten. Die *„National Science Foundation"* (NSF), die das Zentrum seit 1960 finanziert, wird *„das NCAR auflösen, um die Forschungsaktivitäten im Rahmen des Grünen Neuen Betrugs zu beenden.*

*Alle wichtigen Funktionen wie Wettermodellierung und Super-Computing werden in den Zuständigkeitsbereich einer anderen Einrichtung oder eines anderen Standorts verlagert.*" Die 2023 unterzeichnete Vereinbarung mit der NSF sah 938 Mio. US-Dollar für den Betrieb des NCAR über einen Zeitraum von fünf Jahren vor. Wenn die Pläne zur Zerschlagung des NCAR nicht gestoppt werden, sind verheerende Auswirkungen auf die Erdsystemforschung zu befürchten, die ein wissenschaftliches Verständnis der Prozesse auf diesem Planeten liefert.

Die Re-Analysedaten ERA5 von 1940 bis 2025 dokumentieren detailliert die Veränderungen der letzten neun Jahrzehnte im Klimasystem der Erde, die durch komplexe nichtlineare Wechselwirkungen bestimmt werden und noch immer nicht ausreichend entschlüsselt sind. Um das komplizierte Zusammenspiel von Änderungen in der Konzentration von Treibhausgasen und Aerosolen mit dynamischen Variabilitätsmoden des Systems zu beschreiben, sind lange und hochauflösende Ensemblesimulationen mit Erdsystemmodellen auf leistungsfähigen Großrechnern notwendig. Der Vergleich dieser Simulationen mit der Realität bestätigt zwar die bedeutende Rolle von Treibhausgaszunahmen bei der arktischen und globalen Erwärmung, lässt aber viele Fragen offen. Neben der tropischen Anregung planetarer Variabilitätsmoden beeinflussen auch gekoppelte tropo- und stratosphärische Prozesse der Arktis die nordhemisphärischen Telekonnektionsmuster. Diese führen zu Änderungen der dominierenden atmosphärischen Zirkulationsregime und bestimmen den Klimawandel. Die gegenwärtig besten Modelle unterschätzen die intern generierte Variabilität und müssen durch datenbasierte Parametrisierungen verbessert werden, um die bestehenden Unsicherheiten der Zukunftsszenarien deutlich zu reduzieren.

## Literatur

Andre, P. et al., 2024. Globally representative evidence on the actual and perceived support for climate action. Nature Climate Change 14, 253–259.

Baab, P., 2025. Auf beiden Seiten der Front. Meine Reisen in die Ukraine. fiftyfifty. 254 S.

Bart, I., 2025. Napozószékek a Titanicon. A klímaválságról magyar szemmel. Park. Budapest. 444 S.

Borowiak, A. et al., 2025. Climate stabilisation under net zero $CO_2$ emissions. Earth's Future 13, e2024EF005678. https://doi.org/10.1029/2024EF005678.

Bun, R. et al., 2024. Tracking unaccounted greenhouse gas emissions due to the war in Ukraine since 2022. Science of the Total Environment 914, 169879.

Bätzing, W., 2023. Homo Destructor. Eine Mensch-Umweltgeschichte. Von der Entstehung des Menschen zur Zerstörung der Welt. Beck. 463 S.

Birbayeva, A., 2025. KazTransOil boosts european cooperation to secure oil transit to Germany. The Astana Times, 24. Dezember 2025.

Bülow, M., 2025. Korrumpiert. Wie ich fast Lobbyist wurde und jetzt die Demokratie retten will. Westend. 207 S.

Castellanos, S., 2024. ROM. Mehr Geschichte. Zinet Media Global. 193 S.

Chargaff, E., 1986. Ernste Fragen. Essays. Klett-Cotta. 288 S.

Cloer, L., 2025. Arm sein ist teuer. Über das Urteilen hinausdenken. Vision. Gesellschaft und Kultur. www.vision.org/de/node/9776

Corner, S. P. et al., 2023. The zero emissions commitment and climate stabilization. Front. Earth Sci. 1. https://doi.org/10.3389/fsci.2023.1170744.

Cotar, J., 2026. Inside Bundestag. Wie ich in 8 Jahren im Zentrum der Macht das Vertrauen in unsere Demokratie verlor. Westend. 218 S.

DeAngelo, H. und J. A. Curry, 2025. A critique of the apocalyptic climate narrative. J. Applied Corporate Finance 37, 8–15. https://doi.org/10.1111/jacf.12665

Dethloff, K. und P. Hupfer, 2009. Selected contributions on results of climate research in East Germany (the former GDR). Berichte zur Polar- und Meeresforschung 588. Bremerhaven.

Fischer, G. B., 1967. Bedroht – Bewahrt. Weg eines Verlegers. Fischer Verlag. 428 S.

Gates, B., 2025. A new way to look at the problem. Three tough truths about climate. What I want everyone at COP30 to know. https://www.gatesnotes.com/home/home-page-topic/reader/three-tough-truths-about-climate.

Gloger, K. und G. Mascolo, 2025. Das Versagen. Eine investigative Geschichte der deutschen Russlandpolitik. Ullstein. 495 S.

Gorbatschow, M., 2013. Alles zu seiner Zeit. Mein Leben. Hoffmann und Campe. 546 S.

Hoven, E., 2025. Das Ende der Wahrheit. Wie Lügen, Fake News und Framing unsere Gesellschaft bedrohen und was wir dagegen tun müssen. Dumont. 303 S.

Huxley, A., 1946. Science, Liberty and Peace. Harper & Brothers.

Huxley, A., 2025. Zeit der Oligarchen. Über Wissenschaft, Freiheit und Frieden. Hanser. 90 S.

Hübl, P., 2024. Moralspektakel. Wie die richtige Haltung zum Statussymbol wurde und warum das die Welt nicht besser macht. Siedler, 336 S.

IPPNW, 2025. Abkehr vom Feindbild Russland – für eine neue Entspannungspolitik. https://nie-wieder-krieg.org/2025/12/04/resolution-ippnw-aksn/

Liessmann, K. P., 2019. Bildung als Provokation. Piper. 237 S.

Lozán, J. L. und H. Graßl, 2024. Übersicht der Maßnahmen zur Verringerung der $CO_2$-Konzentration in der Atmosphäre (Carbon Dioxide Removal, CDR). In: Lozán J. L. et al. (Hrsg.). Warnsignal Klima, S. 43–48. www.warnsignal-klima.de. https://doi.org/10./warnsignal.klima.climate.engineering.06.

Márai, S., 1947. Schule der Armen. Ein Leitfaden für Menschen mit geringem Einkommen. Piper. 170 S.

Marwecki, D., 2025. Die Welt nach dem Westen. Über die Neuordnung der Macht im 21. Jahrhundert. Ch. Links Verlag. 288 S.
Mausfeld, R., 2025. Hegemonie oder Untergang. Die letzte Krise des Westens. Westend. 210 S.
Metz, M. und G. Seeßlen, 2025. Blödmaschinen II. Die Fabrikation der politischen Paranoia. Suhrkamp. 348 S.
Popper, K. R., 2025. Auf der Suche nach einer besseren Welt. Vorträge und Aufsätze aus dreißig Jahren. Piper. 282 S.
Rothkopf, D., 2009. Die Super-Klasse. Die Welt der internationalen Machtelite. Goldmann. 542 S.
Scheidler, F., 2025. Friedenstüchtig. Wie wir aufhören können, unsere Feinde selbst zu schaffen. Promedia. 224 S.
Smil, V., 2024. Halfway between Kyoto and 2050: Zero carbon is a highly unlikely outcome. The-Fraser-Institute. https://www.fraserinstitute.org.
Standing, G., 2024. Die Reichsten sahnen ab. www.welt-sichten.org/artikel/42672/die-reichsten-sahnen-ab.
Trenin, D. et al., 2025. Strategischer Wandel: Warum Russland seine Militärdoktrin überdenkt – und was das bedeutet. Telepolis, 16. Juli 2025. https://www.telepolis.de/article/Strategischer-Wandel-Warum-Russland-seine-Militaerdoktrin-ueberdenkt-und-was-das-bedeutet-10488688.html
VdE, 2024. www.energieverbraucher.de/de/start__2229/NewsDetail__19282
Witze, A., 2025. Trump team plans to break up „global mothership“ of climate science. Nature. 17. Dezember 2025. https://doi.org/10.1038/d41586-025-04134-w

# 3

# Atmosphärische Zirkulation

**Hinweisfenster**

**Die Zunahme der anthropogenen $CO_2$-Emissionen erhöht die langwellige Rückstrahlung der Atmosphäre und beeinflusst in komplexer Weise dynamische Prozesse und Klimamuster der Erde. Deshalb müssen sowohl die thermodynamischen als auch die dynamischen Seiten der Klimawaage zusammen betrachtet werden. Während thermodynamische Veränderungen einfach erklärt werden können, sind dynamische Veränderungen mit großen regionalen Unsicherheiten behaftet. Die vorausgesagten Luftdruckänderungen im Zeitraum 2025–2050 lassen im Winter höheren Luftdruck über dem Mittelmeer und niedrigeren über Skandinavien erwarten. Für Mitteleuropa und Deutschland bedeutet dies verstärkte Westwinde mit milderen Wintern und erhöhten Niederschlägen. Im Sommer existiert ein Trend zu höherem Luftdruck über den Britischen Inseln und niedrigerem Luftdruck über dem Mittelmeer. In Mitteleuropa führt dies wahrscheinlich zu verstärkten Ostwinden, die trockenere und wärmere Luftmassen vom Kontinent mit sich führen und wärmere Sommer erzeugen. Dadurch wird die Gefahr von anhaltenden Dürren in Mitteleuropa zunehmen. Die bestehenden Unsicherheiten in den Verschiebungen atmosphärischer Zirkulationsmuster hängen mit der nicht eindeutigen Reaktion des Nordatlantiks und der Stärke der Bodenaustrocknung über Land zusammen.**

## Zonalwind

Die in den mittleren Breiten vorherrschenden Strahlströme oder Jetstreams sind starke zonale Windgürtel, die sich auf der rotierenden Erde durch meridionale Dichtekontraste bilden. Dabei treten die höchsten Windgeschwindigkeiten in den Regionen stärkster Baroklinität mit den größten meridionalen Temperaturgradienten zwischen den warmen Subtropen und der kalten Arktis


K. Dethloff, *Klimahybris*, https://doi.org/10.1007/978-3-662-73324-0_3

auf. Die breitenabhängige Variation der Temperatur und Dichte erzeugt die höhenabhängigen atmosphärischen Winde. Wenn deren vertikale Windgradienten von der thermischen Schichtung und der Corioliskraft abhängige Grenzwerte überschreiten, wird potenzielle Energie der atmosphärischen Grundströmung in kinetische Energie umgewandelt: Als Folge barokliner Instabilität kommt es zur Entwicklung von baroklinen Zyklonen. Diese stehen in Wechselwirkung mit den durch die Orografie der Erde und die Unterschiede zwischen Land- und Ozeantemperaturen angeregten planetaren Wellen, die durch die Variation des Coriolisparameters mit der geografischen Breite entstehen. Die atmosphärischen Energie- und Impulstransporte aus den Tropen in die Polgebiete erfolgen durch planetare Wellen und synoptische Wettersysteme der mittleren Breiten mit Lebenszeiten zwischen zwei und sechs Tagen. Dabei treten nichtlineare Energieaustauschprozesse zwischen den in mittleren Breiten vorherrschenden Westwinden mit planetaren Wellen sowie den baroklinen Zyklonen auf. Die durch barokline Instabilität der Westwindströmung entstehenden synpotischen Zyklonen liefern Energie für die planetaren Wellenmuster, die ihrerseits die Entwicklung und die Zugbahnen der Zyklonen mitbestimmen. Abb. 3.1 stellt das Schema der Wechselwirkung

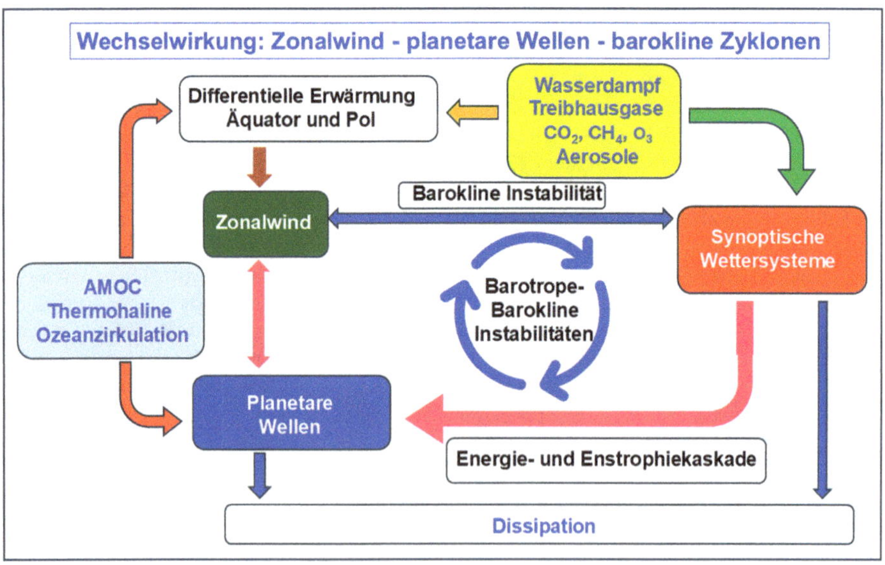


**Abb. 3.1** Diagramm der nichtlinearen Wechselwirkungen zwischen Zonalwind, planetaren Wellen und baroklinen Zyklonen. Diese sind durch barotrope und barokline Instabilitätsprozesse und Energieaustauschprozesse sowie Dissipation verbunden. Erwärmung durch Spurengase, Abkühlung durch Aerosole sowie AMOC-Änderungen des Ozeans beeinflussen die differenzielle Erwärmung. Dabei stellt Enstrophie das Quadrat der Vorticity (Wirbelhaftigkeit) der Atmosphäre dar

von Zonalwind, planetaren Wellen und synoptischen Zyklonen dar. Der Energiegradient zwischen den warmen Tropen und der kalten Arktis bestimmt durch meridionale Energietransporte und barokline Instabilität die Zonalwindstruktur. Diese beeinflusst die durch Orografie und Land-Meer-Kontraste angeregten planetaren Wellen sowie die Entwicklung von Zyklonen. Zwischen diesen bestehen schwer quantifizierbare nichtlineare Wechselwirkungen durch barotrope und barokline Instabilitäten. Diese sind in numerischen Modellen nur mühselig beschreibbar, ihre Unsicherheiten manifestieren sich in den täglichen Wetterberichten durch hohe Variabilität und abrupte Änderungen. Zusätzlich wird die differenzielle Erwärmung durch das wichtigste Treibhausgas Wasserdampf, troposphärische Spurengase wie $CO_2$ und $CH_4$, stratosphärisches Ozon, abkühlende Sulfataerosole sowie Änderungen der Atlantischen Umwälzbewegung des Ozeans (AMOC) mitbestimmt.

Als Folge dieser Wechselwirkungen verändert sich das Klima der Erde durch nichtlineare Prozesse ständig, und die komplexe Dynamik des Klimasystems erzeugt atmosphärische Zirkulationsumstellungen mit veränderten Hoch- und Tiefdruckgebieten, Zyklonenzugbahnen und Niederschlagsmustern. Abb. 3.2 stellt den Bodenluftdruck für den Zeitraum 1995–2024 im Winter und Sommer der Nordhemisphäre dar. In diesem Zeitraum hat der menschliche Einfluss durch die in den Klimamodellsimulationen berücksichtigten $CO_2$-Emissionen bereits merkliche Spuren hinterlassen. Infolge der Erdachsenneigung entstehen die Jahreszeiten: während in der Nordhemisphäre Winter herrscht, ist in der Südhemisphäre Sommer. Im Winter treten

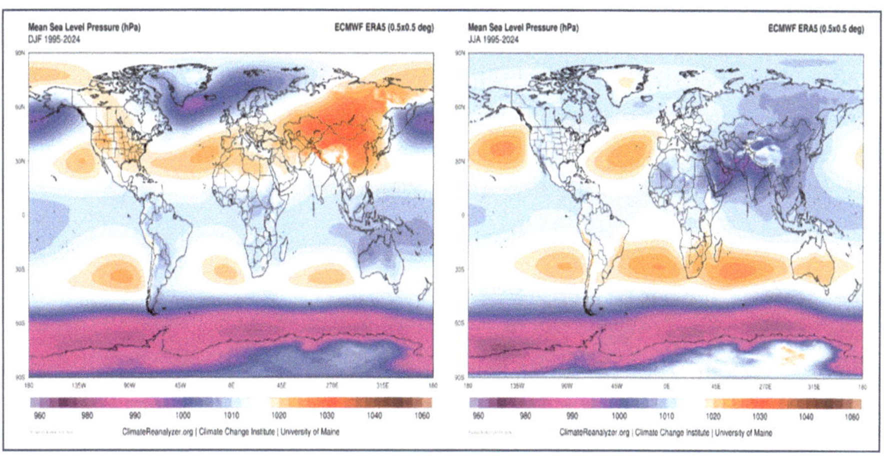


**Abb. 3.2** Mittlerer Bodenluftdruck (hPa) im Winter (Dezember–Februar; links) und Sommer (Juni–August; rechts) der Nord- und Südhemisphäre im Zeitraum 1995–2024. Der Winter der Nordhemisphäre entspricht dem Sommer auf der Südhemisphäre und umgekehrt. (Quelle: ClimateReanalyzer.org)

über dem Atlantik das Islandtief und das Azorenhoch auf, die von großer Bedeutung für das Klima Europas sind, da ihre Stärke über das Telekonnektionsmuster der Nordatlantischen Schwingung (NAO) die Zufuhr milder Atlantikluft mit Niederschlägen oder arktischer und trockener Kaltluft aus dem Nordosten bestimmt.

Über Sibirien und der Mongolei bildet sich im Winter das sibirische Kältehoch und über dem Pazifik vor der Küste Nordamerikas das Aleutentief. Im Sommer verstärken sich das Azorenhoch, das Grönlandhoch und das Hoch vor der US-Küste. Diese großskaligen Druckmuster werden durch die großen Gebirge, die Land- und Meerverteilung sowie synoptische Wettersysteme angetrieben und sind für Wetter- und Klimaanomalien bestimmend, die von Dethloff (2022, 2024) beschrieben wurden.

Der in den Tropen durch die Absorption kurzwelliger solarer Einstrahlung entstehende Energieüberschuss wird durch atmosphärische und ozeanische Zirkulationssysteme zu den polaren Kältesenken in der Arktis und Antarktis transportiert. Die solare Einstrahlung ist an den Polen durch die Erdachsenneigung deutlich reduziert und im Winter unter den Bedingungen der Polarnacht verschwindend. Die langwellige Rückstrahlung der Atmosphäre durch Wasserdampf, Wolken und Treibhausgase kann dieses Energiedefizit und die Abkühlung der arktischen Regionen im Winter nicht ausgleichen. Auf den daraus resultierenden meridionalen Energiegradienten zwischen Äquator und Arktis reagiert das gekoppelte Klimasystem mit der Entwicklung von Energieflüssen und Windsystemen, den Strahlströmen. Diese stellen zonale Windgürtel dar, die sich auf der Erde im Bereich von ausgeprägten meridionalen Temperaturgradienten zwischen den wärmeren Subtropen und der kälteren Arktis bilden. Die Windmaxima nehmen mit der Höhe zu, erreichen größte Werte bei 10 bis 12 km Höhe und werden durch die Corioliskraft auf der rotierenden Erde mitbestimmt. Die Strahlströme der Erdatmosphäre reagieren zudem sensitiv auf den durch die Erwärmung der Arktis verringerten Temperaturunterschied zwischen Äquator und Pol.

## Meridionalzirkulation

Abb. 3.3 stellt die jährlich gemittelte Zonalwindverteilung und den Meridionalwind für den Zeitraum 1995–2024 dar. Man erkennt das nordhemisphärische Westwindband mit höchsten Geschwindigkeiten von 35 m/s bei 30° N und ca. 12 km Höhe (200 hPa). Dieser Strahlstrom ist im Winter fast doppelt so stark wie im Sommer. Der Meridionalwind stellt in den Subtropen zwischen Äquator und 30° N eine direkte Zirkulationszelle mit Nord-

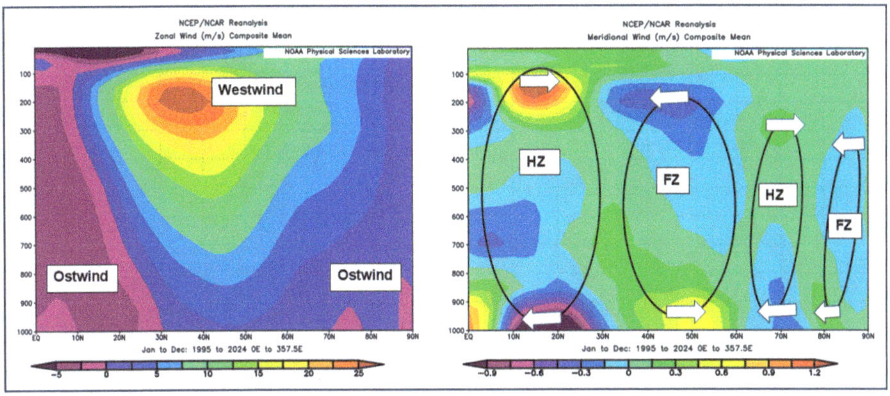


**Abb. 3.3** Mittlerer Zonalwind (m/s, links) und Meridionalwind (m/s, rechts) mit den Hadley- und Ferrel-Zirkulationszellen im Zeitraum 1995–2024 in der Nordhemisphäre. (Quelle: https://psl.noaa.gov/cgi-bin/data)

wind bei 12 km (200 hPa) und mit Südwind nahe der Erdoberfläche dar. In den mittleren Breiten bildet sich eine indirekte Zirkulationszelle mit Südwind bei 200 hPa und Nordwind nahe der Erdoberfläche aus. In hohen Breiten tritt eine direkte Zelle auf, gefolgt von einer schwachen indirekten Zirkulationszelle nahe am Nordpol. Diese Zellen entsprechen dem klassischen Bild einer in den Tropen angetriebenen Hadley-Zelle (HZ), die durch thermische Erwärmung gespeist wird und warme und feuchte Luft in die obere Troposphäre verfrachtet. Diese kühlt sich bei 100 hPa ab, sinkt bei ca. 30° N ab und fließt in der unteren Troposphäre zum Äquator zurück. In den mittleren Breiten tritt eine indirekte Ferrel-Zelle (FZ) auf, in der in mittleren Breiten kältere Luft aufsteigt, südwärts transportiert wird, dabei absinkt und in der unteren Troposphäre bei 50° N nach Norden zurückfließt. Daran schließt sich eine schwache thermisch getriebene Zelle (HZ) an, und in Nordpolnähe bildet sich wieder eine indirekte Zelle (FZ).

Den Ursprung dieser drei wichtigsten Zirkulationszellen haben Dethloff und Schmitz (1982) durch Simulationen mit einem zonalsymmetrischen Zirkulationsmodell qualitativ geklärt. Die diabatische Erwärmung in den Tropen induziert zusammen mit der diabatischen Abkühlung in hohen Breiten eine Hadley-Zirkulationszelle, bei der am Äquator warme Luft aufsteigt und nach Norden fließt, am Pol absinkt und in tieferen Schichten nach Süden zurückströmt. Durch die ablenkende Corioliskraft der Erddrehung wird die Nordwärtsströmung zu einem Westwind und die in Äquatorrichtung erfolgende Südwärtsströmung zu einem Ostwind abgelenkt. Drehimpulstransporte aus den Tropen in mittlere Breiten erfolgen durch die in Abb. 3.2 dargestellten großräumigen Zirkulationssysteme und generieren Ostwind in den Tropen,

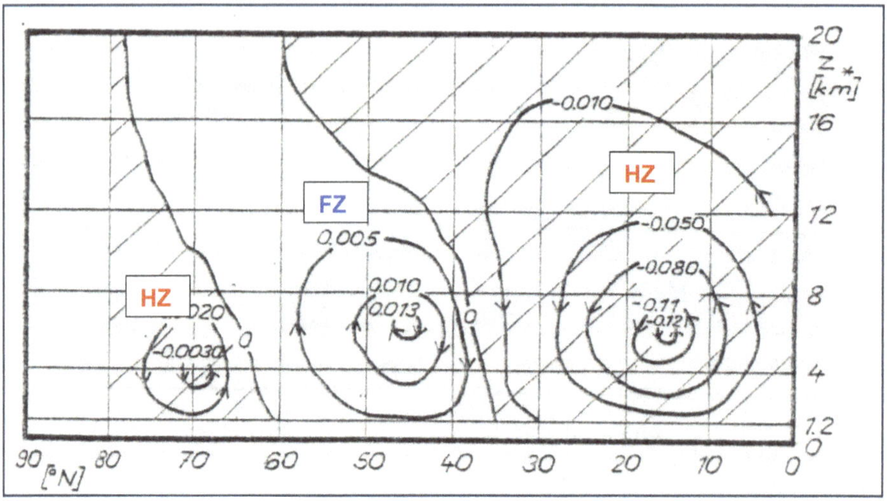


**Abb. 3.4** Meridionale Zirkulation in Abhängigkeit von Höhe und Breite, dargestellt durch die Stromfunktion (m/s). Antrieb: eine diabatische Wärmequelle (solare Einstrahlung und langwellige Abstrahlung) sowie Drehimpuls- und Wärmeflüsse durch planetare und barokline Wellen. (Quelle: Dethloff und Schmitz (1982))

aber Westwind in mittleren Breiten und induzieren dadurch die indirekte Ferrel-Zelle. Daraus resultiert das in Abb. 3.4 dargestellte Bild der Meridionalzirkulation mit der Hadley-Zelle in den Tropen und einer schwachen Hadley-Zelle in Polnähe sowie der Ferrel-Zelle in mittleren Breiten, die durch die Drehimpulstransporte und Flüsse fühlbarer Wärme durch planetare und barokline Wellen angetrieben wird. In den NCAR-Daten deutet sich nach der polaren Hadley-Zelle noch eine schwache Ferrel-Zelle an, die aus den arktischen Klimaänderungen der letzten Jahrzehnte resultiert. Als Reaktion auf den Verlust des arktischen Meereises führt die Erwärmung der Nordhemisphäre durch thermodynamische Ozean-Atmosphäre-Kopplung zur Erhöhung der Tropopausenhöhe, die eine nordwärts gerichtete Ausdehnung der Hadley-Zelle verursacht. Wie Chemke et al. (2019) zeigen, verstärkt die globale Erwärmung aber auch die latente Erwärmung, verringert die Drehimpulsflüsse durch planetare Wellen und schwächt damit die tropische Hadley-Zelle ab. Eine Erwärmung der Arktis führt somit insgesamt zu einer Abschwächung der Hadley-Zelle, eine Abkühlung der Arktis dagegen zu deren Verstärkung.

Diese Ergebnisse erklären die Notwendigkeit, neben thermodynamischen Änderungen der solaren Einstrahlung und der langwelligen Ausstrahlung die dynamischen Drehimpuls- und Wärmetransporte durch planetare Wellen und transiente Wettersysteme zu berücksichtigen, um ein Verständnis der Ursachen von Änderungen in Zirkulationsmustern zu erhalten. Die Zunahme der $CO_2$-Emissionen erhöht die langwellige Rückstrahlung der Atmosphäre in Richtung Erdoberfläche, wodurch auch grundlegende dynamische Prozesse beeinflusst werden. Es ist daher erforderlich, die thermodynamische und dynamische Seite der Klimawaage zu betrachten. Während thermodynamische Veränderungen mit umfangreichen Strahlungstransportberechnungen im solaren und infraroten Wellenlängenspektrum etwas einfacher erklärt werden können, sind die dynamischen Veränderungen schwerer zu fassen und mit großen regionalen Unsicherheiten behaftet.

## Nordatlantische Schwingung

Die mittleren und hohen Breiten zeichnen sich durch wenige bevorzugte atmosphärische Zirkulationsmuster und Zirkulationsregime aus. Atmosphärische Klimavariabilität entsteht durch irreguläre, chaotische Übergänge zwischen diesen unterschiedlichen Zirkulationsregimen. Abb. 3.5 und 3.6 stellen die positiven und negativen Phasen der Nordatlantischen Oszillation im Bodenluftdruck dar.

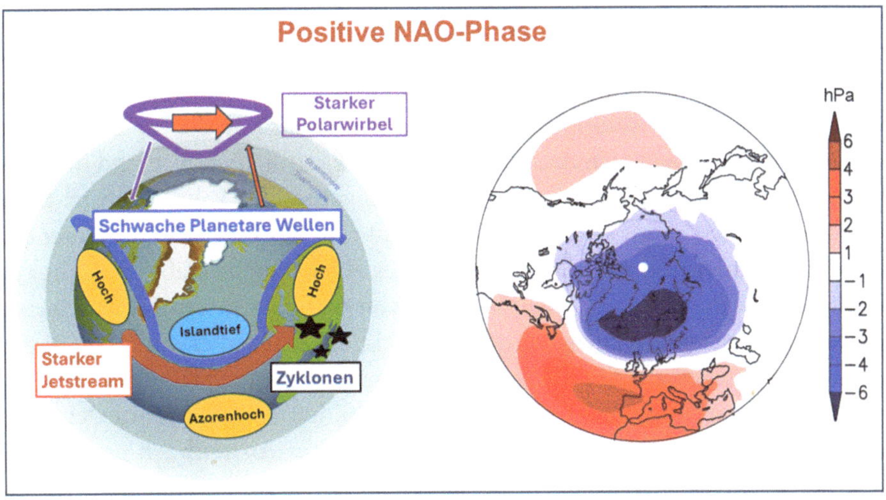


**Abb. 3.5** Positive Nordatlantische Schwingungsphase (NAO+) im Winter mit stark ausgeprägtem Islandtief und kräftigem Azorenhoch. Dabei entsteht ein starker Jetstream mit nur schwach entwickelten planetaren Wellen (links). Dadurch wird der stratosphärische Polarwirbel nicht durch troposphärische Wellenausbreitung gestört und bleibt stabil. Die in der NAO+ Phase herrschenden Druckanomalien (hPa) im Bodenluftdruck verstärken das Islandtief und das Azorenhoch (rechts). Modifiziert nach Handorf und Dethloff (2009)

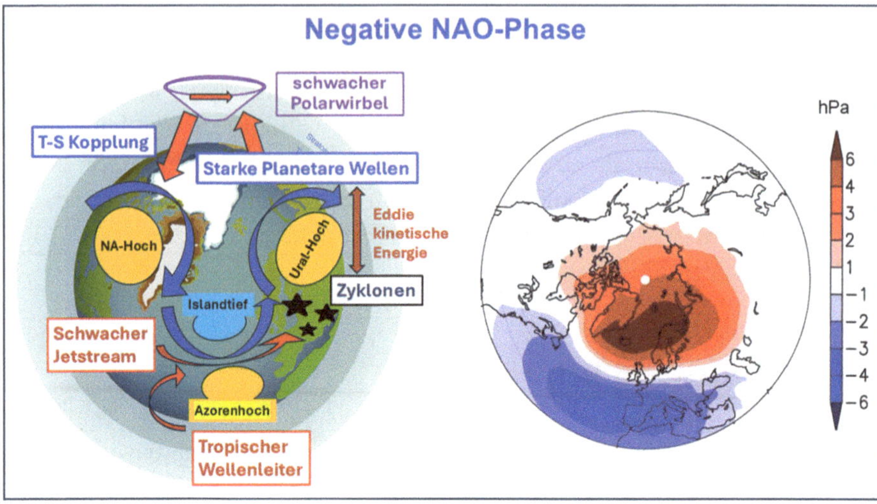


**Abb. 3.6** Negative Nordatlantische Schwingungsphase (NAO-) im Winter mit schwachem Islandtief und schwachem Azorenhoch. Dabei entsteht ein abgeschwächter Jetstream mit verstärkten planetaren Wellen (links). Der stratosphärische Polarwirbel wird durch Wellenausbreitung gestört und instabil, wodurch stratosphärische Erwärmungen mit Wellenreflexion am Ostwind auftreten. Die in der NAO-Phase herrschenden Druckanomalien (hPa) im Bodenluftdruck (rechts) schwächen das Islandtief und Azorenhoch ab. Modifiziert nach Handorf und Dethloff (2009)

Die beobachteten Klimaänderungen Europas werden im Winter entscheidend durch die Entwicklung dieser Phasen mitbestimmt. In der positiven Phase wird milde Ozeanluft vom Atlantik nach Europa verfrachtet, während in negativen Phasen durch die ausgeprägte Meridionalisierung kalte Polarluft nach Europa gelangen kann. In der positiven NAO-Phase bilden sich im Winter ein starkes Islandtief und ein gleichfalls kräftiges Azorenhoch. Dabei entsteht ein starker Jetstream in zonaler Richtung von West nach Ost mit nur schwach entwickelten planetaren Wellen. Der stratosphärische Polarwirbel wird nicht durch Wellenausbreitung aus der Troposphäre gestört und bleibt stabil.

In der negativen NAO-Phase (Abb. 3.6) bilden sich im Winter ein nur schwaches Islandtief und ein geringer entwickeltes Azorenhoch aus. Dabei schwächt sich der zonale Jetstream ab, während sich die planetaren Wellen verstärken und der meridionale Austausch von Luftmassen zwischen den Subtropen und der Arktis intensiviert wird. Die stärkeren planetaren Wellen breiten sich aus der Troposphäre in die Stratosphäre aus und beeinflussen den dortigen Polarwirbel. Dabei treten stratosphärische Erwärmungen mit Ostwind auf, die den Polarwirbel abschwächen und spalten. Durch planetare Wellenreflektion am stratosphärischen polar-Vortex werden in der Troposphäre die planetaren Wellenmuster weiter verstärkt. In beiden NAO-Phasen treten komplexe nichtlineare Wechselwirkungen zwischen Zonalwind, planetaren Wellen und baroklinen Zyklonen auf, die numerisch nur schwer zu simulieren sind.

Die beobachtete Erwärmung der polaren Breiten und die Erwärmung in den Tropen konkurrieren in unterschiedlicher Weise miteinander. Die Arktische Verstärkung des Treibhauseffektes verringert den meridionalen Temperaturgradienten zwischen tropischen und polaren Breiten sowie die Baroklinität an der polwärts gerichteten Flanke des zonalen Jetstreams und verschiebt die Zyklonenzugbahnen nach Süden, wobei eine negative NAO entsteht. Die verstärkte Abkühlung der unteren Stratosphäre der Tropen aufgrund des Anstiegs der Treibhausgase und der Wasserdampfzunahme wird von einer Verstärkung des meridionalen Temperaturgradienten in der unteren Stratosphäre begleitet, was die Zyklonenzugbahnen nordwärts verschiebt und eine positive NAO erzeugt.

Die beobachtete Erwärmung der Arktis und der Übergang zu einer zunehmend positiven NAO-Phase in mittleren Breiten treten im Winter zusammen mit einer Abkühlung Eurasiens auf. Dabei setzte sich interne atmosphärische Variabilität als vorherrschende Erklärung durch, weil die eurasische Abkühlung trotz der Erwärmung der Arktis anhielt. Die Abkühlungsphase der eurasischen Winter 1998–2012 stellt jedoch keine isolierte Episode dar, sondern trat in den Re-Analysen bereits zwischen 1917–1931 sowie 1958–1972 auf und konnte in Large-Ensemble-Modellsimulationen des amerikanischen Klimamodells CESM2 simuliert werden. Die saisonalen Abkühlungsperioden waren mit häufigeren und stärkeren kalten Extremen und weniger und schwächeren warmen Extremen verbunden. Interne Variabilität der Atmosphäre kann etwa 70 % der beobachteten eurasischen Abkühlung erklären. Li et al. (2025) analysierten damit vergleichbare Abkühlungsepisoden in Re-Analyse-Daten seit 1901. Durch die Synthese dieser Episoden mit den Abkühlungsphasen in den Large-Ensemble-Modellsimulationen des amerikanischen CESM2 identifizierten sie zwei atmosphärische Regime als Modulatoren, das skandinavische Muster SCAND und die Nordatlantische Oszillation NAO. Beim Telekonnektionsmuster SCAND tritt eine Hochdruckanomalie über Skandinavien und der Barents- und Karasee auf, die von zwei Tiefdruckanomalien über Westeuropa und Ostrussland begleitet wird. Ein positiver SCAND-Trend, der durch arktische Meereisabnahme bestimmt wird, verstärkt die eurasische Abkühlung, der NAO-Trend wiederum modifiziert das Ausmaß der Abkühlung. Li et al. (2025) zeigen, dass die Wahrscheinlichkeit analoger Abkühlungsepisoden vor dem Jahr 2050 aufgrund interner Variabilität bei etwa 30 % liegt.

Seager et al. (2025) untersuchten die Ursachen für die Austrocknung des Mittelmeerraums in den letzten Jahrzehnten, die erhebliche Auswirkungen auf die Wasserressourcen, die Landwirtschaft und Waldbrände hatte. Die Austrocknung wurde durch einen Trend zu einer positiven Phase der NAO angetrieben, die Transporte trockenerer Luft über das Mittelmeer bewirkt. Klimamodelle simulieren nur eine schwache Austrocknung des Mittelmeerraums als Reaktion auf veränderte Strahlungsantriebe. Die beobachtete Austrocknung im Winter ist demzufolge stärker auf dynamisch bedingte Veränderungen der atmosphärischen Zirkulation zurückzuführen als auf thermodynamische Veränderungen der Luftfeuchtigkeit. Ein mehrere Jahrzehnte andauernder Trend hin zu einem positiven NAO-Zustand führt zu einer nordöstlichen absinkenden Strömung über dem Mittelmeer, die die Atmosphäre austrocknet und Niederschläge unterdrückt. Einzelne Modelle aus dem CMIP6-Ensemble können die beobachtete Stärke der winterlichen Trockenheit im Mittelmeerraum reproduzieren. In einem Modell mit einer stark ausgeprägten NAO über dem Mittelmeer wird die Trockenheit dynamisch durch einen NAO-Trend angetrieben, der dem beobachteten sehr ähnlich ist.

## Veränderte Zirkulationsmuster

Die durch die Berichterstattung in den Medien und wissenschaftliche Trittbrettfahrer befeuerte Angst vor dem Zusammenbruch der Zivilisation als Folge der Klimakrise durch steigende Treibhausgasemissionen hat polarisiert. In Deutschland emittiert das reichste Prozent der Bevölkerung pro Kopf 100 t $CO_2$ pro Jahr, während die Masse der Bevölkerung nur für 6 t pro Kopf und Jahr verantwortlich ist. Diese Kluft existiert auch weltweit, denn die reichen Multimillionäre, zu denen sich inzwischen fast 80 Mio. Menschen zählen dürfen, emittieren soviel $CO_2$ wie die ärmsten 9 Mrd. Menschen. In Deutschland wurde die Einführung des versprochenen Klimageldes zur Kompensation der durch den europäischen Emissionshandel verteuerten fossilen Energien auf den Sanktnimmerleinstag verschoben. Nach Eckermann (1836) beschrieb bereits Goethe diese Kluft zwischen oben und unten: *„Es ist der Welt nicht gegeben, sich zu bescheiden: den Großen nicht, dass kein Missbrauch der Gewalt stattfinde, und der Masse nicht, dass sie in Erwartung allmählicher Verbesserungen mit einem mäßigen Zustand sich begnüge … Der eine Teil wird leiden, während der andere sich wohlbefindet, Egoismus und Neid werden als böse Dämonen ihr Spiel treiben, und der Kampf der Parteien wird kein Ende haben.“*

Bevor wir die erwarteten Zirkulationsmusteränderungen bei steigendem $CO_2$-Gehalt der Atmosphäre betrachten, vergleichen wir die Qualität der

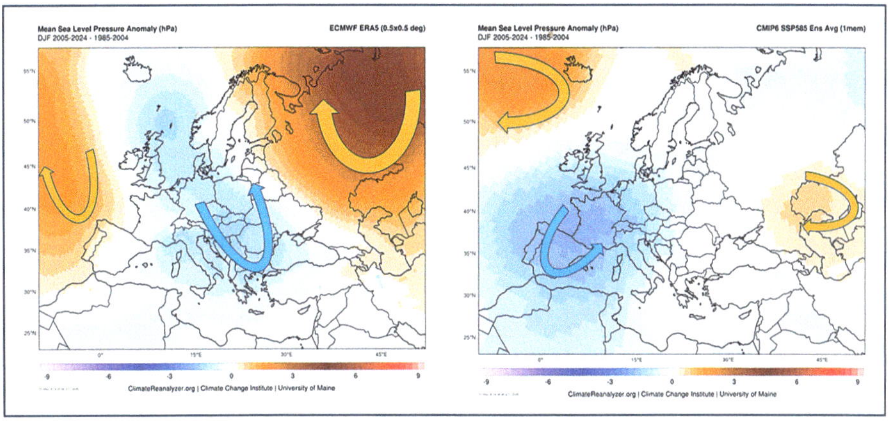


**Abb. 3.7** Luftdruckänderungen (hPa) Europas der Zeiträume „2005–2024 minus 1985–2004" aus ERA5-Daten (links) und der CMIP6-Modellsimulationen mit dem SSP585 Szenario (rechts) für den Winter (Dezember – Februar ). Jeweils dreizehn Klimamodelle führten eine Modellsimulation durch, aus denen das dargestellte Ensemblemittel gebildet wurde. (Quelle: Climatereanalyzer.org)

gegenwärtig besten Modelle mit Beobachtungdaten für die letzten 20 Jahre 2005–2024. Abb. 3.7 stellt die Luftdruckänderungen der Jahre 2005–2024 im Vergleich zum Zeitraum 1985–2004 auf der Basis der ERA5-Daten und des CMIP6-Modellensembles im Winter dar. Man erkennt, dass sich die Luftdruckänderungen quantitativ unterscheiden und die Modellsimulationen von der Realität abweichende Informationen für West- und Osteuropa und die europäische Arktis liefern. Die Luftdruckerhöhung zeigt sich in den Daten über dem westlichen Russland, die Luftdruckreduktion über Mitteleuropa. In den Modellen treten diese Muster regional deutlich verschoben auf. Derartige Modellfehler bei der Reproduktion von beobachteten Änderungen atmosphärischer Zirkulationsmuster zwingen dazu, regionale Zukunftsszenarien und Voraussagen des zu erwartenden europäischen Klimas als unsicher zu betrachten.

Abb. 3.8 stellt die modellierten zukünftigen Luftdruckänderungen für Winter und Sommer für den Zeitraum 2025–2050 dar. Im Winter entwickelt sich über dem Mittelmeer ein höherer und über Skandinavien ein niedrigerer Druck. Diese Druckkonstellation entspricht einer verstärkten positiven NAO-Phase. Für Mitteleuropa und Deutschland bedeutet dies verstärkte Westwinde und damit verbunden mildere Winter und erhöhte Niederschläge. Die genaue Position und Stärke dieser Veränderungen unterscheiden sich im Modellensemble stark und hängen mit Unsicherheiten hinsichtlich der Klimareaktion des Nordatlantiks, des Ausmaßes der Erwärmung der oberen Troposphäre und der Erwärmung in der Hadley-Zirkulation zusammen.

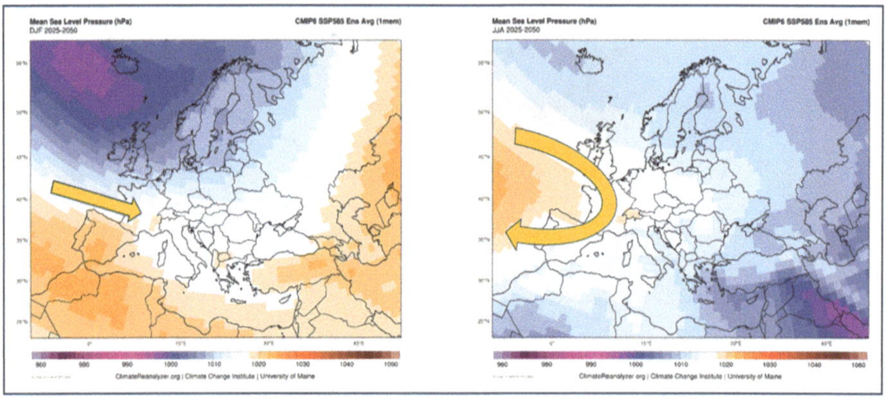


**Abb. 3.8** Möglicher Bodenluftdruck (hPa) Europas im Zeitraum „2025–2050" aus den CMIP6-Modellen mit dem Klimaszenario SSP585 für Winter (links) und Sommer (rechts). Die gelben Pfeile zeigen die bevorzugten Luftströmungen an. (Quelle: Climatereanalyzer.org)

Im Sommer existiert ein Trend zu höherem Luftdruck über den Britischen Inseln und niedrigerem Luftdruck über dem Mittelmeer. Für Mitteleuropa führt dies zu verstärkten Ostwinden, die trockenere und wärmere Luftmassen vom Kontinent nach Mitteleuropa verfrachten und durch wärmere Sommer die Gefahr von anhaltenden Dürren in Mitteleuropa befeuern. Die Unsicherheit in den atmosphärischen Zirkulationsmustern hängt mit der Reaktion des Nordatlantiks und mit der Stärke der Bodenaustrocknung zusammen. Breul et al. (2025) analysierten die Ursachen regionaler Jetstreamänderungen. Die gegenwärtig besten Modelle sagen für die Zukunft übereinstimmend eine polwärts gerichtete Verschiebung der zonal- und jahresmittleren Jetstreams voraus. Unter der Annahme eines unrealistischen Hochemissionsszenarios SSP585 könnten diese bis zum Ende des Jahrhunderts maximal bis zu 2° Breite erreichen, sind aber weiterhin mit großen Modellunsicherheiten behaftet. Seit 1979 zeigen sich in den Re-Analyse-Daten Trends in den Jetstreams, die eine Verschiebung des Jetstreams der Südhemisphäre um ca. 0,3° pro Jahrzehnt in Richtung Südpol erkennen lassen. Dieser Trend wurde auch von Dethloff (2024) beschrieben und ist in dessen Abb. 2.1 wahrnehmbar. Breul et al. (2025) gehen davon aus, dass dieser Trend am deutlichsten auf anthropogene Einflüsse zurückgeführt werden kann. Eine große interne Variabilität und ein unvollständiges Verständnis der Ursachen dieser Trends lassen aber insgesamt, auch über dem Nordatlantik und Europa, keine eindeutige anthropogene Zuordnung zu. Die Klimaänderungsgefahren für Europa werden von ausgewählten Wissenschaftsexperten im Kampf um finanzielle Mittel stark übertrieben. Der Unsicherheitsschleier über den als

Blaupausen benutzten Klimaszenarien in mittleren Breiten kann zukünftig nur durch ausreichende Finanzierung der Klimaforschung verringert werden.

Die zur Begrenzung des Klimawandels erforderliche Dekarbonisierung verlangt gleichfalls erhebliche finanzielle Ressourcen und Investitionen, die durch Umwidmung aus der militärischen Hochrüstung der reichen Länder des Nordens gewonnen werden könnten. Nicht nur die Unsicherheiten der Klimasimulationen durch die gegenwärtig besten Modelle müssen verringert werden, sondern auch die geopolitischen und wissenschaftspolitischen Verwerfungen. Durch einen Neustart diplomatischer Beziehungen muß wieder strategisches Vertrauen zwischen den führenden Nationen der Erde aufgebaut werden, um den ökologischen Umbau der Zivilgesellschaften glaubwürdig voranzutreiben.

## Literatur

Breul, P. et al., 2025. Seasonal and regional jet stream changes and drivers. Nature Reviews Earth and Environment 6, 824–842. https://doi.org/10.1038/s43017-025-00749-9.

Chemke, R. et al., 2019. The effect of Arctic sea ice loss on the Hadley circulation. Geophys. Res. Lett. 46, 963–972. https://doi.org/10.1029/2018GL081110.

Dethloff, K., 2022. Unberechenbares Klima. Ursachen und Unsicherheiten des Klimawandels. Springer. 320 S.

Dethloff, K., 2024. Klimaturbulenzen. Modellierung der Erde und die Illusion von Klimakontrolle. Springer. 295 S.

Dethloff, K. und G. Schmitz, 1982. On determining the tropo- and stratospheric zonal circulation on the basis of momentum and heat sources in a quasi-geostrophic model. Gerlands Beiträge zur Geophysik 91/1, 25–34.

Eckermann, J. P., 1836. Gespräche mit Goethe. In den letzten Jahren seines Lebens. Deutscher Klassikerverlag, Berlin 2011, Band 50.

Handorf, D. und K. Dethloff, 2009. Atmospheric teleconnections and flow regimes under future climate projections. Europ. Phys. J., Special Topics 174, 237–255.

Li, J. et al., 2025. Atmospheric circulation regimes modulating Eurasian winter decadal cooling. npj Climate and Atmospheric Science 8, 46.

Seager, R. et al., 2025. Mediterranean drying by a positive North Atlantic Oscillation trend over the last 65 years is an extreme outlier in the CMIP6 multimodel ensemble. https://doi.org/10.1175/JCLI-D-25-0359.1

# 4

# Planetare Fernverbindungen

**Hinweisfenster**

**Planetare Wellen werden durch tropische Anomalien der Meeresoberflächentemperaturen angeregt. Durch ihre Ausbreitung in mittlere Breiten erzeugen sie die als Fernverbindungsmuster (Telekonnektionen) bekannten Konfigurationen von Wellenzügen der Nordhemisphäre. Diese bezeichnen atmosphärische Anomaliemuster von Druck und Temperatur, die räumliche Korrelationen zwischen geografisch voneinander entfernten Regionen herstellen. Sie verursachen großräumige Veränderungen atmosphärischer Zirkulationsmuster sowie der Temperatur- und Niederschlagsregime und bestimmen die atmosphärische Klimavariabilität. In den Tropen erzwingen Anomalien der Meeresoberflächentemperaturen anomale Konvektion und die großräumige Verstärkung der Hadley-Zirkulation. Die damit verbundene vertikale Bewegung sowie das Auseinanderströmen in der oberen Troposphäre der Tropen und das Zusammenströmen in den Subtropen führen zu einer Anomalie der Wirbelstärke, die als Rossby-Wellenquelle (RWQ) bezeichnet wird. Die dadurch erzeugten planetaren Wellenzüge verbinden die tropische Erwärmung mit der Zirkulation der Außertropen und stellen einen Mechanismus für Telekonnektionsmuster dar. CMIP5-Modelle simulieren die großräumigen geografischen Verteilungen der Rossby-Wellen, überschätzen aber die subtropische RWQ und unterschätzen diese in mittleren Breiten. Die Modellfehler resultieren aus zu grober Modellauflösung und unzureichenden Parametrisierungen. Die subgrid-skaligen Darstellungen für Konvektion, mikrophysikalische Wolken- und Niederschlagsprozesse beeinflussen die Simulation der RWQ.**


K. Dethloff, *Klimahybris*, https://doi.org/10.1007/978-3-662-73324-0_4

## Planetare Wellen

Die zeitlich gemittelte atmosphärische Zirkulation ist durch großräumige Wellenstörungen in mittleren und hohen Breiten gekennzeichnet. Diese planetaren Wellen bilden die Grundlage für Fernverbindungsmuster, sogenannte Telekonnektionen, und werden durch Luftströmungen über die großen Gebirgszüge und durch tropische Konvektion mit latenter Erwärmung angeregt, bei der Wasserdampf zu Wolken kondensiert und Wellenstörungen triggert. Diese planetaren Wellen werden auch als *„Rossby-Wellen"* bezeichnet und bewegen sich auf der Route der Jetstreams, die deshalb *„Wellenleiter"* genannt werden. Von den Jetstreams angetrieben, transportieren die planetaren Wellen Wärme, Feuchte und Drehimpuls aus den Tropen in Richtung der Pole. Dadurch bestimmen sie über die Lage, Stärke und meridionale Ausdehnung der Jetstreams das Wetter und Klima in mittleren Breiten.

Durch den Prozeß der *„Rossby-Wellenbrechung"* findet in speziellen Regionen der Atmosphäre Informationsübertragung an die umgebende Atmosphäre statt. Diese erfolgt durch starke vertikale und horizontale Durchmischung von Luftpaketen, ähnlich einer am Strand brechenden Meereswelle. Die Informationsübertragung, die durch das *„Brechen"* von Rossby-Wellen ermöglicht wird, hat große Bedeutung für die globale Zirkulation. In mittleren Breiten beeinflussen brechende Rossby-Wellen die Phase der Nordatlantischen Oszillation und den Beginn oder die Auflösung von atmosphärischen Blockierungslagen. Rossby-Wellen, die vom Jetstream geleitet werden, bilden die Grundlage für Telekonnektionsmuster, die durch Fernverbindungen Temperatur und Druck in weit entfernten Regionen mitbestimmen und dort das Klimageschehen beeinflussen. Zavadoff und Arcodia (2022) bezeichnen Rossby-Wellen deshalb als Fahrzeuge, die auf einer atmosphärischen *„Informationsautobahn"* unterwegs sind, das Klimasystem vollständig vernetzen und durch Informationsaustausch in ständiger Kommunikation halten. Abb. 4.1 stellt die Ausbreitung von planetaren Wellen in der Nordhemisphäre bei Anregung aus einer tropischen Wärmequelle dar. Man erkennt die großskaligen Wellenzüge mit Hoch- und Tiefdruckgebieten, die ein PNA-Telekonnektionsmuster (Pazifik-Nord-Amerika) anregen.

Die Ausbreitung von Rossby-Wellen aus lokalen Anregungsquellen ist ein Mechanismus, der für die als Telekonnektionen bekannten Konfigurationen von Wellenzügen verantwortlich sind. Der Begriff Telekonnektion (Fernverbindung) bezieht sich auf Anomaliemuster, die in mehreren Regionen der Welt korreliert sind und großräumige Veränderungen der atmosphärischen Wellenmuster sowie der Temperatur- und Niederschlagsregime verursachen und die atmosphärische Variabilität bestimmen. Die Ausbreitung dieser Wellenzüge findet nur in bestimmten bevorzugten Regionen statt, in denen

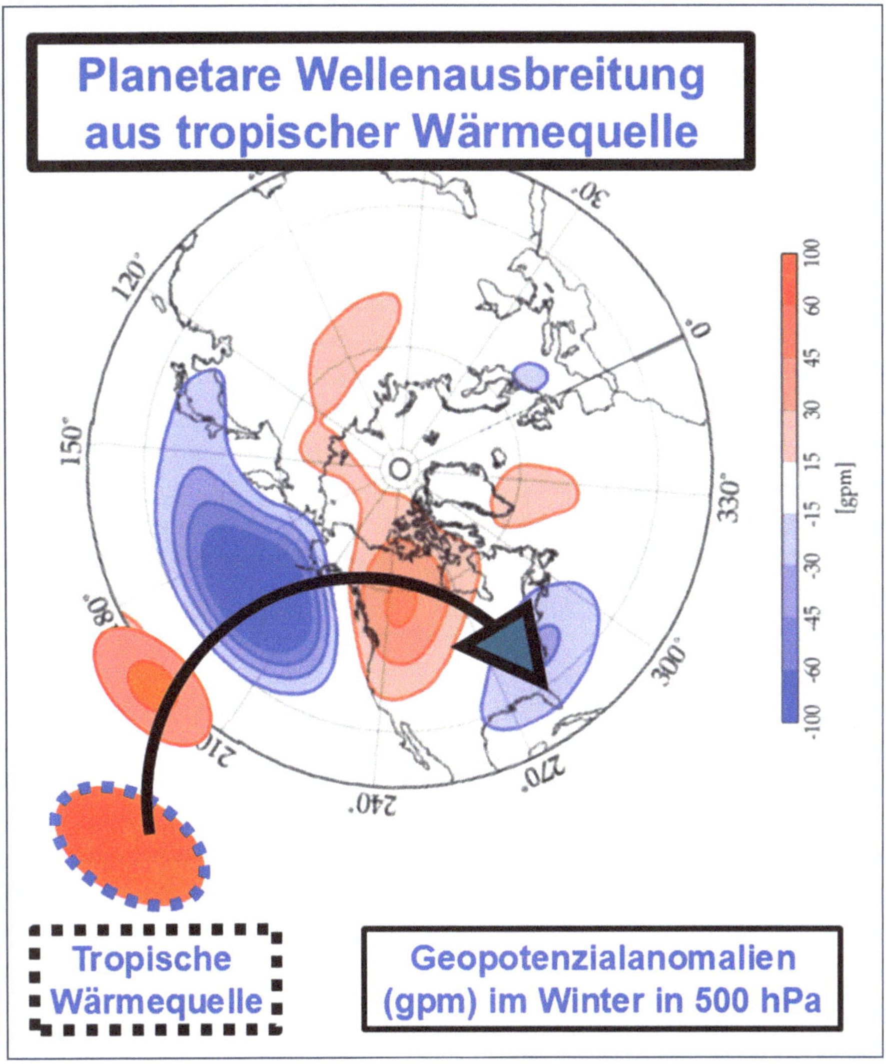


**Abb. 4.1** Die Ausbreitung von Rossby-Wellen (gpm) aus einer tropischen Quelle (RWQ) im Pazifik nach Nordamerika durch das Pazifik-Nord-Amerika (PNA)-Telekonnektionsmuster. (Quelle: Modifiziert nach Crasemann et al. (2017))

die Bedingungen für die Bildung von Wellenleitern gegeben sind, die meist entlang subtropischer Jetstreams liegen. Nie et al. (2019) haben die Quellen von Rossby-Wellen auf der Basis von ERA-Interim-Daten und Klimamodellen CMIP5 berechnet. Abb. 4.2 stellt die geografische Verteilung der Rossby--Wellenquelle (RWQ) im Winter dar, die aus der ERA-Interim-Re-Analyse und dem Modellfehler des Multimodel-Ensemblemittelwerts CMIP5 im Vergleich zu den Re-Analysedaten berechnet wurde.

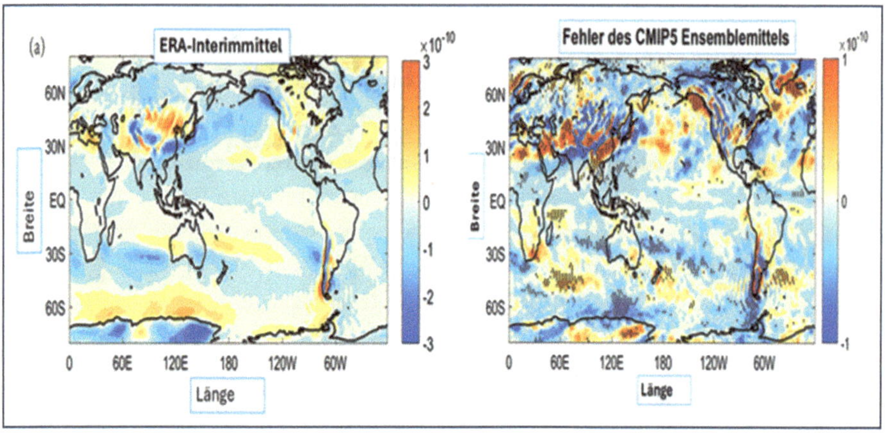


**Abb. 4.2** Geografische Verteilung der Rossby-Wellenquelle RWQ ($s^{-2}$) im Winter (Dezember-Februar). Links: ERA-Interim-Re-Analyse (1979–2005). Rechts: „Multimodel--Ensemblemittelwert CMIP5 minus Re-Analyse". Diese Abbildung beschreibt den Modellfehler der RWQ. Werte über dem 95 %-Konfidenzniveau sind durch graue Punkte hervorgehoben. Die Farbskalen beider Abbildungen zeigen unterschiedliche Größenordnungen. (Quelle: Nie et al. 2019. https://doi.org/10.1029/2019EA000674. CC BY 4.0)

Der absteigende Zweig der tropischen Hadley-Zelle, die subtropische Konvergenzzone, stellt eine wichtige Quellregion von Rossby-Wellen in der oberen Troposphäre dar. Die Vorticity-Gleichung liefert den diagnostischen Rahmen, um zu quantifizieren, wie die durch anomale Erwärmung angefachte Strömung die Wirbelstärke beeinflusst und als Quelle planetarer Wellenanregung wirkt. In den Tropen erzwingen Anomalien der Meeresoberflächentemperaturen anomale Konvektion und großräumig aufsteigende Hadley-Zirkulation. Die damit verbundene vertikale Bewegung in der oberen Troposphäre der Tropen und das Herabsinken (Konvergenz) in den Subtropen führen zu einer anomalen Wirbelstärke, die als Rossby-Wellenquelle (RWQ) bezeichnet wird. Diese löst planetare Wellenzüge aus, die die tropische Erwärmung mit der außertropischen atmosphärischen Zirkulation verbinden und stellt den Hauptmechanismus für Telekonnektionen dar. Der Modellfehler der Rossby-Wellenquell kann durch den Vergleich der ERA-Re-Analysedaten mit den CMIP5-Modellen abgeschätzt werden. Der Ensemblemittelwert der CMIP5-Modelle simuliert die großräumigen geografischen Verteilungen der Rossby-Wellen qualitativ ähnlich zu den Beobachtungen. In der nördlichen Hemisphäre überschätzen Klimamodelle aber die subtropische RWQ und unterschätzen diese in mittleren Breiten. Die größten Unterschiede treten in Ostasien, im westlichen Nordamerika und im subtropischen Gürtel auf. Die Ursachen für die Modellfehler liegen in einer zu grob aufgelösten Topografie, der geringen horizontalen Modellauflösung sowie den unzureichenden Parametrisierungen für Konvektion und mikrophysikalische Prozesse in Konvektionswolken. Neben der Anregung durch subtropische Wellenquellen hängt die Ausbildung der Telekonnektionsmuster auch von der horizontalen und vertikalen Ausbreitung der Rossby-Wellen ab. In den Extratropen werden diese durch tropische Erwärmung ausgelösten Wellen durch nichtlineare barokline Rückkopplungen der mittleren Strömung mit transienten Wellen, baroklinen Zyklonen und Wechselwirkungen zwischen Atmosphäre, Ozean und Land verstärkt.

## Telekonnektionsmuster

Abb. 4.3 stellt die fünf wichtigsten atmosphärischen Zirkulationsmuster im Januar dar, die zusammen 50 % der Variabilität erklären. Ein häufiges atmosphärisches Regime, die atlantische Blockierungslage (ATL), tritt mit einem Hoch über den Britischen Inseln und einer Tiefdruckanomalie über Westrussland auf. Über der Arktis bildet sich häufig auch ein Dipol mit Tiefdruckanomalien über dem arktischen Ozean und einem ausgeprägten Sibirienhoch (Dipol SH). Dieses Muster weist Ähnlichkeit mit der negativen Phase des arktischen Dipols auf. Die bereits erklärten positiven und negativen Phasen der Nordatlantischen Schwingung (NAO+, NAO−) sowie eine Wellenanomalie mit Hochdruck über Skandinavien und Tiefdruckanomalien über Westeuropa und Ostrussland (SCAND) beeinflussen das Winterklima Europas.

Lin und Cheung (2022) haben einen eurasischen Wellenzug untersucht, der sich im Winter vom Atlantik über Europa ostwärts über den Ural bis nach Ostasien ausbreitet. Dieser stellt eine eurasische Rossby-Welle dar, die mit der Nordatlantischen Oszillation NAO, dem atlantisch-eurasischen Telekonnektionsmuster ATL und dem skandinavischen Muster SCAND verbunden ist. Die Telekonnektionsmuster NAO, ATL und SCAND stellen stationäre und transiente Rossby-Wellen dar, die miteinander wechselwirken, sich auf der Zeitskale von mehreren Tagen ständig ändern und Auswirkungen auf das Winterklima haben. Die drei genannten Muster sind durch eine höhenunabhängige Wellenzugstruktur gekennzeichnet, aber jedes hat eine eigene Quelle und ein eigenes regionales Wirkungszentrum. Das ATL-Muster wird vorrangig durch anomale Meeresoberflächentemperaturen über dem Nordatlantik angetrieben, an denen auch transiente Zyklonen beteiligt sind. Das SCAND-Muster wird zum Teil durch eine Wirbelquelle über Westeuropa aufrechterhalten, die aus einer anomalen Vorticity-Verteilung über dem Mittelmeer entsteht.

Alle Muster werden zudem durch die arktische Meereisverteilung (Jaiser et al. 2013) und die sibirische Schneedecke (Handorf et al. 2015) mitbestimmt. Zudem spielt deren Wechselwirkung mit dem stratosphärischen Polarwirbel eine entscheidende Rolle bei der Entwicklung von jahreszeitlichen Klimaanomalien und bildet die wissenschaftliche Grundlage für Jahreszeitenprognosen.

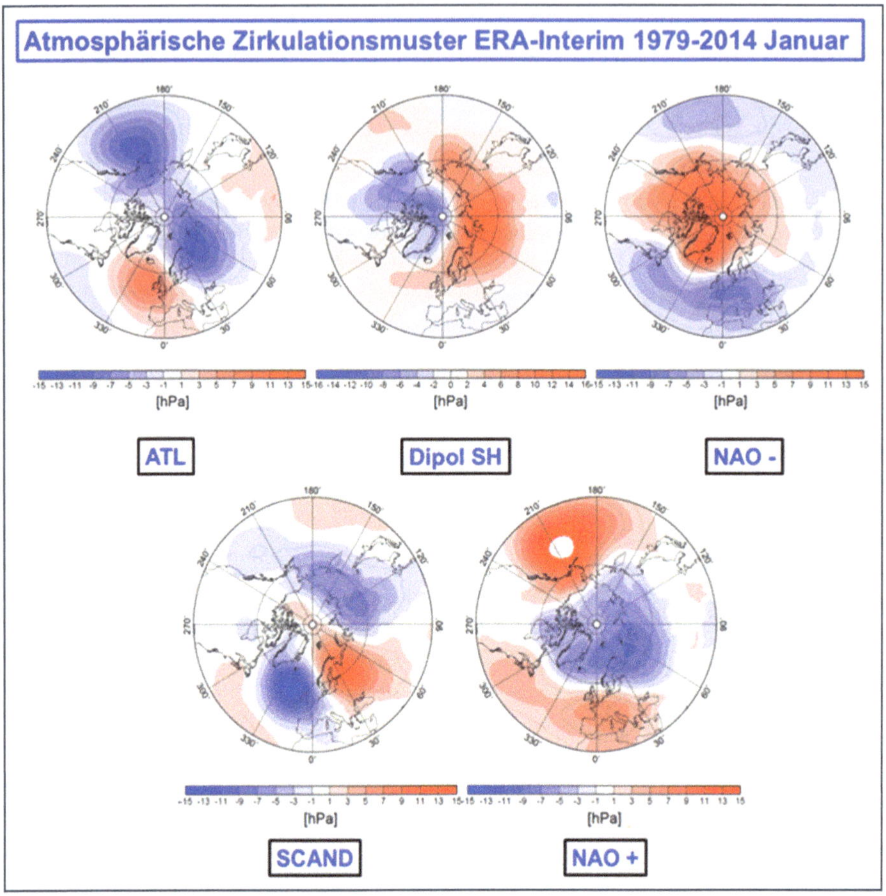


**Abb. 4.3** Atmosphärische Zirkulationsmuster im Bodenluftdruck (hPa) aus ERA--Interim-Analysen 1979–2014 für Januar. Obere Reihe: ATL, Dipol SH und NAO-. Untere Reihe: SCAND und NAO+. (Quelle: Modifiziert nach Crasemann et al. 2017)

## Treibhauseffekt und Arktische Verstärkung

Klimamodelle ermöglichen kontrollierte Experimente, um spezifische Antriebe und Prozesse zu isolieren und zu quantifizieren. So kann man Atmosphärenmodelle mit unterschiedlichen Meereisbedingungen antreiben, um die atmosphärische Reaktion auf die arktische Meereisreduktion zu isolieren. Die Modellexperimente widersprechen sich aber häufig selbst beim Vorzeichen der winterlichen Temperaturänderungen in mittleren Breiten als Reaktion auf einen arktischen Meereisverlust. In der unteren Troposphäre verringert sich durch die Meereisreduktion und die regionale Erwärmung der Arktis der Temperaturgradient zwischen den Tropen und der Arktis. Dadurch reduziert sich der meridionale Energietransport fühlbarer Wärme, der jedoch durch einen Anstieg des latenten Energietransports aufgrund der Erhöhung der Meeresoberflächentemperaturen ausgeglichen wird. Dieser Gegensatz im Gesamtenergietransport tritt hauptsächlich im Jahresmittel auf, da der Einfluss des arktischen Meereisverlustes im Winter am größten ist, während der Einfluss der Erwärmung der Ozeanoberfläche im Sommer am stärksten ist. Der durch den Verlust des Meereises reduzierte meridionale Temperaturgradient schwächt die Windgeschwindigkeit auf der polwärts gerichteten Flanke des Strahlstroms gemäß der thermischen Windbeziehung ab und verringert sowohl die barokline Zyklonenaktivität wie auch die Zyklonenzugbahnen.

In der unteren Stratosphäre der Tropen kommt es durch den $CO_2$-Anstieg jedoch zu einer Abkühlung, wodurch sich hier der meridionale Temperaturgradient zwischen den Tropen und der Arktis erhöht und der Westwind an der Südseite des Zonalwindjets verstärkt wird. Durch die Wirkung beider Prozesse kommt es nach Screen et al. (2025) zu einer Verschiebung der Jetstream- und Zyklonenaktivität in Richtung Äquator. Die Änderungen der Temperatur und des Strahlstroms zwischen den dreißigjährigen Perioden 1995–2024 und 1963–1992 sind in Abb. 4.4 auf der Basis von NCEP-Re-Analysedaten dargestellt und bestätigen die Analysen von Screen et al. (2025).

Man erkennt die Temperaturänderungen mit der beschriebenen Windabnahme in hohen Breiten und der Windzunahme in mittleren Breiten. Die Änderungen in den Tropen hängen mit der Hadley-Zirkulation zusammen, die ein Zirkulationssystem darstellt, bei dem die Luft in den Tropen aufsteigt und in den Subtropen absinkt. Sie spielt eine grundlegende Rolle für das

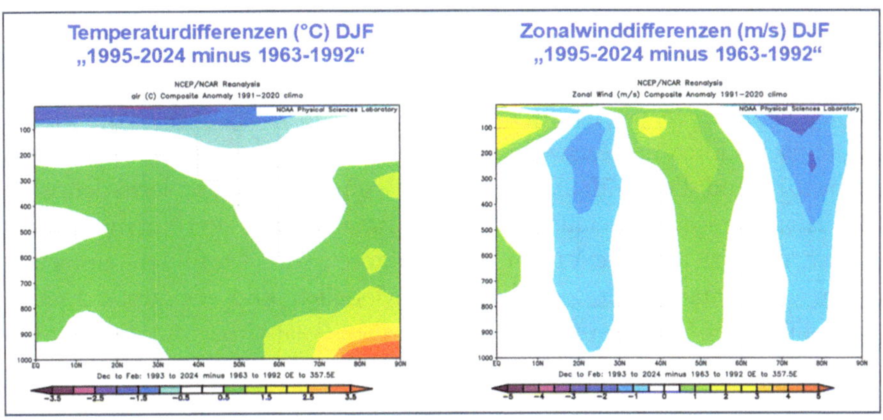


**Abb. 4.4** Differenzen der Temperatur (°C ) und des Zonalwindes (m/s) im Winter basierend auf NCEP-Daten „1995–2024 minus 1963–1992". (Quelle: https://psl.noaa.gov/cgi-bin/data)

Klima der Erde, da sie Energie zu den Polen und Feuchtigkeit zum Äquator transportiert. Re-Analysen und Klimasimulationen stimmen darin überein, dass sich die Hadley-Zelle in den letzten vier Jahrzehnten ausgeweitet hat und sich auch in Zukunft weiter ausdehnen wird, aber es gibt keinen Konsens über deren Stärke. Der Anstieg der Treibhausgaskonzentrationen erwärmt die Troposphäre und kühlt die Stratosphäre ab, wodurch es zu einem Anstieg der Tropopause kommt und die Hadley-Zelle sich nordwärts ausdehnen kann.

Der Treibhauseffekt durch steigende $CO_2$-Konzentrationen erhöht zudem den mittleren Wasserdampfgehalt der Atmosphäre, denn nach der Clausius-Clapeyron-Gleichung kann die Atmosphäre bei einem Temperaturanstieg um 1 K bis zu 7 % mehr Wasserdampf aufnehmen. Die Wasserdampfkonzentration in der Troposphäre nimmt mit zunehmender Höhe ab, da sie durch die Sättigungsfeuchte begrenzt ist, die mit sinkender Temperatur abnimmt. Dennoch tragen die relativ geringen Wasserdampfkonzentrationen in der oberen Troposphäre überproportional zum Treibhauseffekt bei. Der Anstieg der Luftfeuchtigkeit in den Tropen verstärkt den polwärts gerichteten Transport latenter Energie in der Atmosphäre. Dieser Prozess erklärt die polare Verstärkung der Temperaturerhöhung in der Arktis durch erhöhte $CO_2$-Konzentrationen selbst bei fehlendem Meereis und einer damit nicht wirkenden Eisalbedo-Rückkopplung.

Die vielfältigen Reaktionen auf den Verlust des arktischen Meereises treten vorwiegend im Winter auf. Die im Winter im Vergleich zum Sommer stärkeren Reaktionen sind auf die Saisonalität der Reaktion des arktischen Oberflächenenergiehaushalts auf den Verlust des Meereises zurückzuführen. Die anomale Energieübertragung vom Ozean zur Atmosphäre erreicht im Winter ihren Höhepunkt, ebenso wie die Erwärmungsreaktion der Arktis, die Auslöser für die Fernwirkungen auf die atmosphärische Zirkulation in mittleren Breiten ist. Die genaue Art der Fernzirkulationsreaktion auf den Meereisverlust, einschließlich der Auswirkungen auf den Jetstream, auf die Zyklonenzugbahnen und die dominanten Variabilitätsmoden wie die Nordatlantische Oszillation sowie die beteiligten Mechanismen sind weiterhin nur schwer fassbar. Dies ist auf eine Vielzahl von Faktoren zurückzuführen, unter anderem auf Unterschiede zwischen den Modellen und die große interne Variabilität. Die Reaktion des stratosphärischen Polarwirbels auf die Meereisabnahme ist im Vergleich zu seiner internen Variabilität gering. Die Kopplung von Stratosphäre und Troposphäre spielt aber eine zentrale Rolle bei der Erwärmung der mittleren Troposphäre in der Arktis als Reaktion auf den Verlust des Meereises. Diese starke Erwärmung kann die Zirkulationsreaktion der Troposphäre weiter verstärken, wie Jaiser et al. (2013) zeigten.

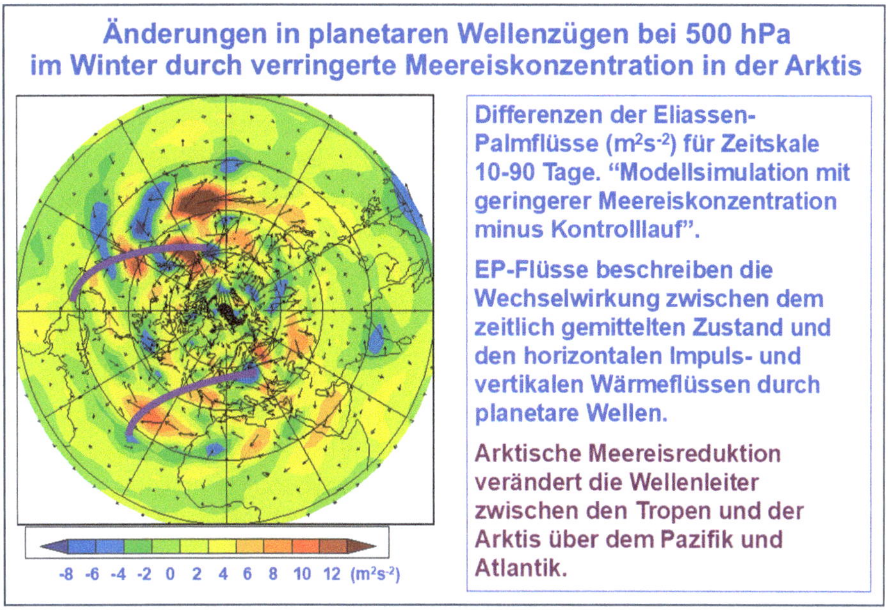


**Abb. 4.5** Differenzen der Eliassen-Palm-Flüsse ($m^2s^{-2}$) für die Zeitskale 10–90 Tage: Modellsimulation mit geringerer Meereiskonzentration im Vergleich zum Kontrolllauf. Die Pfeile geben die Vektorrichtungen an. (Quelle: Dethloff et al. 2006)

Abb. 4.5 stellt die Änderungen in planetaren Wellenzügen bei 500 hPa durch verringerte Meereiskonzentration in der Arktis aus einem Modellexperiment von Dethloff et al. (2006) über acht Jahre dar. Eine verbesserte Parametrisierung der Eis- und Schneealbedo-Rückkopplung wurde zunächst in einem regionalen Klimamodell der Arktis getestet und dann in ein globales Klimamodell des gekoppelten Systems Atmosphäre-Ozean-meereis implementiert. Die Modellierungsergebnisse zeigen als Folge der verbesserten Parametrisierung von Eis- und Schneealbedo eine Umverteilung der Energieflüsse in der Arktis. Man erkennt dies an den Veränderungen der planetaren Wellenzüge zwischen den Tropen und der Arktis über dem Pazifik und Atlantik durch Reduktion der arktischen Meereiskonzentration. Diese sind über dem Pazifik stärker ausgeprägt und hängen mit einer veränderten Wechselwirkung zwischen planetaren und baroklinen Wellen zusammen. Dadurch wird die Nordatlantische Oszillation (NAO) beeinflusst, und es werden negative Phasen der NAO angefacht, die zu kälteren und trockenen Wintern in Mitteleuropa führen können. Smith et al. (2022) demonstrierten, dass die Modellreaktionen auf eine arktische Meereisreduktion sensitiv von der Stärke der atmosphärischen Rückkopplung zwischen Zonalwind, planetaren Wellen und baroklinen Zyklonen abhängen.

Modelle mit einer stärkeren Rückkopplung zwischen der Zonalströmung und den baroklinen Zyklonen simulieren eine ausgeprägtere Reaktion der troposphärischen Zirkulation auf den Verlust von arktischem Meereis. Ein Verständnis der Ursachen für die Modellstreuung ist nicht nur für die Interpretation der Modellreaktionen von Bedeutung, sondern auch für die Verringerung der Unsicherheit in den Klimaprojektionen. Zudem beeinflusst die atlantische multidekadische Variabilität (AMOC) die atmosphärische Reaktion auf den Verlust arktischen Meereises und hängt stark von der Kopplung zwischen Ozean und Atmosphäre in den Tropen ab.

## Literatur

Crasemann, B. et al., 2017. Can preferred atmospheric circulation patterns over the North-Atlantic-Eurasian region be associated with arctic sea ice loss? Polar Sci. 14, 9–20. https://doi.org/10.1016/j.polar.2017.09.002.

Dethloff, K. et al., 2006. A dynamical link between the Arctic and the global climate system. Geophys. Res. Lett. 33. https://doi.org/10.1029/2005GL025245.

Handorf, D. et al., 2015. Impacts of Arctic sea ice and continental snow cover changes on atmospheric winter teleconnections. Geophys. Res. Lett. https://doi.org/10.1002/2015GL063203

Jaiser, R. et al., 2013. Stratospheric response to Arctic sea ice retreat and associated planetary wave propagation changes. Tellus A65, 19375. https://doi.org/10.3402/tellusa.v65i0.19375.

Lin J. und H.-N. Cheung, 2022. Distinct mid-latitude Eurasian Rossby wave trains preceding strong and weak cold surges in Southern China. Front. Earth Sci. 10:861015. https://doi.org/10.3389/feart.2022.861015

Nie, Y. et al., 2019. Winter and summer Rossby wave sources in the CMIP5 models. Earth and Space Sciences 6, 1831–1846. https://doi.org/10.1029/2019EA000674

Screen, J. A. et al., 2025. Causes and consequences of Arctic amplification elucidated by coordinated multimodel experiments. Commun. Earth Environ. https://doi.org/10.1038/s43247-025-03052-z

Smith, D. M. et al., 2022. Robust but weak winter atmospheric circulation response to future Arctic sea ice loss. Nature Commun. 13, 727. https://doi.org/10.1038/s41467-022-28283-y

Zavadoff, B. und M. Arcodia, 2022. What are teleconnections? Connecting earth's climate patterns via global information superhighways. NOAA Climate.gov

# 5

# Maschinenzivilisation

**Hinweisfenster**

**Die westlichen Industrienationen tragen eine historische Hauptverantwortung für die klimawirksame $CO_2$-Akkumulation in der Erdatmosphäre. England war zu Beginn des 19. Jahrhunderts Vorreiter der Industrialisierung auf Basis fossiler Energieträger; wenige Jahrzehnte später folgten die USA und Deutschland. Zwischen 1870 und der Weltwirtschaftskrise 1930 stiegen die Emissionen stetig an. In den USA erreichte der jährliche $CO_2$-Ausstoß bereits vor dem Zweiten Weltkrieg rund 17 t pro Einwohner und überschritt bis 1970 die Marke von 20 t. Als Folge der später einsetzenden Industrialisierung steigen die Emissionsraten in China und anderen Ländern Asiens seit 1950. Die explosionsartige Zunahme der Erdbevölkerung hat nach dem Zweiten Weltkrieg zu einem wachsenden Ressourcenverbrauch geführt. Nicht nur Westeuropa, sondern auch Asien und Osteuropa folgten dem amerikanischen Wirtschaftsmodell mit Überforderung der natürlichen Erdressourcen. Während in traditionellen Gesellschaften Wachstum durch selbstgesetzte Rahmenbedingungen in Erziehung, Tradition und Kultur begrenzt wurde, sind diese heute ausgehebelt. In der Dienstleistungsgesellschaft werden durch Überfülle und Übersättigung bereits die Jüngsten zu einer *„Mehr-Haben"*-Mentalität erzogen. Dadurch verursacht das alltägliche Leben und Handeln von Milliarden normaler Menschen die Klima- und Umweltkrise.**

## Klimavariabilität

Der Zusammenhang zwischen Klima- und Zivilisationsentwicklung ist durch historische Fakten belegt. Umweltbelastungen interagieren mit Gesellschaften und wirken als Kräfte, die deren Entwicklung mitbeeinflussen. Wetter- und Klimakatastrophen wie Dürren, extreme Frostperioden, Überschwemmungen und Ernteausfälle haben die Bevölkerung regelmäßig in Hungersnöte, Un-


K. Dethloff, *Klimahybris*, https://doi.org/10.1007/978-3-662-73324-0_5

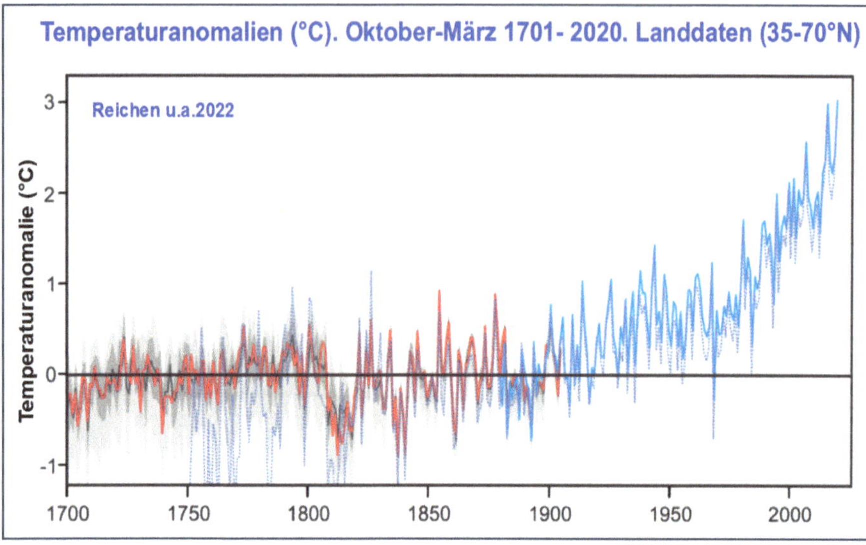


**Abb. 5.1** Temperaturanomalien in der kalten Jahreszeit (Oktober-März) von 1701 bis 2020 über Landgebieten in den Breiten zwischen 35° und 70° N aus verschiedenen Datenquellen. Die Anomalien beziehen sich auf den Zeitraum der Überlappung (1880–1905). (Quelle: Reichen et al. (2022). https://doi.org/10.1038/s41467-022-29677-8. CC BY 4.0)

sicherheiten und Chaos gestürzt. Langfristige Veränderungen der klimatischen Bedingungen auf der Erde in Verbindung mit kurzfristigen Extremereignissen haben dazu geführt, dass blühende Gesellschaften zusammengebrochen sind. Pfister und Wanner (2021) beschreiben die komplexen Wechselwirkungen von Klima und Gesellschaft der letzten 1000 Jahre in Europa. Reichen et al. (2022) haben die in Abb. 5.1 dargestellte jährliche bis dekadische Variabilität der Temperatur in den nördlichen mittleren Breiten in der kalten Jahreszeit durch Klimarekonstruktionen analysiert. Die Landtemperaturen in den nördlichen mittleren Breiten überstiegen in den 1940er-Jahren die Schwankungsbreite des 18. und 19. Jahrhunderts, zu der die Erwärmung der letzten Jahrzehnte weitere 1,5 K hinzugefügt hat. Eine Abfolge kalter Winter 1808–1809 bis 1815–1816 in Europa wird durch zwei Vulkanausbrüche und dadurch beeinflusste ungewöhnliche atmosphärische Strömungsmuster erklärt. In diesem Zeitraum traten von Oktober bis Januar in den Rekonstruktionen des Bodenluftdrucks ein abgeschwächtes Islandtief und negative Druckanomalien über West- und Mitteleuropa mit verringerter Weströmung auf. Über dem Westen Russlands und Sibiriens herrschten besonders kalte Bedingungen, die mit dem stark ausgeprägten Kältehoch in dieser Region und ihrer Schneedecke zusammenhingen. Der eisige Ostwind im Frühwinter verursachte sehr niedrige Temperaturen, die in Europa bis in den Frühling anhielten.

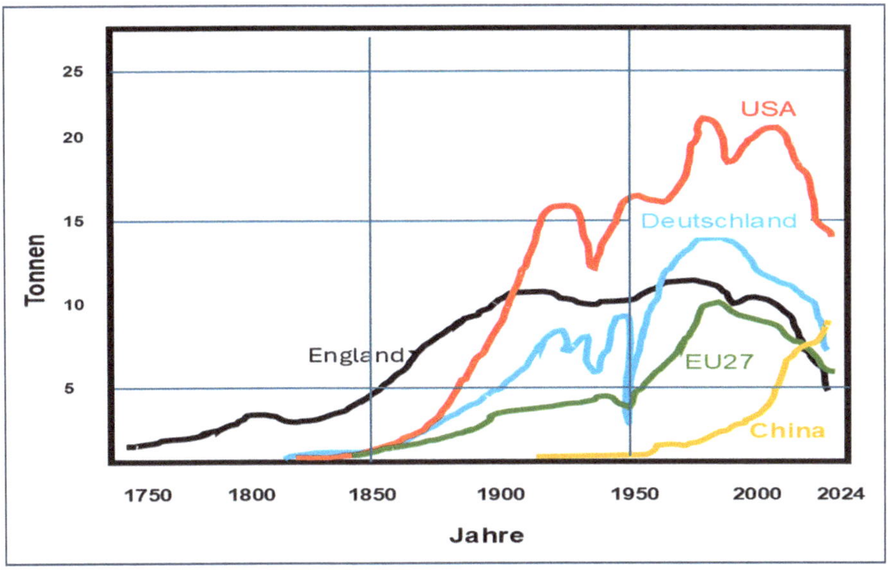


**Abb. 5.2** Jährliches $CO_2$-Budget (Tonnen pro Einwohner) von 1750 bis 2024 für die USA (rot), England (schwarz), Deutschland (blau), die 27 Länder der EU (grün) und China (gelb). Die Zahlen basieren auf OurWorldinData.org/co2-and-greenhouse-gas--emissions. Ritchie et al. (2023)

Im Vergleich zu diesen Zeiträumen erscheinen die bisher durch globale Klimadaten abgedeckten Zeiträume von 46 Jahren seit 1979 ziemlich kurz. Ab der Mitte des 18. Jahrhunderts hat sich der anthropogene Kohlenstoffausstoß als Folge der in Europa und danach in den USa einsetzenden Industrialisierung drastisch erhöht. Abb. 5.2 stellt den jährlichen $CO_2$-Ausstoß in Tonnen pro Einwohner für Großbritannien, USA, Deutschland und China dar. Die westlichen Industrienationen sind historisch gesehen für die kritische $CO_2$-Akkumulation in der Erdatmosphäre verantwortlich, die das Erdklima gefährdet. England war Anfang des 19. Jahrhunderts Vorreiter der Industrialisierung, die wenige Jahrzehnte später auch in den USA und Deutschland begann, wie man am stark steigenden jährlichen $CO_2$-Ausstoß ab etwa 1870 bis zur Weltwirtschaftskrise 1930 erkennen kann. Dieser erreichte vor dem Zweiten Weltkrieg in der stärksten Wirtschaftsmacht USA fast 17 t pro Einwohner und stieg bis 1970 auf über 20 t an. Als Folge von Auslagerungen der US-Industrieproduktion in asiatische Billiglohnländer wie China sank dieser bis 2024 auf 14 t. Auch in Deutschland und Großbritannien wurden die $CO_2$-Emissionen auf 6,8 bzw. 4,5 t verringert. Die EU vermeldet einen mittleren Wert von 5,4 t. Als Folge der erst später einsetzenden Industrialisierung steigen die Emissionsraten in China und anderen Ländern Asiens seit 1950 stetig an und betrugen in China 2024 etwa 8,7 t pro Einwohner. Die explosionsartige Zunahme der Erdbevölkerung hat nach dem Zweiten Weltkrieg zu einem wachsenden Ressourcenverbrauch geführt. Nicht nur Westeuropa, sondern Asien und Osteuropa folgten dem amerikanischen Wohlstandsmodell mit Überforderung aller natürlichen Erdressourcen.

Behringer (2007) untersuchte die sozialen, religiösen und gesellschaftlichen Erschütterungen durch historische Klimaänderungen und wies auf die Grenzen des Wachstums sowie die Fragilität propagierter Lösungen der Klimakrise hin. Neben den Gefahren der gegenwärtigen Erwärmung werden daraus resultierende Vorteile, wie mildere Winter mit geringeren Heizungskosten in mittleren Breiten, Ausbreitung und Begrünung von Vegetation und Landwirtschaft nach Norden aber meistens verschwiegen.

## Industrielle Revolution

Bätzing (2023) stellt in einer Universallektüre die heutigen Umweltzerstörungen in die Geschichte der menschlichen Beziehungen zur Natur. Er beschreibt, wie 1694 durch die Gründung der Bank von England in Form von Staatsanleihen erstmals Papiergeld ausgegeben wurde, das das damalige Münzgeld ergänzte. Die Sicherheiten der Bank bestanden in den Steuereinnahmen der kommenden Jahre, da Wechsel auf die Zukunft ausgestellt wurden und ein Wachstum der verfügbaren Geldmenge erfolgte. In der Erwartung zukünftiger Gewinne wurden große Kapitalmengen investiert, die erstmals in der Menschheitsgeschichte ein dauerhaftes Wirtschaftswachstum generierten. Ohne wirtschaftliches Wachstum kommt es zu Gewinneinbrüchen, das Finanzierungskartenhaus bricht zusammen, und es entstehen Krisen und Inflation. Während im Mittelalter, der Renaissance und der Aufklärung in den von Kehnel (2021) beschriebenen Selbstversorgungsstrukturen gearbeitet wurde, bis Ziele erreicht waren, wird im englischen *„Manchesterkapitalismus"* die rastlose Berufstätigkeit zur Norm. Wissenschaftlich-technische Fortschritte, wie die Erfindung von Spinn- und Dampfmaschine erlaubten die Ausbeutung von Naturressourcen in nie gekanntem Ausmaß. Bätzing (2023) erklärt, wie durch die industrielle Revolution Handarbeit in der Textilproduktion zum großen Teil durch Maschinenantrieb mit Dampfmaschinen ersetzt wurde, wodurch die Arbeitsproduktivität massiv anstieg. Eine neue Form des Wirtschaftens hielt Einzug, die durch Hybris, eine Maß- und Grenzenlosigkeit sowie unersättliche Gier nach immer mehr geprägt wurde. Neben dieser wirtschaftlichen Transformation findet durch die Französische Revolution von 1789 auch ein gesellschaftlicher und politischer Bruch statt. In deren Folge wird das agrarische Selbstversorgersystem durch eine liberale

Staatsmacht mit Arbeits- und Warenmarkt ersetzt. Bisher war die Wirtschaft das Mittel zur Existenzsicherung. In der Industriegesellschaft entsteht aus investiertem Kapital als Profit noch mehr Geld, und es entwickelt sich eine nicht beherrschbare Beschleunigungsdynamik. In England erlebte zuerst die Textilindustrie einen großen Aufschwung. Danach folgten Eisen- und Stahlindustrie, der Maschinenbau, die chemische Industrie, die Elektrifizierung und der Fahrzeugbau. Durch die Einführung von Fließbandarbeit wurde die Arbeitsproduktivität erhöht, und die Kosten der hergestellten Produkte sanken. Die Industrialisierung begann in der Kolonialmacht England nach 1750 mit einer freien Marktwirtschaft und technischen Innovationen wie der Dampfmaschine ohne staatliche Steuerung und extreme Ausbeutung der Lohnarbeiter.

Die Industriegesellschaft exploriert die fossilen Energieressourcen der Erde in Form von Kohle, Erdöl und Erdgas, die aus Pflanzenablagerungen vor 250 Mio. Jahren in der Erdkruste gebildet wurden und gespeicherte Sonnenenergie enthalten. Diese Naturressourcen sind einmalig und nicht regenerierbar. Ihr industrieller Abbau wird innerhalb von Jahrzehnten bis zu Jahrhunderten durch Erschöpfung zum Ende kommen. Der Einsatz der fossilen Energieträger zu relativ niedrigen Preisen als Antrieb für Dampfmaschinen steigerte die Produktivität menschlicher Arbeit. Durch dieses Industriewachstum konnten die Stückzahlen erhöht, die Kosten gesenkt und der materielle Wohlstand erhöht werden. Die Versorgung der Menschen in Industriegesellschaften mit Gütern und Gebrauchsgegenständen verbesserte sich. Statt Hungerkrisen kam es erstmals zu einem materiellen Überfluss, und das Paradoxon des Kapitalismus tritt auf. Einerseits müssen die Löhne niedrig gehalten werden, um ausreichenden Unternehmensprofit zu generieren, andererseits sind ausreichend hohe Löhne erforderlich, um die Konsumentennachfrage zur Stärkung der Wirtschaft zu erhöhen und neue Bedürfnisse zu generieren. Der höhere Wohlstand wird durch Ausbeutung der Lohnarbeiter erzeugt und durch soziale Kämpfe und Ängste vor dem sozialen Absturz begleitet. Damit beinhaltet er auch zahlreiche die Lebensqualität senkende Aspekte. Gleichzeitig zerstört diese Gesellschaft durch Überbeanspruchung der Ressourcen die ökologischen Bedingungen ihrer eigenen Existenz und gerät in einen instabilen Krisenmodus.

## Konsumgesellschaft

Der von Bätzing (2023) analysierte Übergang von der Industrie- zur Dienstleistungsgesellschaft ab den 1970er-Jahren steigerte den Lebens- und Konsumstandard breiter Bevölkerungsschichten. In einer zunehmend komplexeren

Wirtschafts- und Gesellschaftsvernetzung erhöht sich der staatliche Regelungsbedarf, und der öffentliche Dienst wächst an, sodass Bürokratieabbau ein Wunschdenken bleibt. Seit der 1973 erfolgten Abkopplung der amerikanischen Weltwährung, des US-Dollars, vom Goldstandard werden auch die Wechselkurse an den Devisenmärkten durch Angebot und Nachfrage bestimmt. Die dadurch erfolgte Entfesselung der Finanzmärkte durch Abkopplung vom Wachstum der Realwirtschaft erzeugt ein Wirtschaftssystem, bei dem allein durch den Kauf und Verkauf von Finanzprodukten Gewinne erzielt werden können. Nach dem Zusammenbruch des Sozialismus 1989/1990 setzte sich dieser Neoliberalismus weltweit durch, und mit der Globalisierung entstand ein äußerst komplexer, aber instabiler weltweiter Markt.

Smil (2022) analysiert die Herstellung der Rohstoffe, Güter und Nahrungsmittel, auf denen unsere gesellschaftliche Existenz beruht und kritisiert die unrealistische Vorstellung des Verzichts auf fossile Energieträger in den nächsten Jahrzehnten. Die technischen Innovationen zur Erzeugung regenerativer Energien sind bei weitem nicht ausreichend entwickelt, und die Ablösung fossiler Energie wird ein mehrere Jahrzehnte andauernder Kraftakt werden. Smil (2022) schätzt den jährlichen Abbau fossilen Kohlenstoffs auf 10 Mrd. t. Die Ausmusterung dieser Ressourcen durch staatliche und internationale Verkündigungen ist vollkommen unrealistisch. In den reicheren Ländern des Westens werden zwar relativ schnelle Schritte in Richtung Dekarbonisierung unternommen, aber in den Ländern der Dritten Welt mit 5 Mrd. Menschen sind diese nicht zu verwirklichen. Die Abhängigkeit von fossilen Energieträgern bleibt noch lange bestehen und kann nur in einem allmählichen Ablösungsprozess behoben werden.

Die Transformation der Industrie- zur Dienstleistungsgesellschaft geht zudem mit soziologischen Konsequenzen einher, durch die sich die historisch gewachsenen sozialen Schichten mit tief verankerten Werten wie Gemeinsinn, Nachhaltigkeit, Kooperation und Askese auflösen. Das mediale Gerede über europäische Werte ist ein Versuch, die Verunsicherung wegen des Verlusts einigender Anschauungen und Traditionen in den vielen Lebensgruppenmilieus auszublenden. Durch die Atomisierung und Vereinzelung der Gesellschaft in kleine Teilgruppen gehen einigende Werte verloren. In der Folge kann die Gesellschaft politisch nur schwer gesteuert und gestaltet werden. Statt Solidarität entsteht eine egoistische Gleichgültigkeit mit dem Ziel, das eigene Leben ungestört zu leben. In den Konsumgesellschaften mit verschwenderischem Überfluss werden ständig neue Bedürfnisse generiert und mittels einer Kaufhandlung befriedigt. Staab (2025) führt aus, dass eine *„grüne Wirtschaftstransformation"* keine Lösung darstellt, denn deren oberstes Ziel besteht darin, den in den westlichen Wohlstandsgesellschaften dominierenden Lebensstil durch technische Innovationen zu bewahren. Ob die staatliche Abschirmung der Lebenswelten der Bürger vor den negativen Folgen der eigenen Lebensweise ohne Änderung von kulturellen Rahmenbedingungen gelingen kann, ist mehr als fraglich. Während in traditionellen Gesellschaften ausuferndes Wachstum durch selbstgesetzte Rahmenbedingungen in Erziehung, Tradition und Kultur begrenzt wurde, sind diese nach Kehnel (2021) heute völlig ausgehebelt. Wie Bätzing (2023) ausführt, werden in der Dienstleistungsgesellschaft durch Überfülle und Übersättigung bereits die Jüngsten zu einer „*Mehr-Haben*"-Mentalität erzogen. In der Folge verursacht das alltägliche Leben und Handeln von Abermillionen normaler Menschen die Klima- und Umweltkrise. Trotz aller Beteuerungen von Umweltverträglichkeit und Klimaschutz ist auch „*grünes Wachstum*" nicht geeignet, die Energie- und Klimakrise zu lösen. In diesem Zusammenhang werden gut gemeinte alternative Lösungen zur Überwindung der Konsumgesellschaft wie in Folkers und Paech (2020) durch einen maßvollen privatisierten Wohlstands- und Technologieboykott diskutiert. Diese empfohlene Reaktion des Einzelnen kann an den grundlegenden Symptomen einer auf Wachstum angewiesenen Gesellschaft aber nicht viel ändern.

Wie Liessmann (2024) beschreibt, gleichen die regelmäßig ohne nennenswerte Erfolge stattfindenden Klimakonferenzen mit zehntausenden Wissenschaftstouristen durch die mit Privatjets anreisenden Unternehmer, Manager und statusbewussten Politiker $CO_2$-Orgien. Sie demonstrieren, dass nicht der Luxus der wenigen die Ursache von Klimaveränderungen ist, sondern die Begehrlichkeiten der Massen in den Industriegesellschaften. Wären die Superreichen unter sich geblieben und hätten den Konsumüberfluss mit Autofahren, Urlaubsflügen, Kreuzfahrten und Smartphones nicht mit der Masse der Vielen geteilt, bräuchte man keine Klimakonferenzen. Der Klimawandel wird nach Liessmann (2024) zu Konflikten führen, die aus der Vergangenheit hinreichend bekannt sind. Dazu gehören erbitterte Kämpfe um Rohstoffe, Wasser und Ressourcen, geopolitische Machtkämpfe, Kriege und Bürgerkriege, die bereits gegenwärtig auch in Europa stattfinden.

Die neoliberale Globalisierung hat zudem mit transnationalen Großkonzernen eine Klasse von Akteuren geschaffen, die sich im Klimasystem gesellschaftlicher Verantwortung und Kontrolle entziehen können. Sie maximieren Macht und Reichtum und wälzen eigene Kosten auf die Allgemeinheit ab, wie es bei der milliardenschweren Entschädigung bei der Abschaltung der deutschen Kernkraftwerke und Braunkohlekraftwerke geschah oder bei der $CO_2$-Besteuerung und Verteuerung von Energie. Zuboff (2018) beschreibt, wie eine auf Algorithmen basierende Digitalisierung eine neue Marktform entwickelt hat: den Überwachungskapitalismus, der ohne staatliche Kontrolle zu einer neuen Form von Knechtung durch Verhaltensmanipulation der Massen führt. Zuboff (2018) geht davon aus, dass die Industrie- und Dienstleistungsgesellschaft eine unheilvolle Entwicklung vollzieht, die von Elend für viele und Wohlstand für wenige gekennzeichnet ist. Der sich ausbreitende und demokratischer Kontrolle entziehende Überwachungskapitalismus ist ein durch fehlende staatliche Kontrolle aus dem Ruder gelaufenes und überhitztes neoliberales Wirtschaftsmodell und widerspricht den humanistischen Werten einer demokratischen Gesellschaft.

Während in früheren Hochkulturen technische Erfindungen nur langsam entstanden, beschleunigte sich der gewinnträchtige Innovationsprozess mit der Suche nach neuen Möglichkeiten zur Profitgenerierung enorm. Der unbarmherzige Konkurrenzdruck auf dem Warenmarkt zwingt alle Mitspieler zur Kostensenkung, die man nur durch permanente Weiterentwicklung und Neuerungen erreichen kann. Die Massenproduktion für einen anonymen Markt geht mit hohem persönlichem Risiko einher, fördert Spekulation und Zockertum und führt bei Misserfolg zum Unternehmensbankrott und verbrannten Kapitalinvestitionen. Die beispiellose Dynamik und Innovationskraft des Kapitalismus entsteht durch die Interaktion von Unternehmern, Kapitalgebern, Arbeitern, Kunden und Politikern, die die ökonomischen und rechtlichen Rahmenbedingungen festlegen und über den Markt durch Angebot und Nachfrage gekoppelt sind. Daraus ergibt sich, dass das Wirtschaftsziel zwar scheinbar in der Befriedigung grundlegender menschlicher Bedürfnisse liegt, aber dem wirklichen Ziel der Gier nach mehr Profit folgt.

Aus diesem fatalen Selbstzweck nach fortgesetztem Wirtschaftswachstum gibt es kein Entrinnen. Es ist offensichtlich, dass auf einem Planeten mit begrenzten Ressourcen ein derartiges Konzept nicht fortgeführt werden kann. Der globale Wachstumszwang hat zu den stetig steigenden $CO_2$-Emissionen der Gegenwart und in die Klimakrise geführt. Derzeit erfolgen große Investitionen in Erwartung hoher Gewinne in Unternehmen der Künstlichen Intelligenz, die enorme Energieressourcen erfordern und den $CO_2$-Ausstoß in den nächsten Jahren drastisch erhöhen werden. Nach Angaben der Internationalen Energieagentur IEA (2025) stiegen die energiebedingten $CO_2$-Emissionen und erreichten im Jahr 2024 mit 37,8 Gigatonnen $CO_2$ einen Höchststand. Dieser Anstieg trug dazu bei, dass die $CO_2$-Konzentration in der Atmosphäre im Jahr 2024 einen Rekordwert von 423 ppm erreichte, 3 ppm mehr als 2023 und um 50 % höher als das vorindustrielle Niveau.

Die Internationale Energieagentur IEA (2025) geht davon aus, dass sich der Stromverbrauch von Rechenzentren für Künstliche Intelligenz bis 2030 auf rund 945 TWh mehr als verdoppeln wird. Das entspricht dem gegenwärtigen Gesamtstromverbrauch Japans. In den Vereinigten Staaten entfällt fast die Hälfte des Anstiegs der Stromnachfrage bis 2030 auf Rechenzentren. Bis zum Ende des Jahrzehnts wird das Land voraussichtlich mehr Strom für Rechenzentren verbrauchen als für die Produktion von Aluminium, Stahl, Zement und Chemikalien. Die Unsicherheiten nehmen nach 2030 weiter zu: Die IEA (2025) prognostiziert bis 2035 einen Anstieg des weltweiten Stromverbrauchs für Rechenzentren auf rund 1200 TWh. Die $CO_2$-Emissionen aus dem Stromverbrauch von Rechenzentren werden von heute 180 Mio. t bis 2035 auf 300 Mio. t steigen und gehören zu den am schnellsten wachsenden Emissionsquellen.

## Historische Brüche

Die ab 1750 einsetzenden $CO_2$-Emissionen erfolgten zusammen mit ökonomischen, gesellschaftlichen Entwicklungen und politischen Umbrüchen, wie der Französischen Revolution, zahllosen Eroberungskriegen in Europa mit der Bildung neuer Königreiche und ständigen Veränderungen der mitteleuropäischen Landkarte. Dazu gehörten der wirtschaftliche Aufstieg Preußens, das von Bismarck 1871 geschmiedete Deutsche Reich sowie der 1867 erfolgte Ausgleich zwischen Österreich und Ungarn, der zur Bildung der Doppelmonarchie Österreich-Ungarn führte. Die politische Zersplitterung Mitteleuropas hatte die Gründung vieler Universitäten in kleineren Ländern gefördert. Wie Rady (2025) beschreibt, gab es um 1900 allein im Deutschen Reich neunzehn Universitäten und in Österreich-Ungarn weitere zehn. Diese bildeten das Herzstück für die Wissenschaft und die kommerzielle Forschung in großen Firmen, wo Universitätsabsolventen Düngemittel, elektrische Dynamos, Farben und Arzneimittel entwickelten und zum industriellen Aufstieg Deutschlands beitrugen. Zwischen 1890 bis 1913 vervierfachte sich seine Eisen- und Stahlproduktion und übertraf die von Großbritannien, Frankreich und Russland zusammen. Im kolonialen Wettlauf mit Großbritannien und Frankreich war Deutschland ein Nachzügler und bedrohte die etablierte Weltordnung.

Der Erste Weltkrieg zwischen Deutschland und Österreich-Ungarn sowie Frankreich, Großbritannien, USA und Russland endete 1918 mit der politischen Neuordnung Mitteleuropas und der Bildung von neuen Nationalstaaten. Deutschland verlor 10 % seines Territoriums und bekam nicht leistbare finanzielle Reparationsleistungen aufgebürdet. Ungarn musste sogar 70 % seines Vorkriegsgebiets abgeben, und Polen konnte 1918 aus den Ruinen des deutschen und österreichisch-ungarischen Reiches wiedererstehen. Die Weltwirtschaftskrise 1929 beschleunigte den Übergang zu autoritärer

Herrschaft, und die Nationalsozialisten gelangten 1933 auf dem Weg über demokratische Wahlen in Deutschland an die Macht. Innerhalb von drei Monaten beerdigten die Nationalsozialisten auch die letzten Reste der Weimarer Demokratie. Rady (2025) erklärt, dass in den nach dem Ersten Weltkrieg neu gebildeten Nationalstaaten der Kitt fehlte, um divergierende Interessen zusammenzuhalten. Da keine Bereitschaft zu politischen Kompromissen existierte, kam es zu autoritären Lösungen und faschistischen Diktaturen, die am Ende zum Zweiten Weltkrieg führten. Nach dem Sieg über Nazideutschland und seine Verbündeten im Zweiten Weltkrieg gestalteten die Siegermächte und Alliierten die mitteleuropäische Landkarte zum dritten Mal in drei Jahrzehnten wieder neu und legten den Grundstein für den bis 1990 andauernden Kalten Krieg zwischen den westlichen Siegermächten und der Sowjetunion und den mit ihr verbundenen östlichen Satellitenstaaten.

Der Kalte Krieg endete 1989/1990 mit dem Zusammenbruch des sozialistischen Lagers, das selbst keine glaubwürdigen Antworten auf die Umweltkrise geben konnte. Die jährlichen $CO_2$-Emissionen pro Einwohner von 1950 bis 1990 für die DDR und die BRD wurden vom US Department of Energy (https://www.irefeurope.de) angegeben. Sie lagen in der DDR zwischen 15 bis 20 t und damit immer über denen der BRD mit knapp 10 t. Löther (1985) redete diesen Widerspruch mit der damaligen marxistischen Politikphrase klein, dass Produktion und Konsumtion im Sozialismus nach einem wissenschaftlichen Gesamtplan so gestaltet werden, dass sie im Einklang mit den Gesetzen und Kreisläufen der Biosphäre stehen. Erst nach dem Zusammenbruch des Ostblocks schrieb Gorbatschow (2013) über die bis dahin geheim gehaltenen ökologischen Schäden: *„Ich traf auf Folgen unbedachter Beschlüsse, deren Umsetzung Schaden angerichtet hatte und der Natur unseres Landes weiter schadete. Als Folge des Baus der großen Kraftwerke, auf die wir alle stolz waren, wurden mehr als 14 Mio. Hektar bester Auenflächen, Hunderte von Dörfern, Häusern, Kirchen und Gräbern überflutet. Viele Industriebetriebe leiteten ungereinigte Abwässer in die Flüsse, was zu ihrer Verschmutzung geführt hatte … Das ungeordnete, chaotische Abholzen der Wälder und andere unbedachte Handlungen hatten zu ernsten ökologischen Problemen geführt.“* Zu dieser rigorosen Abrechnung gehört auch die Nuklearreaktorkatastrophe 1986 im ukrainischen Tschernobyl, die selbst unter Gorbatschow noch tagelang geleugnet wurde.

Der sozialverträgliche Kapitalismus als soziale Marktwirtschaft wurde nach dem Zusammenbruch des durch die Sowjetunion geführten Ostens durch ein neoliberales Wirtschaftsmodell abgelöst. Die Osteuropäer hatten das demokratische Kapitalismusmodell am Anfang als Wundertüte aufgenommen, da sie es mit enormen Wohlstandsversprechen verknüpften. Als das nicht überall eintrat, die selbst gewählte Nachahmung sich als ökonomische Lotterie entpuppte und als westliche Vorherrschaft und Ausbeutung empfunden wurde, kam es zur Hinterfragung dieses Gesellschaftsmodells. Das Ende des Kalten Krieges senkte zudem den Druck auf die kapitalistischen Eliten, bei den unteren Schichten auf Schönwetter zu machen. Ohne den furchteinflößenden kommunistischen Diktaturfeind gab der neoliberale Finanzkapitalismus die Sorge um das Leben der Einfachen und Armen auf und kümmerte sich vornehmlich um die Vermehrung des Reichtums in der Spitze. In dieser Zeit wuchsen als Folge der Verachtung der Probleme der Normalbürger durch abgehobene ökonomische und politische Eliten die Wurzeln des heutigen Rechtsrucks. In den westlichen Demokratien spielt das mit sich selbst beschäftigte Establishment durch Ignoranz gegenüber den Sorgen der Bevölkerungsmehrheit einer rechten Konterelite in die Hände.

Der Staat muss regulierend in Wirtschaftsprozesse eingreifen und den Märkten Grenzen setzen, wo sie das Gemeinwohl gefährden. Dazu gehört es, ausufernden Reichtum höher zu besteuern, in Bildung, Klima- und Umweltschutz zu investieren und notwendige Verteidigungsausgaben nicht mit militärischer Hochrüstung zu verwechseln. Die Anziehungskraft des Marktwirtschaftsmodells überzeugt bis heute durch Wachstum und Innovationskraft und hat Armut teilweise verringert, aber neue Risiken hervorgerufen, deren historische Entwicklung von Mauelshagen (2023) analysiert wurde. Ungebremste Kapitaldynamik basiert auf der stetigen Reinvestition von Geld zum Zwecke der Gewinnmaximierung und erzeugt dabei extreme Wohlstandsgefälle. Diese bestehen nicht nur zwischen den G7- und G20-Ländern, sondern als riesige Einkommensunterschiede auch zwischen den Bevölkerungsschichten der einzelnen Länder. Steuerfinanzierte Sozialtransfers zur Herstellung sozialer Gerechtigkeit haben sich inzwischen europaweit etabliert. Die Weiterentwicklung des Sozialstaats mit sozialmoralischem Rahmen hat den Kapitalismus immer wieder zukunftsfähig gemacht, denn sonst hätten ihn soziale Konflikte zerstört. Wie Frevert (2020) darstellt, ist dennoch gesellschaftliche Kritik und politische Begrenzung des Wirtschaftssystems erforderlich. Dazu wäre eine Politik historischen Weitblicks mit strategischer Planung nötig, die die ökologischen Auswüchse des kapitalistischen Wirtschaftssystems und die wachsende soziale Ungerechtigkeit abmildern und sozial-ökologische Transformationen erzwingen kann. Durch die in Demokratien häufigen Regierungswechsel sind derartige strategische Ausrichtungen und längerfristige Ziele nur schwer zu erreichen, und autokratisch regierte Länder sind im Vorteil.

Die anfängliche Nachahmung des westlichen Wirtschaftsmodells wurde in China und einigen osteuropäischen Ländern durch eigene Reformkonzepte ersetzt, die von Krastev und Holmes (2023) analysiert wurden. Chinas Führung bewahrte als Schlussfolgerung aus dem gescheiterten Reformationsversuch der Sowjetunion unter der Führung Gorbatschows die beherrschende Rolle der Kommunistischen Partei im eigenen Land und bewältigte die beeindruckendste wirtschaftliche Entwicklung der Geschichte. Diese organisierte die Gesellschaft um gemeinsame langfristige Ziele und bewahrte die chinesische Identität gegen ausländische Einflüsse. China hat sich durch Joint-Venture-Unternehmen innovative Technologien des Westens angeeignet und durch seine zahlreichen Studenten der Natur- und Ingenieurwissenschaften an amerikanischen Universitäten in die Lage versetzt, diese Technologie im eigenen Land selbst weiterzuentwickeln.

Wie Krastev und Holmes (2023) schreiben, ahmen die Chinesen in Bezug auf Technologien, Mode und Architektur den Westen nach und entleihen von ihm massiv. Gleichzeitig weigern sie sich aber, sich zu dem westlichen liberaldemokratischen Wertesystem bekehren zu lassen. Dafür werden sie von den westlichen Demokratien immer wieder kritisiert. China hat nach 1989 seine Gesellschaft erfolgreich modernisiert und ist in kürzester Zeit zur Supermacht und direktem Konkurrenten der USA aufgestiegen, ohne bei dieser Transformation seine kulturelle Identität aufs Spiel zu setzen. Die historischen Erinnerungen an die Demütigung durch westliche Mächte im 19. Jahrhundert spielen eine entscheidende Rolle bei der Entscheidungsfindung der Staats- und Parteiführung. Wie in den „*Chinatowns*" der amerikanischen Großstädte, bevorzugt China ökonomische Integration bei gleichzeitiger Bewahrung der kulturellen Abschottung. Zwar steigen die chinesischen $CO_2$-Emissionen, aber gleichzeitig baut das Land seine Kapazitäten bei der Erzeugung von Solarenergie massiv und planmäßig aus. 2022 stammten 87 % der nach Deutschland importierten Photovoltaikanlagen aus chinesischer Produktion, was eine deutliche Reduktion der Preise für derartige Anlagen bewirkt hat. Erst die Produktion billiger chinesischer Elektroautos setzte auch die europäische Autoindustrie unter Zugzwang. Dank preiswerterer Photovoltaikmodule erzeugt Ungarn inzwischen 25 % seines Stroms aus Solarenergie und ist damit Spitzenreiter in Europa.

## Klimarevolten

Eine exemplarische Schnittstelle zwischen Klimaanomalien und politisch-ökonomischen Umwälzungen stellt die Zeit bis zur Französischen Revolution 1789 dar. Kaniewski et al. (2025) weisen darauf hin, dass das Klima in Verbindung mit sozialen, politischen oder wirtschaftlichen Unruhen zu einem Katalysator für Krisen werden kann. Um 1770 begann in Europa eine besonders kalte Klimaperiode, die verheerende Auswirkungen auf die landwirtschaftliche Produktion hatte. Im Jahr 1775 löste eine schwere Getreideknappheit in Frankreich, verursacht durch mehrere aufeinanderfolgende Jahre mit schlechten Ernten, Brotunruhen im gesamten Königreich aus. Der Ausbruch des isländischen Vulkans Laki im Juni 1783 verschärfte die Situation zusätzlich. In ganz Nordeuropa veränderte der Vulkanausbruch die klimatischen Bedingungen der 1780er-Jahre radikal. Nach einer längeren Abkühlungsphase wurde der Sommer 1783 zum heißesten seit Beginn der Aufzeichnungen. Auf den sengenden Sommer folgte ein ebenso extremer Winter mit strengen Frösten, gefolgt von einem warmen Frühling, der Schnee und Eis schmelzen ließ und zu schweren Überschwemmungen führte. Diese Extreme prägten das Wetterbild der folgenden Jahre: trockene, sengende Sommer, unterbrochen von heftigen Gewittern, gefolgt von bitterer Winterkälte, Schneestürmen und eisigen Temperaturen. Diese Schwankungen hatten verheerende Auswirkungen auf das Leben der französischen Bevölkerung, ruinierten die Ernten und führten zu einem endlosen Kreislauf aus Hunger, Armut, Stress, Angst und Not. Die durch diese klimatischen Gefahren verursachten Schäden verschärften die Finanzkrise, die das Königreich Frankreich in den 1770er- und 1780er-Jahren erfasst hatte. Die Jahre des klimatischen Stresses, der finanziellen Instabilität und der politischen Konflikte eskalierten 1788 und 1789.

Im Frühjahr 1788 wurde Frankreich von einer Dürre heimgesucht. Der Sommer war im ganzen Land außergewöhnlich trocken und hatte zu einer schlechten Getreideernte mit anschließender Hungersnot geführt. Auf den heißen Sommer folgte der kälteste Winter des Jahrhunderts, der das Heizen noch teurer machte. Die ärmeren Klassen, deren Ernährung zu 95 % aus Brot und Getreide bestand, waren durch die Hungersnot im ersten Halbjahr 1789 gezwungen, über 85 % ihres Einkommens für Lebensmittel auszugeben. Die durch die Dürre des vorangegangenen Sommers verursachte Nahrungsmittelknappheit verschärfte sich im Frühjahr 1789. Im selben Sommer wurde die französische Provinz von Dürren, Stürmen und Überschwemmungen heimgesucht, die einen Großteil der Ernte zerstörten. Die Hungersnot war zwar nicht die Hauptursache der Revolution, aber der Klimaänderungsdruck scheint der Funke gewesen zu sein, der sie entfachte.

Pappert et al. (2022) rekonstruierten die Bodenluftdruckkarten des Winters 1788/1789, die in Abb. 5.3 dargestellt sind. Der Winterfrost begann bereits Ende November 1788 und war durch skandinavische Hochdrucklagen gekennzeichnet, die mit Unterbrechungen bis Ende Januar 1789 anhielten und sich über weite Teile Nordeuropas erstreckten. Die Kaltlufteinbrüche in Mitteleuropa waren abrupt und intensiv und wurden nur von kurzen Perio-

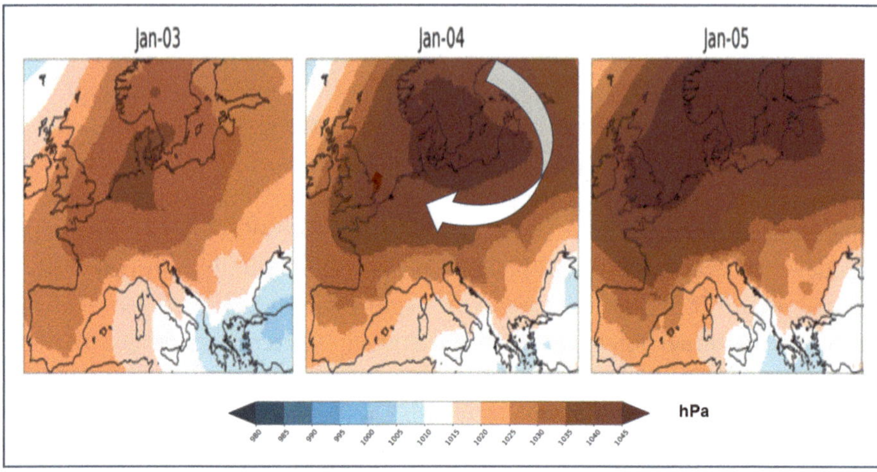


**Abb. 5.3** Tägliche Entwicklung des Bodenluftdrucks (Farbskale in hPa) vom 3. bis 5. Januar 1789 mit einem ausgeprägten Skandinavienhoch. Der weiße Pfeil zeigt die Strömungsrichtung an. (Quelle: Pappert et al. (2022). https://doi.org/10.5194/cp-18-2545-2022. CC BY 4.0)

den milder Temperaturen unterbrochen. Es bildete sich ein kräftiges Hochdruckgebiet aus, das in Schüben arktische Kaltluft nach Frankreich beförderte und zu kalten Temperaturen bis zu −25 °C führte. Der strenge Winter ließ die ohnehin schon hungernde Bevölkerung erfrieren und verschärfte die wachsende soziale Krise. Im Sommer erhob sich die frustrierte und wütende Bevölkerung, um die Bastille zu stürmen. In der Folge wurden weite Teile Frankreichs von Aufständen auf dem Land heimgesucht, und mit dem Sturm auf die Bastille begann 1789 die Französische Revolution. Kaniewski et al. (2025) betrachten die Kopplung von Klimaanomalien und politischen Revolten auch als Warnung für gegenwärtige politische Systeme und unterstreichen die Notwendigkeit, die Auswirkungen von Klimaänderungen auf Gesellschaften abzuschwächen, um soziale Unruhen und Konflikte zu verhindern.

## Vulkanausbrüche

Europa war Ende des 18. Jahrhunderts ein bunter Flickenteppich aus unterschiedlichsten Territorien, Gesetzen, Sprachen und Entwicklungsniveaus. Die wesentlichen politischen Akteure bildeten das Heilige Römische Reich deutscher Nation mit seinen zahlreichen Fürstentümern, das vielvölkische Habsburgerreich, im Westen die Königreiche Frankreich und Großbritannien, im Süden das Osmanische Reich und im Osten das Russische Kaiserreich.

Viele dieser Territorien waren durch Kriege, Heiratsverbindungen oder Gebietstausch entstanden. Ohne einheitliche Verwaltung kontrollierten lokal mächtige Adelsfamilien Steuern, Rechtsprechung und Militärdienst. Die abhängig lebende Landbevölkerung musste Frondienste leisten, lebte in bitterer Armut, während die Grundbesitzer großen Reichtum anhäuften. Dieses soziale Gefälle, das auf spätmittelalterliche Strukturen zurückging, führte immer wieder zu Hungersnöten und Bauernaufständen. Die politische Struktur Europas wurde ab 1748 maßgeblich vom Reich der Habsburger unter Kaiserin Maria Theresia geprägt, das ab 1867 Teil der Doppelmonarchie Österreich-Ungarn wurde. Mayr (2023) beschreibt, dass das Habsburgerreich oft als Anachronismus kritisiert wurde, zugleich aber als frühes Modell einer europäischen Integration von Völkern angesehen werden kann und bis zum Ersten Weltkrieg weitgehend offene Grenzen bot. In Galizien zwischen Krakau und Lemberg hob die Habsburgerverwaltung die Leibeigenschaft der zuvor vom polnischen Adel ausgebeuteten Bauern auf. Um 1870 lag die Lebenserwartung dort nur bei 29 Jahren. Die Region entwickelte sich zu einem wirtschaftlichen Umschlagplatz zwischen Mitteleuropa und dem Fernen Osten.

Maria Theresia versuchte zudem, die nach den Türkenkriegen stark dezimierte Bevölkerung im südungarischen Teil der Donaumonarchie durch gezielte Ansiedlungspolitik zu erhöhen. Ein Gesetz von 1781 versprach Neuankömmlingen Land und ein gesichertes Auskommen. Im Zuge dieser Migrationsbewegungen wanderten viele Deutsche auch nach Russland aus. Zar Alexander I. bot Landbesitz, Steuerbefreiungen und Unterstützung beim Aufbau neuer Siedlungen. Die später als Bessarabier bekannten deutschen Kolonisten stammten überwiegend aus Württemberg und wurden 1817 von der russischen Regierung angeworben. Ihre Auswanderungswelle stand in Zusammenhang mit den kalten europäischen Temperaturen und den Kältewellen, Hunger- und Ernährungskrisen nach dem Ausbruch des indonesischen Vulkans Tambora im April 1815.

Auchmann et al. (2012) rekonstruierten die Luftdruckverteilung mit einem ausgeprägten Tiefdrucksystem über Europa, das zu einem verregneten Sommer führte, in dem Wärme und sonnige Hochdrucklagen ausblieben. Im Westen Europas lagen die Temperaturen des Sommers 1816 bis zu 3 K unter den Normalwerten. Der Zeitraum von April bis September 1816 war in Paris der kälteste seit Beginn der Messungen 1659. Endlose Regenfälle ließen das Getreide kaum wachsen und die Kartoffeln verfaulen. Die Getreidepreise stiegen gewaltig an und führten zu Hungerkatastrophen. Diese Hungerkrise beförderte die Auswanderung nach Russland, das vom Vulkanausbruch nicht betroffen war. 1812 geriet Bessarabien unter die Herrschaft des russischen

Zaren Alexander I., der deutsche Einwanderer zur Besiedelung und Urbarmachung des fruchtbaren Landes anwerben ließ. 2000 deutsche Familien folgten seinem Ruf aus dem Elend der napoleonischen Kriege und den Missernten nach dem Tambora-Vulkanausbruch und zogen nach Bessarabien. Dort erhielt jede Familie 60 Dessjatinen (etwa 66 ha) Land und Lebensmittel bis zur ersten eigenen Ernte und war 10 Jahre von jeglichen Steuern befreit. Fast 100 Jahre lebten die Bessarabier in Teplitz am Flüsschen Kogolnik in Frieden. 1917 besetzte Rumänien Bessarabien, und die Unterdrückung der deutschen Sprache und die Romanisierung des Lebens begann. Im Juni 1940 holte sich die Sowjetunion unter Stalin Bessarabien zurück. Zwischen Deutschland und der Sowjetunion wurde die *„Vereinbarung über die Umsiedlung der deutschstämmigen Bevölkerung aus den Gebieten von Bessarabien und der nördlichen Bukowina in das Reich"* ausgehandelt.

Die Einwanderung deutscher Kolonisten nach Bessarabien und ihre historische Zäsuren, Umsiedlung und Flucht wurde von Schmidt (2023) beschrieben. Im September 1940 begann die Umsiedlung von fast 93.000 Bessarabiern zurück nach Deutschland. Die Teplitzer wurden nach Registrierung ihres mühsam erarbeiteten und nunmehr zurückgelassenen Eigentums aus 120 Jahren Arbeit mit Lastautos und Fuhrwerken in Donauhäfen und später mit der Eisenbahn nach Deutschland transportiert. Ab 1941 wurden die Teplitzer in Westpreußen auf Höfen in polnischen Dörfern angesiedelt, deren rechtmäßige polnische Besitzer zuvor enteignet und vertrieben wurden. Aber auch dieses neue Unrecht brachte kein Glück. Im Januar 1945 begann bei bitterer Kälte die Flucht vor der vorrückenden Roten Armee aus Polen, und viele Teplitzer darunter die Überlebenden der Familie Oswald meiner Mutter strandeten in Mecklenburg, vgl. Dethloff und Dethloff (2025).

## Literatur

Auchmann, R. et al., 2012. Extreme climate, not extreme weather: the summer of 1816 in Geneva, Switzerland. Clim. Past 8, 325–335, https://doi.org/10.5194/cp-8-325-2012.

Behringer, W., 2007. Kulturgeschichte des Klimas. Von der Eiszeit bis zur globalen Erwärmung. Beck. 352 S.

Bätzing, W., 2023. Homo Destructor. Eine Mensch-Umweltgeschichte. Beck. 463 S.

Dethloff, G. und Dethloff, K., 2025. Deutsch-Ungarisches Familienerbe. Eigenverlag. Druckerei Rostock. 110 S.

Folkers, M. und N. Paech, 2020. All you need is less. Eine Kultur des Genug aus ökonomischer und buddhistischer Sicht. Oekom München. 254 S.

Frevert, U., 2020. Kapitalismus, Märkte und Moral. dtv. 155 S.

Gorbatschow, M., 2013. Alles zu seiner Zeit. Mein Leben. Hoffmann und Campe. 547 S.

IEA 2025. www.iea.org/reports/global-energy-review-2025/co2-emissions#energy--sector-carbon-emissions-reached-a-new-record-in-2024

Kaniewski, U. et al., 2025. A climate of conflict: How the little ice age sparked rebellions and revolutions across Europe. Glob. Plan. Change, https://doi.org/10.1016/j.gloplacha.2025.105038

Kehnel, A., 2021. Wir konnten auch anders. Eine kurze Geschichte der Nachhaltigkeit. Blessing. 487 S.

Krastev, I. und S. Holmes, 2023. Das Licht, das erlosch. Eine Abrechnung. Ullstein. 366 S.

Liessmann, K. P., 2024. Lauter Lügen und andere Wahrheiten. Piper. 253 S.

Löther, R., 1985. Mit der Natur in die Zukunft. Dietz Verlag Berlin. 202 S.

Mauelshagen, F., 2023. Geschichte des Klimas. Von der Steinzeit bis zur Gegenwart. Beck. 128 S.

Mayr, W., 2023. Frei unter erloschener Sonne. Eine Reise an die Grenzen des früheren Reiches Österreich-Ungarn. In: D. Pieper und J. Swedel (Hrsg.). Die Welt der Habsburger. Glanz und Tragik eines europäischen Herrscherhauses. Penguin, S. 205–228.

Pappert, D. et al., 2022. Statistical reconstruction of daily temperature and sea level pressure in Europe for the severe winter 1788/89. Clim. Past 18, 2545–2565. https://doi.org/10.5194/cp-18-2545-2022.

Pfister, P. und H. Wanner, 2021. Klima und Gesellschaft in Europa. Die letzten 1000 Jahre. Haupt. 423 S.

Rady, M., 2025. Vom Rhein bis zu den Karpaten. Eine neue Geschichte Mitteleuropas. Rowohlt. 687 S.

Reichen, L. et al., 2022. A decade of cold Eurasian winters reconstructed for the early 19th century. Nature Comm. 13, 2116, https://doi.org/10.1038/s41467-022-29677-8.

Ritchie, H. et al., 2023. $CO_2$ and greenhouse gas emissions. OurWorldinData.org. Abgerufen von: https://ourworldindata.org/co2-and-greenhouse-gas-emissions.

Schmidt, U., 2023. Bessarabien. Deutsche Siedlungen am Schwarzen Meer. 428 S.

Smil, V., 2022, Wie die Welt wirklich funktioniert. Die fossilen Grundlagen unserer Zivilisation und die Zukunft der Menschheit. Beck. 392 S.

Staab, P., 2025. Systemkrise. Legitimationsprobleme im grünen Kapitalismus. Suhrkamp. 221 S.

Zuboff, S., 2018. Das Zeitalter des Überwachungskapitalismus. Campus. 727 S.

# 6

# Industrielles Wachstum

**Hinweisfenster**

**Seit der Finanzkrise 2008 ist die Reputation der sozialen Marktwirtschaft und des neo-liberalen Wirtschaftssystems stark beschädigt. In Deutschland und der EU fand nach der Coronakrise eine gigantische Staatsverschuldung statt. Der völkerrechtswidrige russische Angriffskrieg auf die Ukraine brachte nicht nur menschliches Leid, sondern auch eine teure Energiekrise für die Verbraucher. Eine weltweite Inflationswelle wurde ausgelöst, die den Lebensstandard und das Vertrauen in staatliche Institutionen erschütterte. Das herrschende Finanzsystem kann auch ohne äußere Einwirkungen oder menschliches Fehlverhalten Instabilitäten und Turbulenzen generieren. Diese weisen Ähnlichkeiten zu chaotischen Prozessen im Klimasystem auf und decken den Schleier der Ungewissheit über die Zukunft. Die Mechanismen der Finanzwirtschaft produzieren ihr eigenes chaotisches Arsenal mit ökonomischen Instabilitäten. Gegenwärtige Systemzustände lassen sich deshalb nicht aus vergangenen und zukünftige nicht aus den aktuellen ableiten. Die Industrieproduktion für den Luxuskonsum der wohlhabendsten Klasse ist zu einem der wichtigsten Treiber des Klimawandels geworden. Das Erreichen ökologischer Nachhaltigkeit unter Ausblendung sozialer Gerechtigkeit ist deshalb nicht möglich und lässt eine $CO_2$-Steuer für das reichste eine Prozent der Weltbevölkerung sinnvoll erscheinen.**

## Marktwirtschaft

Piketty und Sandel (2025) hoffen, dass sich die Welt angesichts der massiven Klimaprobleme durch demokratische Mobilisierungen einem friedlichen Transformationsprozess unterziehen wird. Die globalisierte Welt befindet sich durch die drohende Klimakrise in einer ökonomisch-sozialen und ökologischen Hufeisensituation. Wenn das Wirtschaftswachstum einbricht, stei-



K. Dethloff, *Klimahybris*, https://doi.org/10.1007/978-3-662-73324-0_6

gen Armut und Arbeitslosigkeit. Kommt das Wirtschaftswachstum auf Basis bisher vorwiegend fossiler Energieträger in Gang, verschärft es den Klimawandel. Der ökonomische Siegeszug und die Bereicherung des Nordens durch die fossile Industrialisierung haben zu einer massiven Beeinträchtigung der Bewohnbarkeit der Erde geführt, von der die ärmeren Länder des Südens besonders betroffen sind. Eine Transformation des Wirtschafts-, Finanz- und Steuersystems zu sozialer Gerechtigkeit und zur Eindämmung von Klima- und Umweltschäden muss den reicheren Norden und den ärmeren Süden versöhnen, weil es sonst zu chaotischen Zukunftskonflikten kommen wird. Piketty und Sandel (2025) schlagen deshalb eine globale Steuer für die reichsten Milliardäre und multinationalen Konzerne vor, die an die Länder des Südens gezahlt wird.

Bartel (2025) beschreibt, wie in der Mitte des 20. Jahrhunderts westliche Wohlfahrtsstaaten entstanden, die die wirtschaftlichen Erträge des kapitalistischen Marktes mit Hilfe starker Gewerkschaften umverteilten. Im Osten versprachen kommunistische Parteien vor dem Hintergrund eines beschleunigten Wirtschaftswachstums und wissenschaftlicher Fortschritte die Errichtung einer lebenswerten Zukunft. Auf dem Weg dorthin sollte durch eine staatlich gelenkte Industrialisierung allen Bewohnern ein sicherer Arbeitsplatz, Wohnraum, soziale Aufstiegschancen, reichlich Nahrungsmittel, hochwertige Bildung und Gesundheitsversorgung, längere Urlaube und kürzere Arbeitszeiten ermöglicht werden. Diese Versprechen für ein besseres Leben bildeten das Fundament politischer Legitimität im Kalten Krieg zwischen Ost und West. Bartel (2025) beschreibt, wie ökonomische Erschütterungen durch die Erdölkrise der 1970er-Jahre diese Versprechen platzen ließen. Energie- und Finanzmärkte setzten Regierungen unter Druck, ihre Wirtschaften an die Anforderungen der globalen Märkte anzupassen. Unrentable Staatsbetriebe wurden geschlossen, Massenentlassungen durchgezogen und die Handels- und Kapitalströme zur Profitsteigerung liberalisiert. Nach 1973 wurde die Wirtschaftspolitik zum zentralen Schlachtfeld zwischen demokratischem Kapitalismus und Staatssozialismus. Seit den 1970er-Jahren hatten die Ostblockstaaten als Folge von Sanktionen rund 90 Mrd. US-Dollar Schulden bei westlichen Banken und Regierungen angehäuft. Bis Ende der 1980er-Jahre gerieten sie dadurch unter Druck, im Inland Sparmaßnahmen durchzusetzen, um ihre Schulden bei westlichen Gläubigern zurückzuzahlen. Der demokratische Kapitalismus mit seiner sozialen Marktwirtschaft ging als Sieger aus dem Kalten Krieg hervor, weil er in der Lage war, ökonomische Transformationen mit Hilfe technischer Innovationen durchzusetzen.

Dörre und Rackwitz (2016) analysierten, dass sich seit der Finanzkrise von 2008 in Teilen der westlichen Welt der Widerstand gegen die demokratische

Fassade des Neoliberalismus verstärkt. In Deutschland und der EU kam es nach der Coronakrise zu einer gigantischen Staatsverschuldung. Der verbrecherische russische Angriffskrieg auf die Ukraine brachte nicht nur menschliches Leid, sondern auch eine teure Energiekrise für die Verbraucher. Eine weltweite Inflationswelle wurde ausgelöst, die den Lebensstandard und das Vertrauen in staatliche Institutionen erschütterte. In dieser instabilen Situation versuchen kapitalistische Demokratien und autokratische Systeme das geopolitische Gleichgewicht zu ihren Gunsten zu verändern. Dörre und Rackwitz (2016) beschreiben, dass die Expansion des globalen Finanzsektors die Vermögenskonzentration beschleunigt hat und die zunehmende Verschuldung von Personen, Unternehmen und Staaten die Gläubiger sehr großer Vermögen begünstigt. Reiche Einzelpersonen haben 7,6 Billionen US-Dollar in Steueroasen geparkt. Die häufigen Finanzkrisen wirken als effiziente Mechanismen der Umverteilung von unten nach oben, da in ihnen mit staatlicher Hilfe Gewinne privatisiert und Verluste sozialisiert werden können.

## $CO_2$-Emissionen

Die ärmeren Schichten (50 % der Weltbevölkerung) haben im Jahr 2019 etwa 12 % der globalen $CO_2$-Emissionen verursacht, während die oberen 10 % für über 48 % der Gesamtemissionen verantwortlich sind. Abb. 6.1 stellt die globalen $CO_2$-Emissionen für 1990 und 2015 in Abhängigkeit vom Jahreseinkommen dar. Während die Pro-Kopf-Emissionen der obersten einen Prozents weltweit seit 1990 deutlich gestiegen sind, sind die Emissionen der unteren und mittleren Einkommensgruppen in den westlichen Ländern mit hohem Lebensstandard nur gering gewachsen. Im Jahr 2019 betrug der globale $CO_2$-Ausstoß der Weltbevölkerung nach Analysen von Chancel (2022) ca. 6 t. Die ärmere Bevölkerung (50 %) emittierte nur 1,4 t, die Mittelschicht (40 %) etwa 6,1 t, die Top 10 waren für 28,7 t verantwortlich, und die Reichsten (1 %) mit ihrem luxuriösen Lebensstil emittierten 101 t. Diese Zahlen variieren, je nachdem, wie hoch die Grenzen der Jahreseinkommen in den einzelnen Kategorien festgelegt werden.

Nielsen et al. (2024) verwendeten in einer unabhängigen Analyse Ergebnisse von Online-Umfragen zwischen 2022 und 2024, die in Dänemark, Indien, Nigeria und den USA in Abhängigkeit vom Einkommen durchgeführt wurden. Sie sind in Abb. 6.2 dargestellt und zeigen die globalen $CO_2$-Emissionen (Tonnen pro Person und Jahr) basierend auf einer Befragung im Jahr 2023 für die 50 % der Mittelschicht, die 10 % mit höherem Einkommen sowie die 1 % Topverdiener. Der persönliche $CO_2$-Fussabdruck weist erheb-

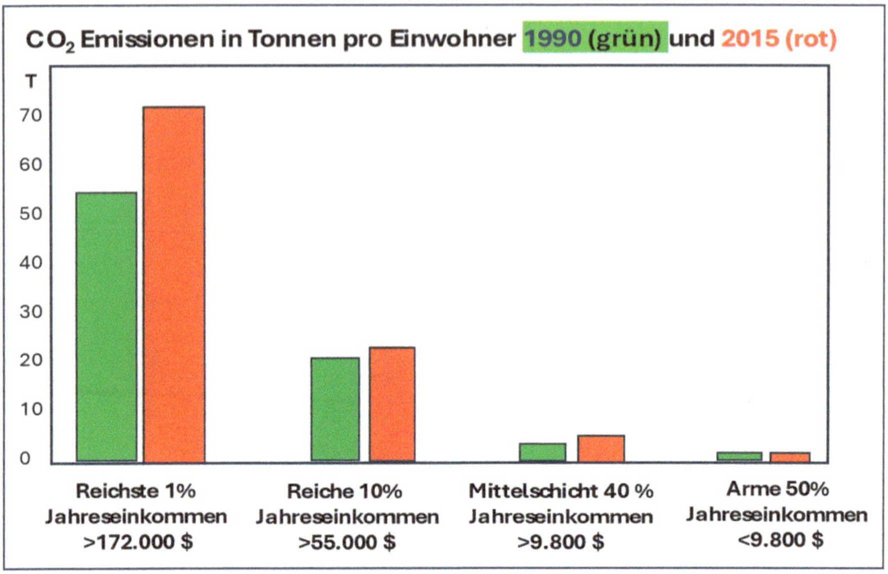


**Abb. 6.1** Globale $CO_2$-Emissionen in Tonnen pro Einwohner für 1990 und 2015 in Abhängigkeit vom Jahreseinkommen. (Quelle: Daten von Oxfam. https://www.oxfam.de/aktuelles/klimawandel-ungleichheit-reichste-1-prozent-schaedigt-klima-doppelt-so-stark-aermere)

liche globale und innerstaatliche Ungleichheiten auf. Von den Teilnehmern stammten in jedem Land 50 % der Teilnehmer aus der obersten 10 %-Einkommensgruppe. Dabei wurden die folgenden Einkommensschwellen für die obersten Jahreseinkommen umgerechnet auf € angewendet: Dänemark (84.407 €), Indien (2895 €), Nigeria (19.792 €) und die USA (110.774 €), um den von Land zu Land variierenden Unterschieden im Einkommensniveau Rechnung zu tragen. In Dänemark tragen die reichen Topverdiener mit 93 t und in den USA mit 269 t zu den $CO_2$-Emissionen bei. In Indien liegen diese Werte bei 32 t und in Nigeria bei 9,2 t. Landesgemittelt beträgt der Wert der $CO_2$-Emissionen für Dänemark 11 t, für Indien 2,2 t, für Nigeria 1,6 t und für die USA 21,1 t. Die Kenntnis dieser Zahlen lassen eine $CO_2$-Steuer für das reichste Prozent der Weltbevölkerung sinnvoll erscheinen. Die Industrieproduktion für den Luxuskonsum der wohlhabendsten Klasse ist zu einem der wichtigsten Treiber des Klimawandels geworden. Das Erreichen ökologischer Nachhaltigkeit unter Ausblendung sozialer Gerechtigkeit ist deshalb nur schwer vorstellbar.

Bei sozialen Nachhaltigkeitszielen wie der Überwindung von Armut, der Beseitigung des Hungers und der Bekämpfung sozialer Ungleichheit verzeichnen viele Weltregionen Stagnation oder Rückschritte. Diese Krisen-

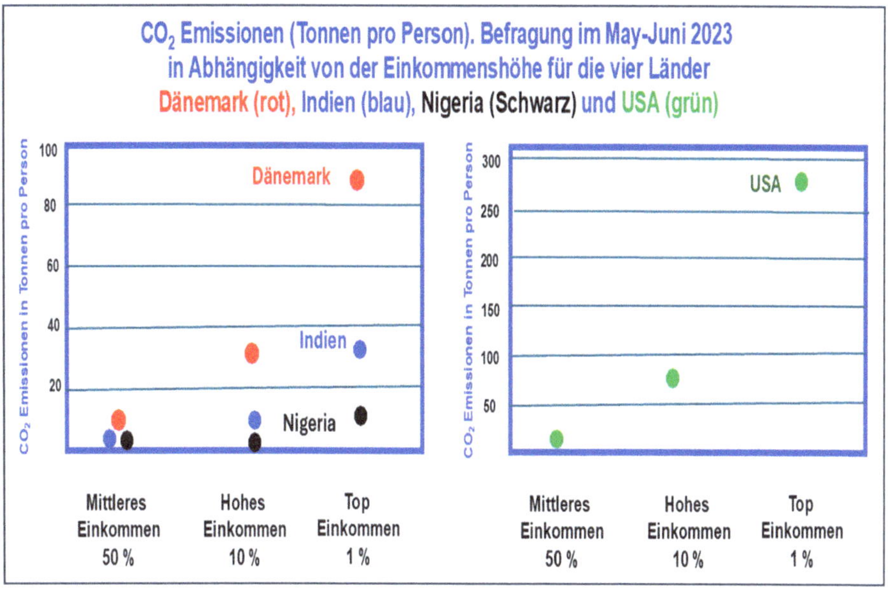


**Abb. 6.2** $CO_2$-Emissionen (Tonnen pro Person und Jahr) auf der Basis einer Befragung zwischen Mai und Juni 2023 in Abhängigkeit von der Einkommenshöhe für 50 % der Bevölkerung mit mittlerem Einkommen, die 10 % mit höherem Einkommen sowie die 1 % Topverdiener in den vier Ländern Dänemark, Indien, Nigeria und USA. Punkte bezeichnen die aktuellen $CO_2$-Fußabdrücke. (Quelle: Nielsen et al. (2024). https://doi.org/10.1038/s41558-024-02130-y)

konstellation stellt nach Dörre et al. (2024) die Ursache für vielfältige Transformationskonflikte dar. Der zunehmenden Vermögens- und Einkommensungleichheit entspricht eine Zentralisation von Kontrollmacht, die große Unternehmen aus dem Finanzsektor begünstigt und die Einflussmöglichkeit demokratisch gewählter Regierungen der Nationalstaaten einschränkt. Neuen Eigentümerstrukturen geht es darum, nicht nur auf Marktschwankungen zu reagieren, sondern Investitionen, Produktionsvolumen, Beschäftigung und Arbeitsbedingungen vorausschauend zu antizipieren. Die Unberechenbarkeit der Märkte wird zum Planungsgegenstand, die Spekulation auf die Zukunft zum Maßstab für die Flexibilität von Produktionssystemen und Beschäftigung. Absatzschwankungen nach oben und unten sollen durch flexibles Personal abgefedert werden. Die Produktionsaufgaben werden durch Fremdvergabe, Leiharbeit oder andere Formen externer flexibler Beschäftigung ohne soziale Absicherung bewältigt. Um die Stammbelegschaften gruppieren sich Gruppen prekär Beschäftigter, deren Löhne, Sicherheits- und Arbeitsqualitätsstandards verglichen mit den Kernbelegschaften sinken, um Extraprofite zu generieren. Ob sich Gewinne und Renditen mittels Flexibilisierung und Prekarisierung von Arbeit längerfristig stabilisieren lassen, ist keineswegs gewiss, weil der Finanzmarkt krisenanfällig bleibt. Die Intransparenz von Finanzmarktprodukten und deren Risiken sowie die durch Geldpolitik verstärkte weltwirtschaftliche Ungleichgewichte sind eigenständige Krisentreiber.

Chang (2012) weist darauf hin, dass die Komplexität der auf diese Weise entstandenen Welt die Fähigkeiten von Regierungen und Staaten, diese zu managen und zu lenken, bei weitem übersteigt. Solange finanzielle Innovationen weiter unbeschränkt bleiben, werden diese über jegliche Regulierungsmöglichkeiten triumphieren. Trotz aller Turbulenzen hat der Finanzmarktkapitalismus viele Krisen überlebt, aber seit der globalen Finanz- und Wirtschaftskrise von 2008 ist die Instabilität angewachsen. Der ökonomische Zusammenbruch begann mit insolventen nordamerikanischen Hausbesitzern aus unteren sozialen Schichten. Banken hatten Immobilienkredite, die an flexible Zinssätze gekoppelt waren, mittels Verbriefung breit gestreut. Faule Kredite, die von zahlungsunfähigen Hausbesitzern nicht mehr bedient werden konnten, mündeten in die Pleite von Lehman Brothers 2008 und lösten eine globale Bankenkrise aus, die sich nicht mehr auf die USA begrenzen ließ. Erfasst wurden Kreditinstitute und Finanzmarktunternehmen, wie westdeutsche Landesbanken, die über Zweckgesellschaften am Immobilienboom partizipieren wollten. Rohstoff exportierende Länder, allen voran Russland, sahen sich wegen des weltweiten Einbruchs der industriellen Produktion mit fallenden Weltmarktpreisen für ihre wichtigsten Exportgüter konfrontiert. Und selbst große Flächenstaaten wie China und Indien, die nicht vollständig in das globale Finanzsystem integriert waren, entgingen der Krise nicht. So verlor China 20 Mio. Arbeitsplätze.

## Finanzielle Instabilität

Der Begriff „*Finanzielle Instabilität*" geht auf Minsky (2011) zurück, der die kapitalistische Ökonomie auf die Dynamik von Finanzmärkten zurückführte, die mit der Mobilisierung von Kapital die Wünsche von Investoren und Kreditgebern koordinieren müssen. Erreichte Gewinne rechtfertigen vergangene Investitionen, und gegenwärtige Investitions- und Finanzierungsentscheidungen werden von den Erwartungen künftiger Profite bestimmt. In diesem Geschäftsmilieu sind die Marktteilnehmer mit dem unsicheren Ausblick auf eine unvorhersehbare Zukunft konfrontiert und zu risikoreichen Entscheidungen gezwungen. Die Preise für Vermögenswerte und Investitionsgüter sind von Rendite- und Risikoaussichten inspiriert und durch Zahlungen bestimmt, die erst in der Zukunft stattfinden werden. Das bedeutet, dass Geld- und Kreditverkehr, Investitionen und Kapitalmärkte auf Zukunftserwartungen und Gewinnaussichten beruhen und Investitionsentscheidungen unter der Bedingung von ständiger Unsicherheit spekulativ getroffen werden müssen. In der EU hatten die Regierungen der Nationalstaaten durch die Währungsunion Handlungszwänge implementiert. Weil die europäischen Staaten Wettbewerbsdefizite nicht durch Abwertung ihrer nationalen Währung ausgleichen können, bleibt den wirtschaftlich schwächeren Ländern als Sparmaßnahme nur der Druck auf Löhne und Absenkung von Sozialstandards. Um angeschlagenen Kreditinstituten das Überleben zu sichern, nahmen die europäischen Staaten bei hoher Arbeitslosigkeit und dadurch bedingten Steuerausfällen gewaltige Neuverschuldungen in Kauf. Von der Schockwirkung und Neuverschuldung während der Bankenkrise haben sich europäische Staaten wie Frankreich und Italien bis heute nicht erholt. Prekäre Arbeits- und Lebensformen wurden zum Mehrheitsschicksal, aber wirksame Maßnahmen zur Entschuldung der Krisenländer und zur Bankenregulierung stehen ebenso aus wie Maßnahmen zur Abschöpfung und demokratischen Umverteilung des akkumulierten Reichtums. Piketty und Sandel (2025) liefern Vorschläge für eine Bändigung des Finanzmarktkapitalismus, die von Steuern auf vererbte Vermögen über eine progressive Einkommensteuer, demokratisch gesteuerte Zentralbanken, eine europäische Steuerpolitik sowie die Nutzung der generierten Finanzmittel für globale Investitionen in den Klimaschutz bis zur Bekämpfung von Hunger und absoluter Armut reichen.

Minskys Theorie der Finanziellen Instabilität, wonach das kapitalistische Finanzsystem selbst ohne äußere Einwirkungen oder menschliches Fehlverhalten Turbulenzen generiert, hat große Ähnlichkeiten zur Theorie chaotischer Prozesse im Klimasystem und deckt den Schleier der Ungewissheit über die Zukunft. Stabile Wirtschaftslagen setzen Finanzierungskreisläufe in Gang, denn Phasen ökonomischen Wachstums erhöhen den Bedarf an Geld aus Krediten und Verschuldung. Es werden Wechsel auf die Zukunft ausgestellt, die unbedingt eine Steigerung des Wirtschaftswachstums erfordern. Die damit verbundene Risikoverlagerung kann zu Finanzierungsketten führen, die Turbulenzen durch interne Instabilität erzeugen. Mechanismen und Institutionen der Finanzwelt sind somit von sich aus instabil und produzieren ihr eigenes chaotisches Arsenal. Ökonomische Turbulenzen bedeuten, dass sich gegenwärtige Systemzustände nicht aus vergangenen und zukünftige nicht aus jetzigen ableiten lassen und der Systemverlauf chaotisch werden kann. Vogl (2010) beschreibt die Unsicherheit finanzieller Prozesse, wonach durch irreversible Prozesse und instabile Strukturen ökonomische Prozesse chaotisch wirken können: *„Während der Marktmechanismus ein hinreichend gutes Instrument dafür ist, um soziale Entscheidungen über so unwichtige Dinge wie Farb-*

*mischungen und Kleiderproduktion zu treffen, sollte man sich nicht auf ihn verlassen, wenn es um wichtige, große Dinge wie Einkommensverteilung, den Erhalt ökonomischer Stabilität, die allgemeine Wirtschaftsentwicklung und die Erziehung und Ausbildung der Jugend geht.*"

Acemoglu und Robinson (2019) gehen davon aus, dass der Fortschritt der Zivilgesellschaft zukünftig von einer stärkeren Rolle des Staates und seiner Leistungsfähigkeit abhängig ist, die komplexer werdende Gesellschaft und Wirtschaft zu managen. Dies ist besonders in Zeiten ökonomischer und sozialer Krisen wichtig. Als Beispiel behandeln Acemoglu und Robinson die solidarische Lohnpolitik Schwedens nach dem Zweiten Weltkrieg und den Aufbau eines Wohlfahrtsstaates in Kombination mit einer Stärkung demokratischer Einrichtungen und deren Kontrolle durch die Gesellschaft. In Anbetracht der Globalisierung, des Wachstums der Finanzbranche, der Entstehung gigantischer Konzerne und der zunehmenden Einkommensungerechtigkeit ist das Vertrauen der Gesellschaft in die staatlichen Institutionen drastisch gesunken. Dadurch besteht die reale Gefahr, dass die Bürger diese nicht gegen die bisherigen Eliten verteidigen und rechtspopulistische Parteien wie in der Weltwirtschaftskrise 1929/1930 an Zulauf gewinnen können. Die fehlende staatliche Regulierung der wachsenden Einkommensungleichheit, die unverschämten Profite auf den Finanzmärkten und der global agierenden Konzerne sowie die Migrationsprobleme bestärken bei den Bürgern den Eindruck, dass die profitbesessene Wirtschaft mit der Politik, der es um Macht geht, ein abgekartetes Spiel betreibt.

Es hat in der Geschichte immer wieder abrupte Brüche durch Revolutionen gegeben, bei denen die herrschenden Eliten gewaltsam gestürzt wurden. Die gegenwärtig versuchte Transformation zu einem „*Ökokapitalismus*" kann den Zusammenbruch hinauszögern, aber eine erfolgreiche Transformation zur Lösung der Klimakrise müsste in allen Staaten gleichzeitig erfolgen. In Anbetracht der geopolitischen Machtkämpfe und militärischen Konflikte in einer Welt mit individuellem Konsum und wirtschaftlicher Konkurrenz der verschiedenen Systeme ist ein solches Handeln ausgeschlossen. Wie Bätzing (2023) feststellt, sind moralische Appelle an die Vernunft des Einzelnen gegenüber den Interessen von Konsum, Konkurrenz und Macht viel zu schwach. Die Natur als Ressource und das Wirtschaftswachstum der Gesellschaft als Grundpfeiler unseres gegenwärtigen Lebens können aber trotz aller linken und rechten Parolen nicht glaubwürdig in Frage gestellt werden, womit sich ein weiteres Paradoxon auftut. Der industrialisierte Norden hat unzweifelhaft großen Anteil an der Klimakrise. Diese wird aber durch die immer weiter steigenden Bedürfnisse und das alltägliche Leben und Verhalten von Abermillionen Menschen beschleunigt. Wie Todd (2024) schreibt, wurde das arbeitende Proletariat des Westens in den 1970er-Jahren durch die Globalisierung und die Verlagerung der Produktion in Billiglohnländer korrumpiert, denn sein Lebensstandard basiert zum großen Teil auf durch unterbezahlte Arbeit in China und anderen Ländern der Dritten Welt produzierten billigen Waren.

Deshalb leben auch die Menschen in der westlichen Welt von den Überschüssen der Globalisierung. Die düstere Perspektive einer Zukunft mit Kriegen, Klimawandel, Migration und Zusammenbruch der Sozialsysteme ist nicht unwahrscheinlich.

Ebert (2025) beschreibt, dass der Kapitalismus ein Ordnungsinstrument ist, das sich aus sich selbst heraus entwickelt, extrem komplex ist und Gesetzen des deterministischen Chaos folgt. Deshalb sind Eingriffe in ein solches System zur Generierung politisch gewünschter Effekte sehr schwierig. Der Staat muss das Wirtschaftssystem klug steuern, ohne Fehlanreize zu setzen, die Eigeninitiative und Leistungsbereitschaft zerstören. Der Kampf gegen Armut und soziale Ungerechtigkeit darf nicht zu unrealistischen Transformations- und Umverteilungsfantasien führen, sondern muss auf Leistungswillen auch in Bildung und Erziehung setzen. Dies würde konservative politische Korrekturen erfordern, wird aber durch die ununterbrochene Werbung um Wählerstimmen und die Kapitulation verhindert, das eigene Land auf lange Sicht strategisch zu stärken. Die seit 1990 die Bundesrepublik Deutschland regierenden Parteien biederten sich dem Zeitgeist an, und ihre Feigheit vor seit langem notwendigen Reformen höhlt die Demokratie aus.

## Literatur

Acemoglu, D. und J. A. Robinson, 2019. Gleichgewicht der Macht. Der ewige Kampf zwischen Staat und Gesellschaft. Fischer. 767 S.

Bartel, F., 2025. Gebrochene Versprechen: Das Ende des Kalten Krieges und der Aufstieg des Neoliberalismus. Hamburger Edition. 440 S.

Bätzing, W., 2023. Homo Destructor. Eine Mensch-Umweltgeschichte. Beck. 463 S.

Chancel, D., 2022. Global carbon inequality over 1990–2019. Nature Sustainability 5, 931–938.

Chang, H. J., 2012. 23 Lügen, die sie uns über den Kapitalismus erzählen. Goldmann. 378 S.

Dörre, K. et al., 2024. Klasse gegen Klima? Transformationskonflikte in der Autoindustrie. Berliner Journal für Soziologie 34, 9–46.

Dörre, K. und H. Rackwitz, 2016. Finanzmarkt-Kapitalismus. Entstehung, Dynamik, Krisenpotentiale. Politikum 2, 4–16.

Ebert, V., 2025. Wot se Fack, Deutschland? Warum unsere Gefühle den Verstand verloren haben. dtv. 303 S.

Minsky, H. P., 2011. Instabilität und Kapitalismus. Diaphanes Zürich. 142 S.

Nielsen, K. S. et al., 2024. Underestimation of personal carbon footprint inequality in four diverse countries. Nat. Clim. Chang. 14, 1136–1143. https://doi.org/10.1038/s41558-024-02130-y

Piketty, T. und M. J. Sandel, 2025. Die Kämpfe der Zukunft. Gleichheit und Gerechtigkeit im 21. Jahrhundert. Beck. 158 S.

Todd, E., 2024. Der Westen im Niedergang. Ökonomie, Kultur und Religion im freien Fall. Westend. 352 S.

Vogl, J., 2010. Das Gespenst des Kapitals. Diaphanes Zürich. 225 S.

# 7

# Kippende Klimamuster

**Hinweisfenster**

**Die Erwärmungsmuster über der Arktis und den Kontinenten werden durch die am weitesten entwickelten Erdsystemmodelle qualitativ gut beschrieben, aber in verschiedenen geografischen Regionen treten erhebliche Differenzen auf. Diese betreffen Asien mit seiner beobachteten Abkühlung, die aus Veränderungen atmosphärischer Fernverbindungsmuster resultiert und von den Modellen nicht simuliert wird. Die beobachteten und modellierten Änderungen des Bodenluftdrucks im europäischen Sommer während der letzten 20 Jahre zeigen deutliche Unterschiede bei regionalen Klimaanomalien. Über den mit den Klimamodellen erstellten Zukunftsszenarien liegt deshalb ein Unsicherheitsschleier, und man darf sie nicht als Blaupause für Anpassungsmaßnahmen an veränderte Klimabedingungen in den einzelnen Regionen verwenden. Die Bodenluftdruckmuster des Sommers zeigen eine Druckzunahme mit einem Sommerhoch über Skandinavien und Westrussland, während dieses in den Modellsimulationen zu schwach ist und zu weit östlich über dem Kaspischen Meer liegt. Zudem ist die Druckzunahme westlich Islands, die zu einem schwächeren Islandtief führt, im Modell übermäßig stark ausgeprägt.**

## Raum- und Zeitskalen

Atmosphärische $CO_2$-Konzentrationen beeinflussen nicht nur thermodynamische Strahlungsprozesse im langwelligen Bereich des Energiespektrums, sondern durch nichtlineare Dynamik auch die großskaligen atmosphärischen Zirkulations- und Telekonnektionsmuster der Nordhemisphäre. Klimaänderungen entstehen durch Zirkulationsumstellungen als Folge



K. Dethloff, *Klimahybris*, https://doi.org/10.1007/978-3-662-73324-0_7

veränderter Positionen der dominierenden Hoch- und Tiefdruckgebiete. Diese großskaligen Wellenmuster werden durch orografische und thermische Anregung durch die grossen Gebirge und Land-Meer-Kontraste sowie die Wechselwirkung mit baroklinen Zyklonen angetrieben. Die Bewegungsskalen der Atmosphäre umfassen kleinräumige atmosphärische Turbulenz, Tornados, Gewitterzellen, konvektive Systeme und mesoskalige Fronten und reichen bis zu baroklinen Wettersystemen und planetaren Wellen. Auf Raumskalen von 100 km bis 1000 km entwickeln sich durch nicht-hydrostatische Prozesse innerhalb von wenigen Stunden mesoskalige Frontensysteme. Diese werden durch physikalische Prozesse wie Druckgradienten, horizontale und vertikale Beschleunigungsterme, vertikale Profile der latenten Erwärmung und Abkühlung durch Strahlungsprozesse angetrieben, die von mikrophysikalischen Wolken- und Aerosolparametern sowie thermisch und orografisch bedingten Instabilitäten abhängen. Die synoptischen Wettersysteme mittlerer Breiten beschreiben die Hoch- und Tiefdruckgebiete mit Raumskalen von 1000 bis 9000 km, die durch den Prozeß der baroklinen Instabilität als Folge von horizontalen und vertikalen Temperatur- und Druckgradienten unter dem Einfluss der Corioliskraft auf der rotierenden Erde entstehen. Die baroklinen Zyklonen entwickeln sich im Zeitraum von zwei bis sechs Tagen und bestimmen nicht nur das Wetter, sondern auch das Klima mittlerer Breiten. Die Raumskalen mit hemisphärischen Dimensionen oberhalb von 10.000 km bezeichnet man als planetare Wellen, häufig auch als Rossby-Wellen. Diese werden durch die großen Gebirge und die globale Land-Meer-Verteilung sowie barokline Zyklonen angetrieben und bestimmen Wetter- und Klimaänderungen.

In Wettervorhersage- und Erdsystemmodellen simuliert man die planetaren, synoptischen und mesoskaligen Raum- und Zeitskalen explizit. Prozesse auf kleineren räumlichen Skalen mit Turbulenz in der Grenzschicht und mikrophysikalischen Prozessen der Wolken- und Aerosolbildung müssen parametrisiert und durch vereinfachte Darstellungen für eine Modellgitterzelle beschrieben werden. Gegenwärtig arbeitet man deshalb in den führenden Klimazentren daran, nicht-hydrostatische Modelle mit einer erhöhten horizontalen Auflösung auf der Kilometerskale zu implementieren.

Arktis und Antarktis stellen die Kältepole der globalen Klimamaschine der Erde dar. Der in den Tropen durch Absorption kurzwelliger solarer Einstrahlung entstehende Energieüberschuss wird durch atmosphärische und ozeanische Zirkulationssysteme zu den polaren Kältesenken in der Arktis und Antarktis transportiert. Die solare Einstrahlung ist an den Polen durch die Erdachsenneigung reduziert und im Winter unter den Bedingungen der Polarnacht verschwindend. Die langwellige Rückstrahlung der Atmosphäre durch Wasserdampf, Wolken und Treibhausgase kann dieses Energiedefizit und die Abkühlung der arktischen Regionen im Winter nicht ausgleichen. Auf den daraus resultierenden meridionalen Energiegradienten zwischen Äquator und Arktis reagiert das gekoppelte Klimasystem mit der Entwicklung und Justierung von großskaligen Energieflüssen durch atmosphärische und ozeanische Strömungssysteme. Da die Erde zum großen Teil ein Wasserplanet ist, sind die ozeanischen Meeresströmungen in erster Linie in den Subtropen für den Energieaustausch verantwortlich, während in mittleren und subpolaren Breiten atmosphärische Strömungssysteme diese Rolle übernehmen.

Bereits Arrhenius (1896) erkannte den *„Treibhauseffekt"* durch das in der Atmosphäre akkumulierte Gas Kohlenstoffdioxid, da es die von der Erdoberfläche ausgehende Wärmestrahlung teilweise absorbiert. Den ersten experimentellen Nachweis des Einflusses von künstlich erzeugtem Kohlendioxid auf die Zunahme der atmosphärischen Lufttemperaturen erbrachte Calendar (1938). Er führte deren Anstieg über Landregionen von 1880 bis 1935 um 0,3 K auf eine $CO_2$-Erhöhung um 6 % zurück, aber seine Arbeiten wurden lange vergessen. Seit den 1980er-Jahren hat sich das Wissen über den Einfluss von Treibhausgasen auf das Klimasystem der Erde verbessert. Die Entdeckung der Stratosphäre durch Aßmann (1902) und Teisserenc de Bort (1902) sowie die von Farman et al. (1985) über der Antarktis festgestellte anthropogene Zerstörung der Ozonschicht haben die Komplexität des Klimaproblems weiter verstärkt. Die anthropogene Erwärmung der Troposphäre geht zudem mit einer Abkühlung der polaren Stratosphäre einher. Beim anthropogenen Klimawandel treten die *„Arktische Verstärkung"* des Treibhauseffektes und die Erwärmung in den Tropen miteinander in Konkurrenz. Die *„Arktische Verstärkung"* des Treibhauseffektes verringert den meridionalen Temperaturgradienten zwischen tropischen und polaren Breiten in der unteren Troposphäre. Dadurch verändert sich die Baroklinität in mittleren Breiten und diese beeinflusst die Telekonnektionsmuster der Nordhemisphäre. Die Erwärmung der oberen Troposphäre der Tropen und die Abkühlung im stratosphärischen Polarwirbel verstärken hier den meridionalen Temperaturgradienten und bewirken eine polwärts gerichtete Verschiebung der Sturmzugbahnen. Die in den letzten Jahrzehnten erfolgten Klima- und Zirkulationsänderungen zeigen seit den 1990er-Jahren eine Verstärkung des Azorenhochs im Winter mit Ausdehnung nach Mitteleuropa und ein verstärktes Islandtief mit Ausdehnung in die europäische Arktis. Diese Druckanomalie entspricht einer stärkeren positiven Phase der Nordatlantischen Oszillation (NAO) und begünstigt mildere Winter in Europa. CMIP6-Klimaszenarien deuten gleichfalls auf stärkere positive NAO Phasen in der Klimazukunft hin.

## Realität und Modellsimulation

Abb. 7.1 stellt die gemittelte Bodenluftdruckverteilung des Winters und des Sommers der letzten 30 Jahre 1995–2024 für die ERA5-Daten und CMIP6--Simulationen dar.

Im Winter werden die mittleren Breiten der Nordhemisphäre durch das Islandtief südlich von Grönland und das Azorenhoch bestimmt. Über dem Pazifik bildet sich vor der nordamerikanischen Westküste das Aleutentief aus. Über Ostsibirien und der Mongolei entsteht ein ausgeprägtes Kältehoch. Während des nordhemisphärischen Winters herrscht in der Südhemisphäre Sommer und umgekehrt. In der Südhemisphäre tritt eine Kette von subtropischen Hochdruckgebieten auf, und in deren mittleren Breiten bildet sich im Sommer eine ausgeprägte Tiefdruckrinne aus. Über dem antarktischen Kontinent befindet sich in 3 km Höhe ein Kältehoch. Im Sommer der Nordhemisphäre verstärkt sich das Azorenhoch über dem Atlantik und das Island-

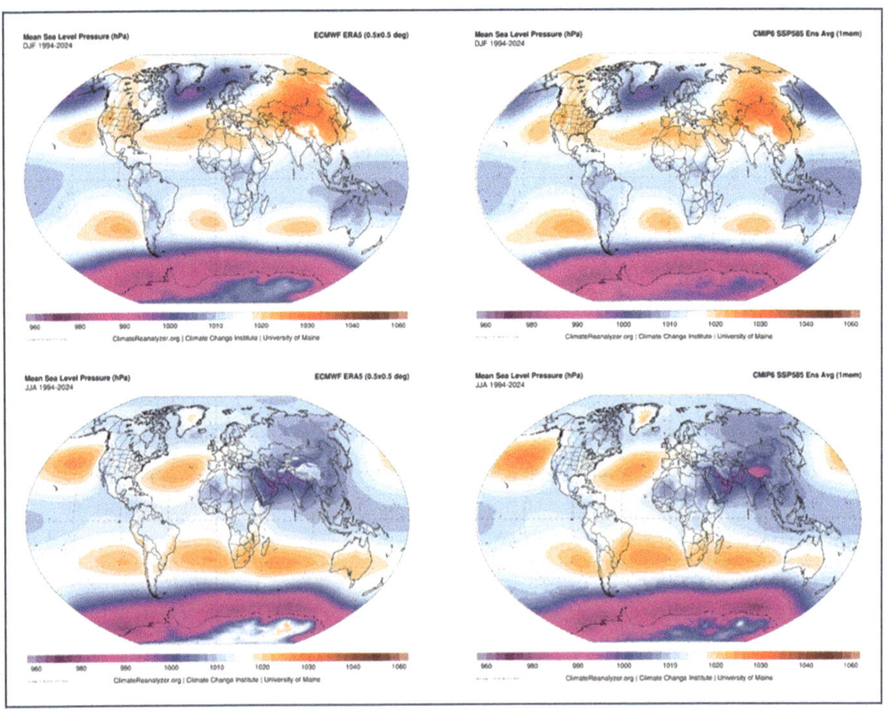


**Abb. 7.1** Gemittelter Bodenluftdruck (hPa) des Winters (Dezember–Februar) 1995–2024 (oben: ERA5-Daten links, CMIP6-Simulation rechts) und des Sommers (Juni–August) 1995–2024 (unten: ERA5-Daten links, CMIP6-Simulation rechts). (Quelle: Climatereanalyzer.org)

tief wird schwächer. Über dem Himalaya bildet sich ein Tiefdruckgebiet aus. Im korrespondierenden südhemisphärischen Winter verstärken sich die Westwinde in der Tiefdruckrinne und die drei Hochdruckgebiete über den Ozeanen. Im südhemisphärischen Sommer verstärkt sich das antarktische Kältehoch. Obwohl es regionale Differenzen gibt, sind die CMIP6-Modelle, die in den großen Klimaforschungszentren verbessert wurden, in der Lage, die gemittelten Klimazirkulationsmuster recht gut wiederzugeben. In den letzten Jahrzehnten haben sich diese dominierenden Zirkulationsmuster aber stetig verändert und die Diskussion über die durch $CO_2$-Emissionen getriggerten thermodynamischen und dynamischen Ursachen des Klimawandels verschärft. Dieser wird aber auch zukünftig durch nichtkontrollierbare Prozesse wie solare Einstrahlungsänderungen, Vulkanismus und geologische Einflüsse auf die Ozeanzirkulation sowie nichtlineare Variabilität mitbestimmt.

Abb. 7.2 stellt die Klimaveränderungen der letzten 20 Jahre 2005–2024 auf der Basis der ERA5-Daten im Vergleich zum Zeitraum 1985–2004 für die Änderungen der 2 m-Lufttemperatur im Winter dar und vergleicht sie mit dem Ensemblemittel der CMIP6-Modellsimulationen.

Man erkennt in den Daten die stärkste Erwärmung in der Nordhemisphäre über den Kontinenten und der Barentssee im arktischen Ozean sowie die Abkühlung über Teilen Asiens. Die Erwärmung im arktischen Ozean steht im Zusammenhang mit der arktischen Eisschmelze. Erkennbar ist, dass die Modelle die Temperaturänderungen in der Arktis zwar qualitativ wiedergeben, aber in

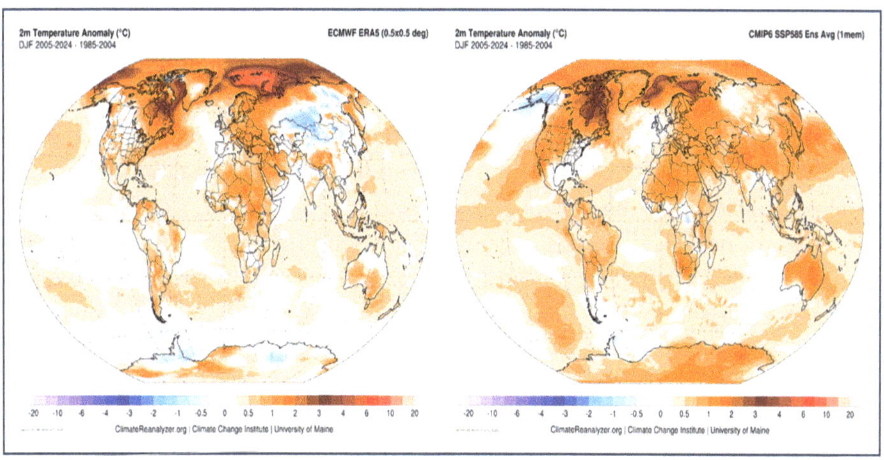


**Abb. 7.2** Änderungen der 2 m-Lufttemperatur (K) der Zeiträume „2005–2024 minus 1985–2004" aus ERA5-Daten (links) und CMIP6-Modellsimulationen des SSP585 Szenarios (rechts) für Winter (Dezember-Februar). (Quelle: Climatereanalyzer.org)

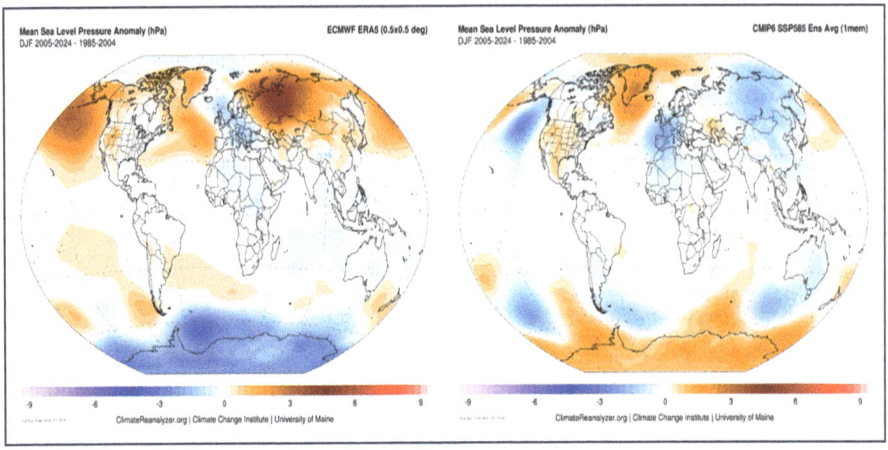


**Abb. 7.3** Änderungen des Bodenluftdrucks (hPa) der Zeiträume „2005–2024 minus 1985–2004" aus ERA5-Daten (links) und CMIP6-Modellsimulationen (rechts) für Winter (Dezember–Februar). (Quelle: Climatereanalyzer.org)

den einzelnen Regionen deutliche Unterschiede aufweisen. Die beobachtete Erwärmung in der Barentssee wie auch die Abkühlung über Asien werden nicht simuliert, und auch in anderen Gebieten bestehen erhebliche Differenzen.

Abb. 7.3 stellt die Klimaveränderungen der letzten 20 Jahre 2005–2024 im Vergleich zum Zeitraum 1985–2004 anhand der Änderungen der Bodenluftdruckmuster des Winters für die ERA5-Daten und CMIP6- Modelle dar. Man erkennt in den ERA5-Daten im Winter der Nordhemisphäre höheren Druck über dem Ural, der einer Verschiebung des Kältehochs über Sibirien nach Westen entspricht, die in den Modellsimulationen nicht erkennbar ist. Die beobachtete Druckerhöhung mit einer Abschwächung des Aleutentiefs wird in den Modellen nicht wiedergegeben, diese simulieren ganz im Gegenteil dessen Verstärkung. Die beste Übereinstimmung findet man über Grönland, wo Daten und Modelle ein stärkeres Hoch aufweisen. Über Europa verstärkt sich in den Daten der Tiefdruck über Mitteleuropa, wodurch wärmere Luft aus dem Mittelmeerraum nach Südosteuropa herangeführt wird. In den CMIP6-Simulationen tritt diese Tiefdruckverstärkung aber westlicher über Spanien und Frankreich auf. In der Südhemisphäre verstärkt sich in den Daten die Tiefdruckrinne mittlerer Breiten, während diese sich in den Modellsimulationen abschwächt.

Abb. 7.4 stellt die Klimaveränderungen der letzten 20 Jahre 2005–2024 im Vergleich zum Zeitraum 1985–2004 anhand der Änderungen der Bodenluftdruckmuster des Sommers für die ERA5-Daten und CMIP6-Modellsimulationen dar. Im nordhemisphärischen Sommer werden die beobachteten Änderungen der Luftdruckmuster nur unzureichend simuliert. Im nordhemi-

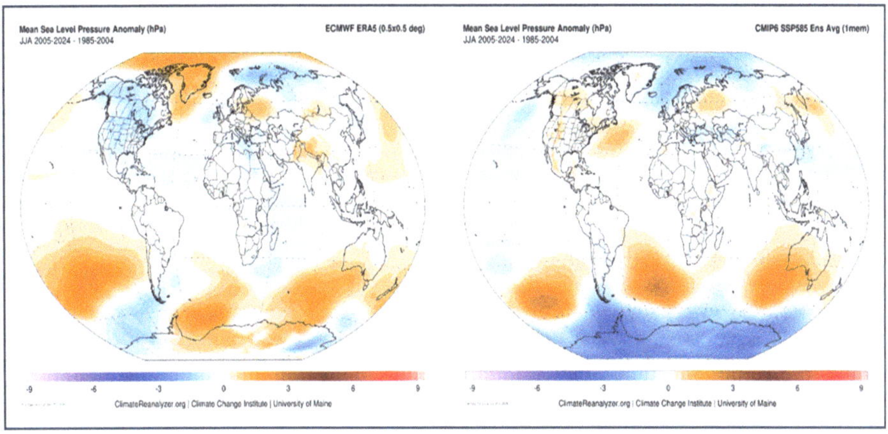


**Abb. 7.4** Bodenluftdruckänderungen (hPa) der Zeiträume „2005–2024 minus 1985–2004" aus ERA5-Daten (links) und CMIP6-Modellsimulationen (rechts) für Sommer (Juni–August). (Quelle: Climatereanalyzer.org)

sphärischen Sommer verstärkt sich das Grönlandhoch sowohl in den Daten und Modellen, aber große Differenzen treten über Sibirien und dem Pazifik auf. Im südhemisphärischen Winter intensiviert sich in den Modellen das antarktische Höhenhoch, während es sich in den Daten abschwächt.

Während die Daten ein stärkeres Hoch über Südosteuropa zeigen, liegt dieses in den Modellen zu weit nördlich. Auch in der kanadischen Arktis und über dem Atlantik divergieren die Musteränderungen deutlich. Deshalb muss man bei den mit Modellen erstellten Klimaszenarien vorsichtig sein und darf sie nicht als Blaupause für alle Regionen verwenden. Man erkennt in den Daten die starken Erwärmungsmuster der Arktis und über den Kontinenten der Nordhemisphäre, die durch die Modelle qualitativ gut beschrieben werden. Differenzen bestehen besonders über Asien mit einer beobachteten Abkühlung, die die Modelle nicht simulieren.

Die beobachteten und modellierten Änderungen des Bodenluftdrucks im europäischen Sommer während der letzten 20 Jahre sind in Abb. 7.5 vergrößert dargestellt und zeigen die erheblichen Diskrepanzen, die Konsequenzen für regionale Klimaanomalien haben. Die Bodenluftdruckmuster verdeutlichen die dynamischen Unterschiede in den Temperaturverteilungen. In den Daten erfolgt eine Druckzunahme mit einem Sommerhoch über Skandinavien und Westrussland, während dieses in den CMIP6-Simulationen für das dargestellte SSP Szenario 585 zu schwach ist und zu weit östlich liegt. Zudem tritt in den Modellen eine Druckabnahme bei Island auf, die in den ERA5 Daten nicht existiert. Die europäischen Änderungen der Bodenluftdruckmuster im Sommer und Winter im Zeitraum „2005-2024 minus

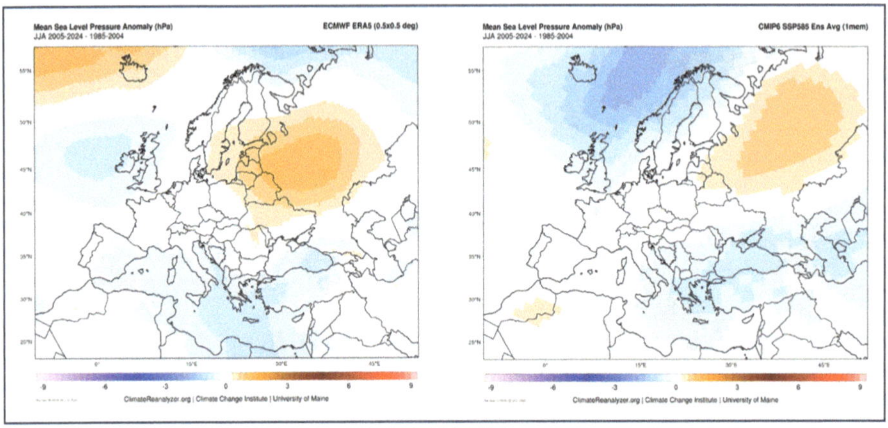


**Abb. 7.5** Bodenluftdruckänderungen (hPa) Europas der Zeiträume „2005–2024 minus 1985–2004" aus ERA5-Daten (links) und CMIP6-Modellsimulationen (rechts) für Sommer (Juni–August) unter dem Szenario SSP585. (Quelle: Climatereanalyzer.org)

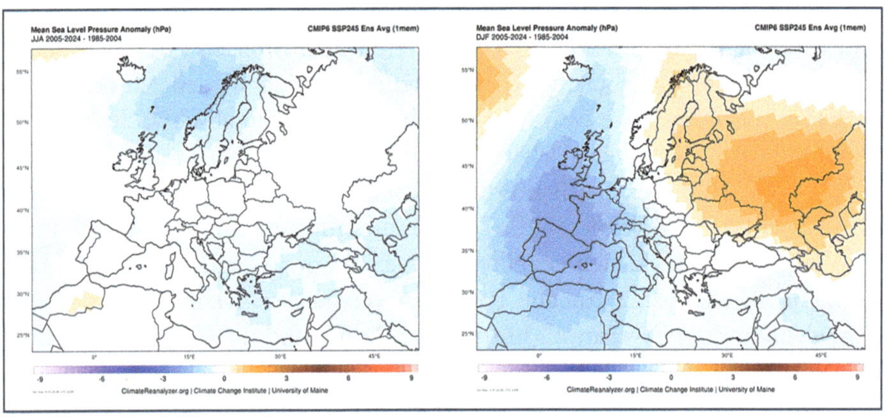


**Abb. 7.6** Bodenluftdruckänderungen (hPa) Europas der Zeiträume „2005–2024 minus 1985–2004" aus den CMIP6-Modellsimulationen für Sommer (links) und Winter (rechts) für das Klimaszenario SSP245. (Quelle: Climatereanalyzer.org)

1985-2004" sind in Abb. 7.6 für das schwächere Klimaszenario SSP245 dargestellt. Der Vergleich dieser CMIP6 Bodenluftdruckänderungen mit den ERA5-Daten in Abb. 3.7 lässt für Winterbedingungen eine etwas bessere Übereinstimmung mit dem Klimaszenario SSP245 erkennen. Im Sommer treten im SSP245 Szenario dagegen schwächere Luftdruckdifferenzen auf, die durch das in Abb. 7.5 (rechts) dargestellte SSP585 Szenario etwas besser beschrieben werden können.

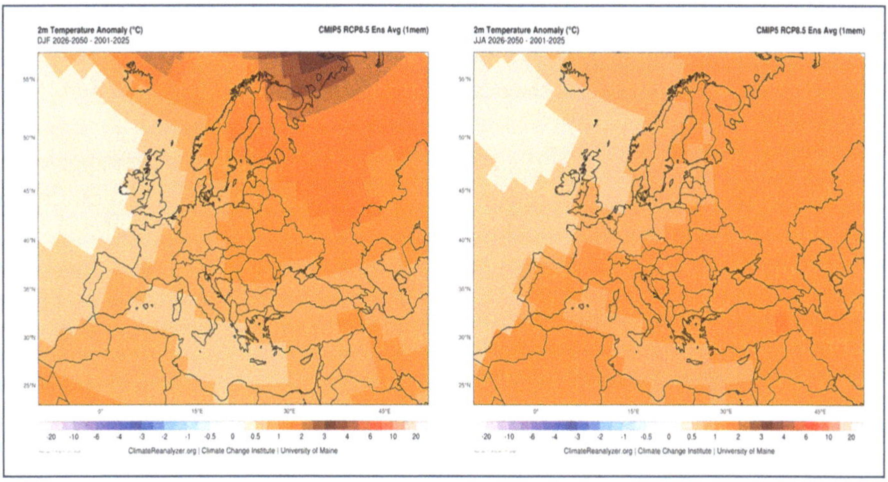


**Abb. 7.7** Lufttemperaturänderungen (K) in 2 m Höhe für den Zeitraum „2026–2050 minus 2001–2025" für Winter (links) und Sommer (rechts) aus CMIP5 RCP8.5-Modellsimulationen. (Quelle: ClimateReanalyzer.org)

Die möglichen zukünftigen Temperaturänderungen Europas im Zeitraum 2026–2050 sind in Abb. 7.7 für Winter und Sommer auf der Basis der CMIP5-Klimaszenarien RCP8.5 dargestellt. Van Vuuren et al. (2026) analysierten die Plausibilität der von O'Neill et al. (2016) benutzten Klimaszenarien, die auf der Vorgabe von $CO_2$ Konzentrationen basierten und schlagen stattdessen für die zukünftigen CMIP7 Simulationen emissionsgetriebene Szenarien in Erdsystemmodellen mit gekoppeltem Kohlenstoffkreislauf vor. CMIP5 Szenarien zeigen die stärkste Erwärmung im Winter über dem arktischen Ozean und Nordeuropa und im Sommer über Südosteuropa. Diese Erwärmungen resultieren aus den in Abb. 3.8 beschriebenen Bodenluftdruckänderungen als Folge einer verstärkten positiven Phase der Nordatlantischen Oszillation (NAO). Brasseur et al. (2023) haben mit einem regionalen Klimamodell eine Regionalisierung verschiedener globaler Klimaszenarien für Deutschland durchgeführt. Der Klimawandel in Mitteleuropa und Deutschland wird zu höheren Temperaturen in allen Jahreszeiten, erhöhten Niederschlägen im Winter und geringeren Niederschlägen im Sommer führen.

Mit diesen Veränderungen gehen eine Zunahme von Hitzewellen und extremeren Winterniederschlägen sowie ein erhöhtes Risiko für meteorologische Dürren im Frühjahr und Sommer einher. Das Ausmaß dieser Veränderungen hängt von den zukünftigen anthropogenen Treibhausgasemissionen ab, wie sie in den RCP-Szenarien angenommen werden. Die regionale Klimareaktion der mittleren Breiten wird durch eine hohe intern generierte Variabilität bestimmt, weswegen die Ausbildung von Niederschlägen und meteorologischen Dürren sehr unsicher ist. Die thermodynamischen Änderungen werden durch die Modelle zudem erheblich besser simuliert als die dynamischen Veränderungen.

Nationale Klimaszenarien, die aus den CMIP6-Modellszenarien abgeleitet wurden, dienen als Grundlage für die sozio-ökonomische Politikgestaltung der Zivilgesellschaft zur Entwicklung von Anpassungsstrategien für lokale Behörden und Kommunen, wie den Wassersektor, die Trinkwasserversorger, Industrie und Landwirtschaft, vgl. van der Wiel et al. (2024). Die beschworene Klimakatastrophe wird in mittleren Breiten vergleichsweise milde ausfallen und auch vorteilhafte Wirkungen entfalten. Sie wird zu geringeren Heizkosten im Winter, wärmeren Sommern an der Ostsee und dort zu Verhältnissen wie an der Mittelmeerküste führen.

## Literatur

Arrhenius, S., 1896. On the influence of carbonic acid in the air upon the temperature of the ground. The London, Edinburgh and Dublin Philosophical Magazine and Journal of Science 5, 237–276.

Aßmann, R., 1902. Über die Existenz eines wärmeren Luftstromes in der Höhe von 10 bis 15 km. Sitzungsbericht der Königlich-Preußischen Akademie der Wissenschaften zu Berlin, Sitzung der physikalisch-mathematischen Klasse vom 1. Mai 1902, XXIV, 1–10.

Brasseur G. et al., 2023. Klimawandel in Deutschland. Entwicklung, Folgen, Risiken und Perspektiven. Springer. 527 S.

Calendar, G. S., 1938. The artificial production of carbon dioxide and ist influence on temperature. Quart. J. Royal Met. Soc. 64, 223–240.

Farman, J. C. et al., 1985. Large losses of total ozone in Antarctica reveal seasonal ClOx/NOx interaction. Nature 315, 207–210, https://doi.org/10.1038/315207a0.

O'Neill, B. C. et al.., 2016. The Scenario Model Intercomparison Project (ScenarioMIP) for CMIP6, Geosci. Model Dev. 9, 3461–3482. www.geosci-model-dev.net/9/3461/2016/

Teisserenc de Bort, L. P., 1902. Variantions de la température de l'air libre dans la zone comprise entre 8km et 13km d'altitude. Comptes Rendus de l'Acad. Sci. Paris 134, 987–989.

van der Wiel et al., 2024. KNMI'23 climate scenarios for the Netherlands: Storyline scenarios of regional climate change. Earth's Future 12, e2023EF003983. https://doi.org/10.1029/2023EF003983.

Van Vuuren, D. P., et al., 2026. The Scenario Model Intercomparison Project for CMIP7. Geosci. Model Dev., 19, 2627–2656. https://doi.org/10.5194/gmd-19-2627-2026.

# 8

# Erdsystemmodelle und Voraussagen

**Hinweisfenster**

**Die zeitliche Entwicklung von Prozessen in der Atmosphäre und im Klimasystem folgt nichtlinearen partiellen Differenzialgleichungen, die auf den Primitiven Bewegungsgleichungen der Dynamik sowie den Gesetzen der Thermodynamik basieren. Dadurch existiert ein Satz von Differenzialgleichungen, der in annähernder Form die Wetter- und Klimaentwicklung beschreiben kann. Trotz der zeitlichen Integration der Atmosphäre durch deterministische Bewegungsgleichungen tritt als Folge der Nichtlinearität des Systems und seiner Abhängigkeit von kleinen Änderungen in den Anfangsbedingungen chaotisches und auf längeren Klimazeitskalen unvorhersagbares Verhalten auf. Die dadurch erzwungene Unsicherheit der Klimamodellvoraussagen deckt einen Schleier über die Zukunft. Im Zeitraum 2015–2024 trug interne Variabilität mit 83 % zur Gesamtvariabilität bei. Von 2045 bis 2054 wird dieser Beitrag immer noch bei 34 % liegen. Klimaprojektionen der Zukunft sind somit aufgrund der unvorhersehbaren Entwicklung des Klimasystems weiterhin unsicher.**

## Vorhersagen

Vorhersagen werden für viele Lebensbereiche getroffen und ermöglichen es, die Auswirkungen erforderlicher Handlungen in die Zukunft zu projizieren, um geeignet erscheinende Handlungen in der Gegenwart vorwegnehmen zu können. Im täglichen Leben und bei allen möglichen Handlungsoptionen müssen ständig Entscheidungen und somit auch intuitive Vorhersagen über mögliche zukünftige Auswirkungen getroffen werden. Vorhersagen enthalten im Gegensatz zu Erfahrungen aus der Vergangenheit immer ein großes Maß an Unsicherheit. Diese beruht auf der Tatsache, dass die Zeit eine Richtung


K. Dethloff, *Klimahybris*, https://doi.org/10.1007/978-3-662-73324-0_8

hat. Während der Raum isotrop ist und jede Richtungskoordinate die gleichen Eigenschaften hat, ist die Zeit asymmetrisch. Dadurch unterscheiden sich Vergangenheit und Zukunft, denn die Vergangenheit steht unveränderlich fest, während eine ungewisse Zukunft beeinflusst werden kann. Alle bekannten physikalischen Gesetze sind zeitlich symmetrisch, sodass es keinen Grund für eine Richtung der Zeit gibt. Die einzige Ausnahme bildet der zweite Hauptsatz der Thermodynamik, der besagt, dass die Entropie mit der Zeit nicht abnimmt, doch Entropie ist eine statistische Eigenschaft, und das Gesetz gilt nur für makroskopische Ensembles.

Die Richtungsabhängigkeit der Zeit ist somit eine Eigenschaft makroskopischer Systeme und auf Prozesse der nichtlinearen Selbstorganisation zurückzuführen, vgl. Feistel und Ebeling (2011). Das Paradigma der Selbstorganisation spielt eine wesentliche Rolle für das Verständnis der nichtlinearen Komplexität der Welt und die sich dabei bildenden komplexen Strukturen auf unterschiedlichen Zeitskalen. Selbstorganisation erfolgt bei überkritischen Abständen vom thermodynamischen Gleichgewicht und erfordert die Zufuhr hochwertiger Energie. Dem System muss wertvolle Energie zugeführt und wertlose Energie entzogen werden. Als quantitatives Maß für den Wert von Energie bzw. für den Grad von Unordnung benutzen Physiker den Begriff *„Entropie“*. Zeitliche Entwicklung und Evolution sind auf Prozesse der nichtlinearen Selbstorganisation und eine Kette von Selbstorganisationsprozessen mit verschiedenen Zyklen zurückführbar. Die Übergänge zwischen den Zyklen stellen im mathematischen Sinne Bifurkationen dar. Sempf et al. (2007) entdeckten die Existenz derartiger Bifurkationen in einem spektralen Atmosphärenmodell. Physikalisch gesehen zeigen Bifurkationen Analogien zu den Phasenübergängen der Thermodynamik. In der Nähe dieser Übergänge treten starke Fluktuationen, lange Relaxationszeiten, weitreichende räumliche und zeitliche Korrelationen und multiple Strukturen mit Rauschspektren auf.

Weßling (2025) beschreibt, dass in allen Nicht-Gleichgewichtssystemen Prozesse ablaufen, die durch nichtlineare Gleichungen beschrieben werden. Diese Prozesse stehen untereinander in vielfältigen Wechselwirkungen, die zu extrem komplexem Verhalten und Lösungsverzweigungen, sog. Bifurkationen führen. Dadurch ist nicht vorhersehbar, wie sich derartige Systeme letztendlich verhalten, denn ihre Entwicklung kann unvorhersehbar und plötzlich einen anderen Verlauf nehmen. Der Verlauf von Evolutionsprozessen sowohl in der Natur wie der Gesellschaft ist weder von *„göttlicher Weitsicht“* noch von globalen Strategien geprägt, sondern von dem ständigen ziellosen Vortasten in einem hochdimensionalen Zustandsraum auf der Suche nach kleinen lokalen Vorteilen. Jeder Evolutionsschritt auf der Zeitachse stellt immer ein neues *„Experiment“* dar, wenn auch keines, das unter kontrollierten Laborbedingungen abläuft. Die Verläufe solcher Experimente muss man als historische Unikate betrachten und auswerten. Bei gesellschaftlichen Prozessen wird diese Maxime jedoch politischen Vorurteilen, religiösen Dogmen und ökonomischen Interessen geopfert. Die sich immer weiter vertiefenden Disproportionen auf dem Planeten Erde sind das Resultat einer ungebremsten Selbstorganisation und einer unkontrollierten Instabilität der menschlichen Gesellschaft. Jegliche Planung ersetzt durch Ausprobieren und *„Trial und Error"* den Zufall durch den Irrtum. Eine Welt ohne Zielvorstellungen entwickelt unter dem Einfluss zufälliger Schwankungen immer höhere Komplexität und immer raffiniertere Konstruktionen. Deshalb gibt es auch keine *„Theory of Everything"*.

Wissenschaftsbasierte Vorhersagen werden in vielen Bereichen der Gesellschaft benötigt. Die wichtigste ist die Wettervorhersage, die auf der numerischen Integration von nichtlinearen Modellgleichungen beruht und mit Beobachtungsdaten initialisiert wird, um realistische Vorhersageergebnisse zu erhalten. In anderen Gebieten wie Medizin, Wirtschaft, Finanzwirtschaft, Technologie, Gesellschaft und Demografie versucht man sich auf empirischer Basis an Prognosen von Krankheitsverläufen, Konjunkturprognosen des Wirtschaftswachstums, Vorhersage von Aktienkursen, Abschätzung von Technologiefolgen und der Bevölkerungsentwicklung. Wissenschaftliche Vorhersagen sind Aussagen oder Annahmen über einen natürlichen Prozess oder ein Ereignis, das in der Zukunft erwartet wird. Dabei stützt man sich auf Beobachtungen aus Vergangenheit und Gegenwart, theoretische und statistische Methoden und numerische Modelle, empirisch erhobene Daten und die Logik. Glaubwürdige Vorhersagen sind schwer zu erstellen, da Systeme in den Sozial- und Naturwissenschaften sehr komplex sind und nichtlineares Verhalten zeigen. Zufällige und oft nicht erkannte Einflussfaktoren beeinflussen die Vorhersagen, und möglichst genaue Daten bestimmen die Güte der Vorhersagen. Trotz ständig verbesserter Methoden und Technologien sind Vorhersagen in komplexen Systemen für längere Zeitskalen extrem problematisch, sehr unsicher und durch hohe Fehlerbalken gekennzeichnet.

Die Atmosphäre stellt ein chaotisches System dar, in dem kleine Fehler des beobachteten Anfangszustandes anwachsen und einen immer stärkeren Einfluss auf die numerische Wettervorhersage ausüben. Da die Anzahl der verfügbaren Beobachtungen begrenzt und diese ungleichmäßig über die Nordhemisphäre verteilt sind, kann der aktuelle Atmosphärenzustand nicht genau genug aus Daten bestimmt werden und beinhaltet Unsicherheiten, die sich in der atmosphärischen Zirkulation von kleinen zu großen Raum- und Zeitskalen ausbreiten. In der Praxis beschränkt dies die detaillierte Wettervorhersage auf etwa eine Woche. Die zeitliche Entwicklung dieses Systems folgt nichtlinearen partiellen Differenzialgleichungen, die auf den Newtonschen Bewegungsgesetzen der Dynamik sowie den Gesetzen der Thermodynamik basieren und das Verhalten der Temperatur und der atmosphärischen Zustandsvariablen bestimmen. Dadurch existiert ein Satz von Differenzialgleichungen, die in annähernder Form die Wetterentwicklung beschreiben können, s. Buizza (2002). Obwohl die zeitliche Entwicklung der Atmosphäre durch bekannte deterministische Bewegungsgleichungen beschrieben werden kann, tritt als Folge der Nichtlinearität des Systems und seiner Abhängigkeit von kleinen Änderungen in den Anfangsbedingungen ein chaotisches und auf längeren Zeitskalen unvorhersagbares Verhalten auf, das als „*Deterministisches Chaos*" die Entwicklung des Klimasystems mitbestimmt.

## Ensemblevoraussagen

Die Abhängigkeit aller Vorhersagen von Unsicherheiten in den Ausgangsbedingungen erfordert es, ein Ensemble von Vorhersagen aus verschiedenen, aber ähnlichen Ausgangsbedingungen durchzuführen. Das Ensemble Prediction System des ECMWF bietet ein praktisches Werkzeug zur Abschätzung, wie sich diese kleinen Unterschiede auf die Prognose auswirken könnten. Das ECMWF-Wettervorhersagemodell wird 51-mal mit geringfügig gestörten unterschiedlichen Ausgangsbedingungen gestartet. Gleichzeitig wird, um den Einfluss von Unsicherheiten in der Modellformulierung zu berücksichtigen, jede Prognose mit leicht unterschiedlichen Modellgleichungen durchgeführt. Die 51 Modellläufe können zu einer Durchschnittsprognose „*Ensemblemittelwert*" oder zu einer kleinen Anzahl alternativer Prognosen-„*Cluster*" zusammengefasst und zur Berechnung von Wahrscheinlichkeiten zukünftiger Wetterereignisse verwendet werden. Die Anfangsbedingungen einer jeden numerischen Integration werden durch Assimilationsverfahren bestimmt, die den Zustand der Atmosphäre unter Berücksichtigung aller verfügbaren Beobachtungen schätzen. Die begrenzte Anzahl von Beobachtungen im Vergleich zu den grossen Freiheitsgraden des Systems und die immer noch schlechte Abdeckung der Arktis und der Ozeane führen immer Unsicherheiten in die Anfangsbedingungen ein. Deshalb ist die Existenz von Unsicherheiten in den Ausgangsbedingungen die erste Quelle von Prognosefehlern.

Eine wichtige Voraussetzung für exakte Vorhersagen besteht darin, dass numerische Modelle in der Lage sind, die dynamischen und thermischen Prozesse der Atmosphäre genau zu simulieren. Leider ist die Beschreibung wichtiger physikalischer Prozesse wie der Turbulenz oder der Strahlung nur mit einer begrenzten Genauigkeit möglich, da deren sub-gridskalige Parametrisierungen nicht exakt sind. Zudem können numerische Modelle diese Prozesse nur mit begrenzten räumlichen und zeitlichen Auflösungen simulieren, was die zweite Quelle von Prognosefehlern bildet. Wettervorhersagemodelle berechnen mit Hilfe von Methoden der Datenassimilation aus einer großen Zahl von ungleichmäßig über die Nordhemisphäre verteilten Satelliten-, Radiosonden- und Bodendaten einen in sich konsistenten Zustand der Atmosphäre, der als Anfangszustand für die Integration der numerischen Vorhersage dient. Prognosefehler der Modelle, Fehler in den Anfangsbedingungen, in den Modellgleichungen und unsichere numerische Parametrisierungen auf den kleinsten Skalen führen dazu, dass sich Wettervorhersagen mit zunehmender Integrationszeit verschlechtern und sich immer mehr vom realen Verhalten der Atmosphäre entfernen. Diese Divergenz kann man nur durch wiederholte Re-Initialisierung der Modelle mit Daten reduzieren. Anfangsbedingungen beinhalten stets Unsicherheiten, wodurch zwei Initialzustände zu unterschiedlichen Vorhersagen führen. Lorenz (1963) zeigte, dass die Atmosphäre sich wie ein angetriebenes dissipatives System verhält, was mit begrenzter Vorhersagbarkeit einhergeht und dass sich diese Eigenschaft auch auf Klimavoraussagen erstreckt.

In der Modellierung hat sich eine Hierarchie von Klima- und Erdsystemmodellen herausgebildet, die durch Komplexitätsreduktion und Vereinfachung der Realität versucht, fundamentale Mechanismen und Prozesse zu analysieren und zu verstehen, s. Schneider und Dickison (1974). Diese Hierarchie umfasst eindimensionale Konvektions- und Energiebilanzmodelle, zweidimensionale Statistisch-Dynamische Modelle, niederspektrale dreidimensionale Modelle und komplexe dreidimensionale Zirkulationsmodelle der Atmosphären- und Ozeanzirkulation, s. Dethloff (2022). In dieser Hierarchie werden zum physikalischen Verständnis der Mechanismen auch linearisierte Modelle verwendet. An der Spitze der Modellpyramide stehen die atmosphärischen und ozeanischen Zirkulationsmodelle, die durch Kopplung zu globalen Erdsystemmodellen weiterentwickelt wurden. Sie basieren auf den Bewegungs-, Energie- und Tracergleichungen, benötigen aber Parametrisierungen für wichtige sub-gridskalige Prozesse wie Turbulenz in der Grenzschicht, Wolkenentstehung und Aerosolbildung und beinhalten weitere Tracertransportgleichungen.

Die gekoppelten Atmosphäre-Ozean-Eis-Land-Zirkulationsmodelle stellen das beste verfügbare Instrument zum Verständnis der Ursachen von Klimaänderungen dar. Den Kern der Modelle bilden wie in den Wettervorhersagemodellen die hydro-thermodynamischen Grundgleichungen der theoretischen Physik. Die angekoppelten Modelle für Strahlungsberechnung, Atmosphärenchemie, Hydrologie- und Bodenmodelle mit Vegetation,

Wärme-, Impuls- und, Feuchteaustausch sind theoretisch begründet, aber die unterschiedlichen Kopplungsverfahren bleiben problematisch. Für den Ozean und das Meereis werden ähnliche Module verwendet, inklusive biogeochemischer Stoffkreisläufe, wie den globalen Kohlenstoffkreislauf, die in vielerlei Hinsicht realitätsnaher werden müssen. Während man bei der numerischen Integration von Wettervorhersagemodellen zu einer realen und nachprüfbaren Vorhersage gelangt, gibt es keine Klimaprognosen, denn diese sind nicht verifizierbar. Anfangsfehler in Wettervorhersagemodellen verdoppeln sich innerhalb von etwa fünf Tagen. Saisonale Vorhersagbarkeit ist deshalb in erster Linie auf Signale zurückzuführen, die aus dem Einfluss sich langsam entwickelnder Komponenten des Klimasystems aus dem Ozean und der Landoberfläche auf die Atmosphäre resultieren.

## Erdsystemmodelle

Bei Klimavoraussagen über saisonale bis interannuelle Zeitskalen ist der Anfangszustand der Atmosphäre weniger wichtig als die Initialisierung der Anfangszustände der langsamen Variabilitätsmoden des Klimasystems. Zu diesen gehören Meeresoberflächentemperaturen, Bodenfeuchte, der Wärmegehalt der oberen Ozeanschicht, die Vegetation an der Landoberfläche, die Meereisverteilung und Meereisdicke sowie die Schneebedeckung. Für eine korrekte Initialisierung müssen die an jedem Gitterpunkt definierten abhängigen Variablen die tatsächlichen Bedingungen in der Atmosphäre, im Ozean, im Meereis, auf dem Land und im Boden widerspiegeln, die Positionen von Luftmassen oder Fronten müssen korrekt initialisiert werden. Die Variablen, wie Temperatur, Druck und horizontale Windkomponenten im Atmosphärenmodell müssen dynamisch konsistent sein und den Modellgleichungen entsprechen, weil sonst Initialisierungsschocks auftreten. Durch die Korrektur von Beobachtungen und die Berücksichtigung möglichst vieler Beobachtungen kann ein Teil der internen Variabilitätsunsicherheit numerischer Wetter- und Klimaprognosen vermieden werden. Schneider et al. (2023) beschrieben, wie verbesserte Datenassimilation zu Fortschritten bei der Klimavorhersage führte. Wettervorhersagen sind Vorhersagen der ersten Art und zielen darauf ab, zukünftige Systemzustände bei gegebenen Ausgangsbedingungen vorherzusagen. Die Vorhersagbarkeit der ersten Art ist durch Chaos begrenzt, denn der Anfangszustand der Atmosphäre ist in etwa zwei Wochen vergessen. Eine tägliche Assimilation von Wetterbeobachtungen kompensiert Fehler bei der Darstellung von unaufgelösten Prozessen, indem simulierte Temperaturen in Richtung der Beobachtungen gezwungen und so Verzerrungen in der Energiebilanz des Modells ausgeglichen werden.

Klimavorhersagen sind im Gegensatz dazu Vorhersagen der zweiten Art, die künftige Klimastatistiken angesichts sich entwickelnder Randbedingungen, z. B. sich ändernder Treibhausgasemissionen, vorherzusagen versuchen. Die Vorhersagbarkeit der zweiten Art ist begrenzt, weil das Klimasignal sich durch veränderte Klimastatistiken nur langsam aus der chaotische Hintergrundvariabilität herausheben kann. Um diese langsamen Veränderungen und Klimastatistiken vorherzusagen, muss ein Klimamodell jahrzehntelang in die Zukunft integriert werden, ohne dass es die Möglichkeit gibt, Fehler durch Assimilation von beobachteten Klimazuständen zu kompensieren. Wie Long et al. (2021) zeigen, weisen die CMIP6-Modelle deshalb große Fehler bei der Simulation der Meereisverteilungen auf und überschätzen die Meereiskonzentrationen im Atlantiksektor entlang der Eiskante zum Ende des Sommers. Lehner et al. (2020) und Deser und Phillips (2023) beschreiben die Unsicherheit der Klimamodellsimulationen, die durch *„interne Variabilität"* entsteht. Die interne Variabilität in einem Klimamodell lässt sich am besten anhand einer langen Kontrollsimulation oder eines großen Ensembles abschätzen. Jain et al. (2023) untersuchten ein im Juli 2021 beobachtetes extremes Niederschlagsereignis mit täglichen Niederschlagsmengen von bis zu 150 mm in Deutschland. Die Suche in Klimasimulationen von 1950 bis 2014 nach Niederschlagsextremen ähnlicher Größenordnung wie die beobachteten ergab mehrere Treffer, die in Abb. 8.1 für den simulierten Niederschlag und den Bodenluftdruck dargestellt sind.

Bei diesen Simulationen erreicht die Niederschlagsintensität in den vier benutzten Klimamodellen die in den Beobachtungsaufzeichnungen festgestellten Niederschlagsraten. In allen Fällen treten die extremen Niederschlagsereignisse in den Modellen zusammen mit starken Tiefdruckgebieten auf und ähneln dem beobachteten Ereignis. Man erkennt zugleich die unterschiedlichen Luftdruckverteilungen über Europa mit divergierenden geografischen Positionen der Tiefdruckgebiete und den dadurch bestimmten Niederschlägen. Die Abbildung veranschaulicht eindringlich die Unsicherheit von Niederschlagsprognosen in Modellszenarien. Die unterschiedlichen Simulationen von Tiefdruckgebieten in Klimamodellen bestimmen, wie sich der dekadische mittlere Niederschlag in dieser Region unter einem Emissionsszenario verändern wird. Die Simulation von baroklinen Zyklonen unterscheidet sich in den Klimamodellen erheblich, woraus letztlich auch Modellunterschiede in den planetaren Wellen und Telekonnektionsmustern resultieren.

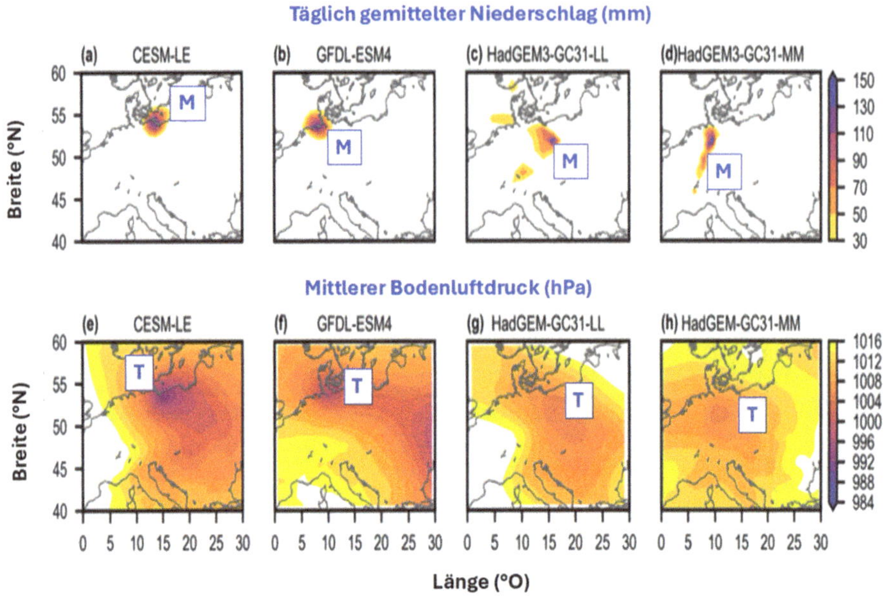


**Abb. 8.1** Simulation von extremen Niederschlägen in Europa in vier verschiedenen Klimamodellen. M steht für Maximum und T für Tiefdruck. Tägliche mittlere Niederschlagsmenge (mm) in Europa für einen ausgewählten Tag zwischen 1950 und 2014 (a–d). Der entsprechende mittlere tägliche Meeresspiegeldruck (hPa) ist in (e–h) dargestellt. (Quelle: Jain et al. 2023. https://doi.org/10.1038/s41612-023-00389-0. CC BY 4.0)

Gentile et al. (2025) haben mit einem globalen Sturmauflösungsmodell in hoher Kilometerauflösung die Auswirkungen eines Anstiegs der Meeresoberflächentemperaturen um 4 K auf Zyklonen in mittleren Breiten der nördlichen Hemisphäre von Januar 2020 bis Januar 2022 untersucht. Ihre Simulationen zeigen bei zunehmender Erwärmung eine Verschiebung der Zyklonenzugbahnen in Richtung Norden. Dabei treten bei einer Erwärmung von 1 K statistisch signifikante Zunahmen der Windgeschwindigkeit und der Niederschläge bis zu 15 % auf. Bis heute unterschätzen Klimamodelle die Häufigkeit von Blockierungslagen über dem euro-atlantischen Sektor, die Zyklonenzugbahnen beeinflussen. Lubis et al. (2025) zeigten zudem, dass Wolkenstrahlungseffekte die Häufigkeit der euro-atlantischen Blockierung erhöhen, denn sie verstärken die diabatischen Wärmequellen von planetarer Wellenaktivität durch langwellige Erwärmung und indirekt durch ihre Rückkopplung auf die latente Erwärmung. Die resultierende Verstärkung der diabatischen Quellen verändert die lokale Wellenaktivität und fördert die Entstehung von Blockierungslagen.

## Unsicherheiten

Abb. 8.2 stellt die Stärke der internen Variabilität, der Modellunsicherheit und der Szenarienunsicherheit auf der Basis der CMIP5-Simulationen für die Dekaden 2015–2024 und 2045–2054 basierend auf Lehner et al. (2020) dar. Die *„Modellunsicherheit"*, entsteht durch strukturelle Unterschiede zwischen den Modellen, wodurch diese unterschiedlich auf externe Einflüsse reagieren. Sie stammen aus den Tuningentscheidungen, die die einzelnen Modellzentren bei der Konstruktion und Abstimmung ihrer Modelle treffen und sind Artefakte der Unvollkommenheit der Modelle. Die *„Szenario-Ungewissheit"*, die Unkenntnis des künftigen Strahlungsantriebs, ergibt sich aus den un-

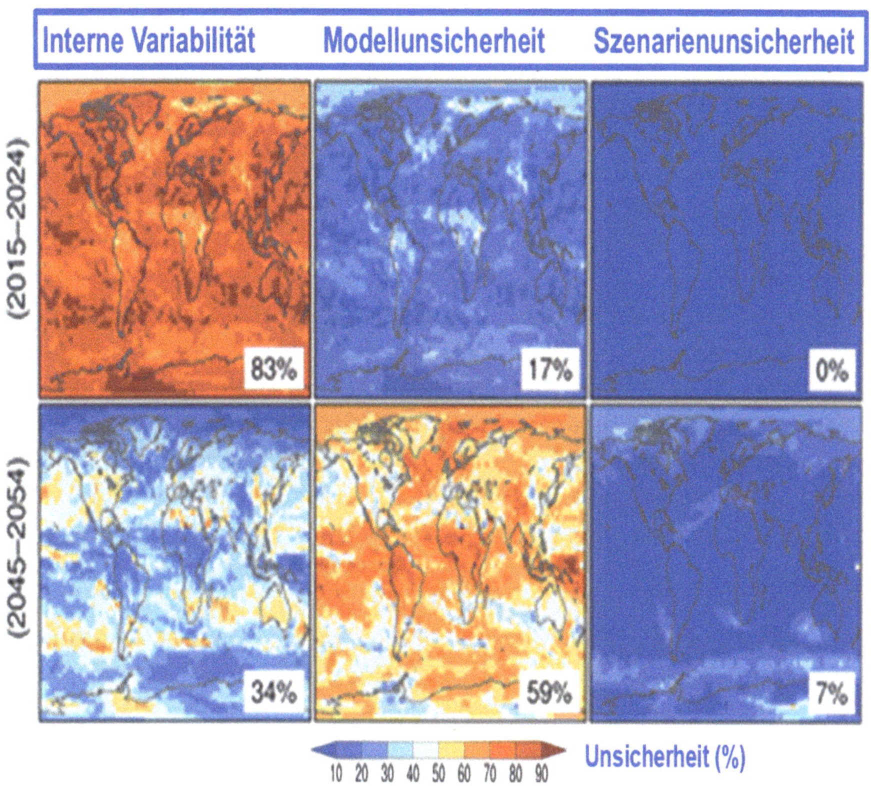


**Abb. 8.2** Anteil der Varianz (%) in den CMIP5-Modellen, der durch die drei Quellen der Unsicherheit (Interne Variabilität, Modellunsicherheit, Szenarienunsicherheit) in den Projektionen der dekadischen mittleren Temperaturänderungen 2015–2024 und 2045–2054 im Vergleich zu 1995–2014 erklärt wird. Die Prozentzahlen geben den globalen Durchschnittswert an. (Quelle: Lehner et al. 2020. https://doi.org/10.5194/esd-11-491-2020. CC BY 4.0)

bekannten künftigen Treibhausgasemissionen als Folge angenommener, aber unvorhersehbarer sozio-ökonomischer Szenarien. Man erkennt in Abb. 8.2, dass in der ersten Dekade die intern generierte Variabilität mit 83 % zur Gesamtvariabilität beiträgt und ab 2045 abnimmt. Im Gegensatz dazu nimmt der Einfluss der Modellunsicherheiten mit der Zeit zu.

Die Prognosen von Niederschlagsänderungen in Klimaszenarien werden durch lokale und regionale Prozesse und Zyklonen beeinflusst, wodurch die Voraussagen sehr unsicher sind und von Modell zu Modell divergieren. Diese Unsicherheit wurde von Deser et al. (2020) am Beispiel des Colorado Rivers in den USA durch Niederschlagsvoraussagen von sieben Modellen aus dem CMIP5-Ensemble quantifiziert. Das Einzugsgebiet des Upper Colorado River, das die größten Stauseen in den USA mit Wasser versorgt, ist ein Beispiel dafür, wie Veränderungen bei Mittelwert und Variabilität ein breites Spektrum an Klimarisiken für das Wassermanagement mit sich bringen. Sieben CMIP5-Modelle liefern unterschiedliche Ergebnisse hinsichtlich der Frage, wie sich der dekadische Niederschlag in dieser Region unter einem Szenario mit hohen Emissionen verändern wird. Die dekadische Variabilität der Niederschläge wird im Durchschnitt um 10 % der Größe der erzwungenen Veränderung zunehmen, aber innerhalb des Modellensembles streuen die Ergebnisse sehr. Diese Simulationen deuten auf eine erhöhte Gefahr von anhaltenden Dürren und Regenperioden hin und könnten in Ermangelung konsistenter Prognosen zur mittleren Veränderung nützliche Informationen für die Verfeinerung von Wassermanagementstrategien liefern. Das Einzugsgebiet des Colorado Rivers befindet sich in einem Breitengrad, in dem die prognostizierten Änderungen der Niederschläge sehr unsicher sind. Dies betrifft die Übergangszone zwischen der erwarteten Austrocknung in den Subtropen und der Abregnung in hohen Breiten. Man erkennt an diesem Beispiel, dass Klimaanpassung sich auf beide Möglichkeiten, Austrocknung und Dürren oder erhöhten Niederschlag vorbereiten muß. Diese Reaktion erfordert finanziell sehr teure Ressourcen, die selbst in einem so reichen Land wie den USA nicht unbegrenzt zur Verfügung stehen werden. Zu einem weiteren wichtigen Unsicherheitsfaktor gehört die thermohaline Umwälzzirkulation des Ozeans, die in Abb. 3.1 angedeutet wurde.

## Atlantische Umwälzzirkulation

Die Erwärmung der Atmosphäre und der oberen Ozeanschichten als Folge steigender Treibhausgasemissionen erschwert die Umwandlung von Oberflächenwasser in arktisches Tiefenwasser, da warmes Wasser leichter ist und daher langsamer absinkt als kaltes Wasser mit größerem Salzgehalt und höherer Dichte. Durch das Abschmelzen des Grönlandeises und die Abnahme des Meereises im Arktischen Ozean gelangt zusätzliches Süßwasser in die Absinkgebiete. Dadurch wird das ozeanische Oberflächenwasser noch leichter und reduziert die Ozeankonvektion im absinkenden Zweig. Klimamodelle zeigen deshalb bis zum Ende des 21. Jahrhunderts im Vergleich zu heute eine um 40 % schwächere Atlantikzirkulation. Die Unterschiede von Modell zu Modell sind jedoch infolge interner Variabilität sehr groß.

Ein potenziell möglicher Zusammenbruch der thermohalinen Umwälzzirkulation des Atlantischen Ozeans (AMOC) wird deshalb weiterhin kontrovers diskutiert. Wenn die AMOC schwächer wird, wird der ozeanische Wärmetransport nach Norden reduziert, was zu einer Abkühlung Nordeuropas führen könnte. Diese würde die atmosphärischen Telekonnektionsmuster der Nordhemisphäre verändern und hätte große Auswirkungen auf die Gesellschaften des Nordens. Nummelin et al. (2026) haben eine aktuelle Einschätzung der wissenschaftlichen Diskussion gegeben. Die AMOC besteht aus zwei Hauptkomponenten. Eine warme und salzige Wasserströmung fließt durch die oberen Schichten des Atlantischen Ozeans nach Norden, bevor sie im subpolaren Nordatlantik in die Tiefsee absinkt. Das dabei entstehende Tiefenwasser bildet eine kalte Strömung, die nach Süden zurückfließt und im Südatlantik und im Indopazifik wieder an die Oberfläche gelangt.

Baker et al. (2025) analysierten Simulationen aus 34 Klimamodellen, um die Stabilität der AMOC in zwei Extremszenarien zu bewerten. Im ersten Szenario wurde der Kohlendioxidgehalt in der Atmosphäre im Vergleich zum vorindustriellen Niveau vervierfacht, während im zweiten Szenario eine große Menge Süßwasser in den Nordatlantik gelangte, wie es beim Abschmelzen des grönländischen Eisschildes der Fall wäre. Baker et al. (2025) stellten fest, dass sich die AMOC in allen Modellen abschwächt, aber durch Aufströmung im Südatlantik aufrechterhalten wird, die durch starke Obeflächenwinde in dieser Region angetrieben wird. Auf der Grundlage dieser Analysen gelangen Baker et al. (2025) zu dem Schluss, dass die Wahrscheinlichkeit eines vollständigen Zusammenbruchs der AMOC im 21. Jahrhundert äußerst gering ist. Diese Erkenntnis widerspricht den Ergebnissen anderer Studien, aber Klimamodelle sind keine perfekten Abbilder der realen Welt und beinhalten viele Schwachstellen, sodass sie die Stabilität der AMOC möglicherweise über- oder unterschätzen. Es ist wissenschaftlicher Konsens, dass sich die AMOC aufgrund der zunehmenden Erwärmung durch steigende Treibhausgasemissionen abschwächen wird, wobei jedoch die Wahrscheinlichkeit einer Abkühlung außerhalb der subpolaren Wirbelregion bis 2100 gering ist.

Derzeit bestehen große Unsicherheiten einerseits darüber, ob die AMOC eine kritische Schwelle überschreiten wird, andererseits über das Ausmaß der globalen Erwärmung oder den Zeitrahmen, in dem dies geschehen könnte. Bis diese Schwellenwerte mit größerer Sicherheit bekannt sind, schlagen Nummelin et al. (2026) einen vorsorglichen Ansatz vor. Jede zusätzliche Erwärmung und das *„Überschreiten"* von 1,5 K erhöht das Risiko eines Zusammenbruchs der AMOC. Daher ist es wichtig, auf Maßnahmen zur Eindämmung des Klimawandels zu drängen, mit denen die Ziele der Dekarbonisierung und der Nettonegativemissionen erreicht werden. Die Zukunft der AMOC ist höchst ungewiss, aber ein Zusammenbruch der AMOC könnte in Nordeuropa extreme Auswirkungen auslösen, die sich von den durch den globalen Klimawandel, insbesondere die Erwärmung der Atmosphäre, zu erwartenden Auswirkungen unterscheiden und ihnen teilweise entgegenwirken. Es ist daher unerlässlich, flexible Strategien zur Anpassung an den Klimawandel zu entwickeln.

## Literatur


Baker, J. A. et al., 2025. Continued Atlantic overturning circulation even under climate extremes. Nature 638, 987–994. https://doi.org/10.1038/s41586-024-08544-0

Buizza, R. 2002. Chaos and weather prediction. Meteorological Training Course Lecture Series ECMWF, 1–27.

Deser C. et al., 2020. Insights from earth system model initial-condition large ensembles and future prospects. Nature Climate Change 10, 277–286. https://doi.org/10.1038/s41558-020-0731-2

Deser, C. und Phillips, A. S., 2023. A range of outcomes: the combined effects of internal variability and anthropogenic forcing on regional climate trends over Europe. Nonlin. Processes Geophys. 30, 63–84. https://doi.org/10.5194/npg-30-63-2023.

Dethloff, K., 2022. Unberechenbares Klima. Ursachen und Unsicherheiten des Klimawandels. Springer. 320 S.

Feistel, R. und W. Ebeling, 2011. Physics of Self-Organization and Evolution. Wiley. 30 S.

Gentile, E. S. et al., 2025. Response of extreme north Atlantic midlatitude cyclones to a warmer climate in the GFDL X-SHiELD kilometer-scale global storm-resolving model. Geo. Res. Lett. 52. e2024GL112570. https://doi.org/10.1029/2024GL112570

Jain, S. et al., 2023. Importance of internal variability for climate model assessment. npj Climate and Atmospheric Science 6, 68. https://doi.org/10.1038/s41612-023-00389-0.

Long, M. L. et al., 2021, Multi aspect assessment of CMIP6 models for Arctic Sea ice simulation. J. Climate 34, 1515–1529. https://doi.org/10.1175/JCLI-D-20-0522.1.

Lehner, F. et al., 2020. Partitioning climate projection uncertainty with multiple large ensembles and CMIP5/6. Earth Syst. Dynam. 11, 491–508. https://doi.org/10.5194/esd-11-491-2020

Lorenz, E. N., 1963. Deterministic non-periodic flow. J. Atmos. Sci. 20, 130–141.

Lubis, S. W. et al., 2025. Cloud radiative effects significantly increase wintertime atmospheric blocking in the Euro-Atlantic sector. Nature Comm. 16, 9763.

Nummelin, A. et al., 2026. A nordic perspective on AMOC tipping: Impacts and strategies for prevention and governance. TemaNord 2026:504. ISBN 978-92-893-8433-9.

Schneider, S, und R. E. Dickinson, 1974. Climate modelling. Rev. Geophysics. https://doi.org/10.1029/RG012i003p00447

Schneider, T. et al., 2023. Harnessing AI and computing to advance climate modelling and prediction. Nature climate change 13, 887–889. https://doi.org/10.1038/s41558-023-01769

Sempf, M. et al., 2007. Toward understanding the dynamical origin of atmospheric regime behavior in a baroclinic model. J. Atmos. Sci. 64, 887–904.

Weßling, B., 2025. Was für ein Zufall! Über Unvorhersehbarkeit, Komplexität und das Wesen der Zeit. Springer Nature. 334 S. https://doi.org/10.1007/978-3-658-46427-1

# 9

# Zirkulationsregime und Klimavariabilität

**Hinweisfenster**

**Die Dynamik der Atmosphäre und des Klimasystems wird durch bekannte Bewegungsgleichungen beschrieben. Diese deterministischen Gleichungen sind nichtlinear, und als Folge der sensitiven Abhängigkeit von kleinsten Unsicherheiten in den Anfangsbedingungen entsteht chaotisches und unvorhersagbares Verhalten, das man als *„Deterministisches Chaos"* bezeichnet. Die daraus resultierende interne Variabilität ist für die Unsicherheiten von Klimamodellszenarien verantwortlich. Die am weitesten entwickelten Klimamodelle simulieren infolge der intern erzeugten Lösungsbandbreite divergierende Ergebnisse zur Erklärung historisch beobachtbarer Klimaänderungen. Dies äußert sich in einem Versagen der Modelle, regionale Trends oder Veränderungen in Telekonnektionsmustern zu erfassen sowie in der Simulation extremer Ereignisse für das regionale Klima. Ein großes Ensemble von langen Simulationen ist erforderlich, um interne Klimavariabilität zu erfassen und Modellmängel zu identifizieren. Wie in der Vergangenheit wird das zukünftige Klima aus dem kombinierten Einfluss externer Antriebe, dem Anstieg der Treibhausgaskonzentrationen, vom Ausstoß von Aerosolen, Vulkanismus und intern erzeugter Variabilität gebildet. Selbst die am besten entwickelten Klimamodelle sind derzeit nicht in der Lage, regionale Zukunftsszenarien ausreichender Qualität für Klimaanpassungsmaßnahmen in Europa zu liefern. Die Assimilation von Klimasystemdaten könnte globale Voraussagen verbessern.**

## Interne Variabilität

Ab Mitte des 20. Jahrhunderts entstanden dank der Fortschritte in der Computertechnik und der numerischen Modellierung die ersten allgemeinen Zirkulationsmodelle der Atmosphäre. Diese Modelle entwickelten sich schnell



K. Dethloff, *Klimahybris*, https://doi.org/10.1007/978-3-662-73324-0_9

in zwei Richtungen weiter. Eine widmete sich der globalen Wettervorhersage auf kurzen Zeitskalen, die andere der Simulation und Vorhersage des längerfristigen Klimas. Letztere spielte in den 1980er-Jahren eine einflussreiche Rolle bei der Bestätigung, dass anthropogene Treibhausgasemissionen das Klima erwärmen. Diese Entdeckung führte zur Verleihung des Nobelpreises für Physik 2021 an Syukuro Manabe und Klaus Hasselmann. Die von beiden mitbegründeten Klimamodelle haben die Ursachen und das Verständnis der globalen Erwärmung gefestigt und es ermöglicht, Veränderungen im Klimasystem zu verstehen.

Die Erdsystemmodelle (ESMs) haben sich in den letzten Jahrzehnten hinsichtlich ihrer Komplexität stark verbessert, da sie nicht nur die physikalischen Aspekte des Klimasystems simulieren, sondern auch die biogeophysikalischen und chemischen Aspekte des vollständig gekoppelten Systems aus Atmosphäre, Ozean, Land, Meereis und Landeis. Die Verwendung von Simulationen, die von unterschiedlichen Ausgangsbedingungen ausgehen, aber mit einem einzigen Klimamodell und identischen externen Antrieben erstellt wurden, haben die Bedeutung der natürlichen Variabilität als Quelle der Unsicherheit in regionalen Klimaprognosen deutlich gemacht. Im Klimasystem besteht die Notwendigkeit, das gesamte globale Klimasystem im Ensemblemodus und Atmosphäre und Ozeane mit Auflösungen auf der Kilometerskale für Zeiträume von Tagen, Wochen, Jahrzehnten bis Jahrhunderten zu simulieren. Dies ist infolge der wechselseitigen Wechselwirkungen zwischen großen und kleinen Skalen erforderlich, die durch eine nichtlineare Energie- und Enstrophiekaskade verbunden sind. Wetter und Klima bilden ein Kontinuum beidseitig verbundener Energiekaskaden von den kleinsten Skalen bis zur planetaren Zirkulation. Die Dynamik der Atmosphäre und die des Klimasystems werden durch bekannte Bewegungsgleichungen beschrieben, die eine eindeutige Vorhersage der zukünftigen Systementwicklung erlauben sollten. Diese deterministischen Gleichungen sind aber nichtlinear und als Folge der sensitiven Abhängigkeit von kleinsten Unsicherheiten in den Anfangsbedingungen entsteht ein chaotisches und unvorhersagbares Verhalten, das man *„Deterministisches Chaos"* nennt. Das deterministische Chaos und die daraus resultierende interne Variabilität sind für die Unsicherheiten von Klimamodellszenarien verantwortlich und in Abb. 9.1 exemplarisch dargestellt.

Jedes Atmosphären- oder Klimamodell entwickelt nach 20 bis 30 Tagen Simulationszeit durch nichtlineare chaotische Dynamik erst kleine und dann größer werdende Abweichungen und eine Lösungsbandbreite als Folge intern generierter Variabilität, die aus prinzipiellen Gründen nicht reduziert werden kann. Diese Eigenschaft der Atmosphäre ist durch die Arbeiten von Lorenz

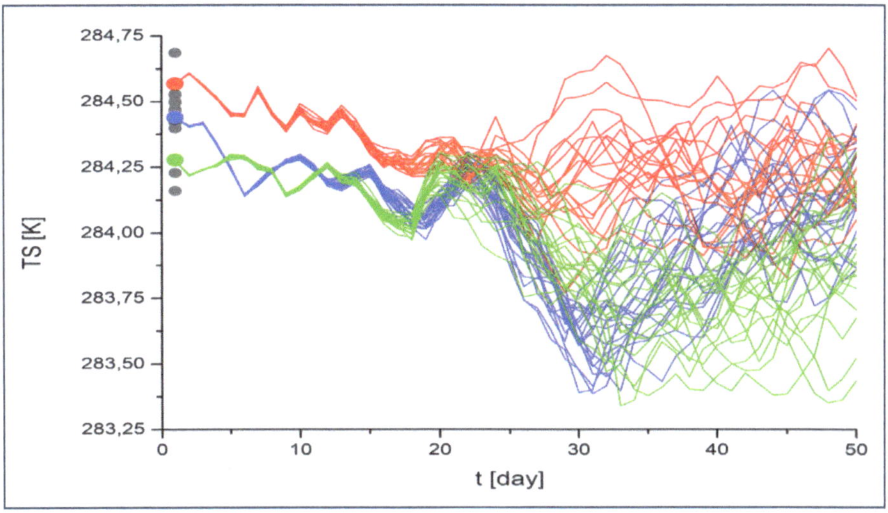


**Abb. 9.1** Ein Ensemble von jeweils 20 Modellsimulationen wird am 1. Januar 1960 mit fast identischen Anfangswerten der Temperatur aus dem roten, dem blauen und grünen Anfangswert gestartet, wobei die jeweiligen Anfangswerte (rot, blau, grün) sich nur geringfügig in der Größenordnung von $10^{-5}$ K unterscheiden. (Quelle: Herein et al. (2023). https://doi.org/10.3389/feart.2023.1267473. CC BY 4.0)

(1963) bekannt und wurde von Herein et al. (2023) für das Klimamodell PlaSim analysiert. Die kleinen Störungsunterschiede der Anfangsbedingungen in Abb. 9.1 erzeugen eine Ensemblespreizung, sobald die Erinnerung an den Anfangszustand verloren gegangen ist, was durch die drei unterschiedlichen Farben symbolisiert wird. Die Divergenz der Lösungen erfolgt innerhalb von 20 bis 30 Tagen für die Atmosphäre und innerhalb von Jahrzehnten für den Ozean. Die daraus resultierende Bandbreite der Simulationen der Zukunft in Abb. 9.1 ist auf interne Variabilität durch „Deterministisches Chaos" zurückzuführen, die auf längeren Zeitskalen Änderungen in den bevorzugten Zirkulationsregimen und Fernverbindungsmustern der Atmosphäre bewirken.

State-of-the-art-Klimamodelle simulieren infolge der intern erzeugten Lösungsbandbreite divergierende Ergebnisse zur Erklärung historisch beobachtbarer Klimaänderungen. Sie sind auch nicht in der Lage, belastbare regionale Zukunftsszenarien für Klimaanpassungsmaßnahmen in Europa zu liefern. Die Wettervorhersage auf Basis der Vorhersagbarkeit der Anfangsbedingungen zeigt, dass interne Variabilität aus kleinen räumlichen und zeitlichen Skalen entsteht und sich auf globale und dekadische Skalen ausweitet. Klimadaten spiegeln nicht nur eine Reaktion auf externe Einflüsse wider, die auf die Energiebilanz der Erde wirken, wie Veränderungen der astronomischen Umlaufbahnparameter, der Sonneneinstrahlung, der

Treibhausgaskonzentrationen oder des Aerosolgehalts. Sie enthalten auch Schwankungen, die Ausdruck einer einzigartigen Realisierung der internen Variabilität sind. „*Einzigartig*" bedeutet hier, dass es sich nur um eine von vielen möglichen und gleichermaßen plausiblen Realisierungen handelt, die hätten auftreten können. Interne Variabilität führt zu einer nicht reduzierbaren Unsicherheit der zukünftigen Klimaprojektionen. Dabei kann interne Variabilität die regionale Klimareaktion auf externe Einflüsse wie industrielle Treibhausgasemissionen, Abbau der Ozonschicht in der Stratosphäre und Vulkanausbrüche maskieren und verschleiern. In Regionen mittlerer Breiten können die durch interne Prozesse verursachten Klimatrends in den letzten 60 Jahren diejenigen überwiegen, die auf anthropogene Einflüsse zurückzuführen sind.

Abb. 9.2 stellt beispielhaft die Entwicklung der NAO-Phasen von 1948 bis 2025 für den Winter im Bodenluftdruck dar und zeigt die chaotischen Schwankungen zwischen negativen und positiven Phasen. Dabei erkennt man die Tendenz zu häufigeren positiven Phasen seit den 1980er-Jahren. Intern erzeugte multi-dekadische Trends resultieren nicht nur aus langsamen Prozessen innerhalb des Ozeans oder des gekoppelten Ozean-Atmosphären--Systems. Auch zufällige Fluktuationen in der atmosphärischen Zirkulation, die unabhängig von ozeanischen Einflüssen sind, beeinflussen langfristige Niederschlags- und Temperaturtrends über Nordamerika und Eurasien. Bordoni et al. (2025) fordern die Verbesserung von Vorhersagen durch Fortschritte im theoretischen Verständnis und in der Darstellung physikalischer Prozesse.

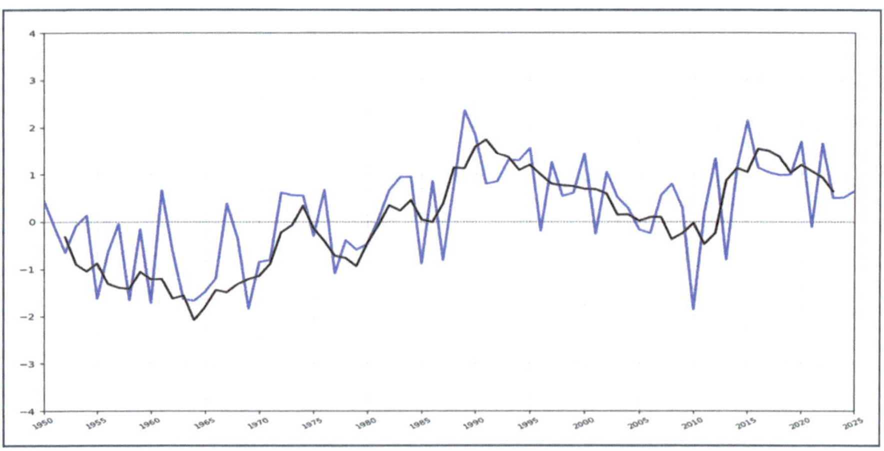


**Abb. 9.2** Positiver und negativer Index der winterlichen NAO-Phase im Bodenluftdruck von 1948 bis 2025. (Quelle: https://psl.noaa.gov/cgi-bin/data/climateindices)

## Musterverschiebungen

Der Klimamodellierung stehen zur Validierung satellitengestützte Beobachtungsdaten und in-situ-Messungen sowie Re-Analysedaten zur Verfügung. Dadurch hat man einen Überblick über den regionalen Klimawandel der letzten 40 Jahre. Dabei offenbart sich eine erhebliche zeitliche und räumliche Variabilität der Atmosphäre mit ständigen Verschiebungen der großskaligen Zirkulationsmuster. Diese sind für die unterschiedlichen Zeitfenster 1995–2024, 1991–2020 und 1987–2016 im Vergleich zu den entsprechenden Klimamitteln in Abb. 9.3 dargestellt sind.

Man erkennt die räumlichen Verschiebungen der dominierenden Hoch- und Tiefdruckgebiete auf der interannuellen Zeitskale. Die Veränderung der regionalen Ausprägung der NAO-Muster über Europa in der positiven Phase mit den Tiefdruckanomalien und Hochdruckanomalien verdeutlicht eine hohe räumliche Variabilität. In den ersten zwei Zeitscheiben dominiert die positive NAO-Phase, während sich die Telekonnektionsmuster in der letzten Zeitscheibe 1995–2024 deutlich umgestellt haben. Das rechte Fenster der Abb. 9.3 zeigt über dem nördlichen Europa das skandinavische Telekonnektionsmuster SCAND mit einer positiven Anomalie über der Barentssee und einer negativen Anomalie über Westrussland, das sich in der letzten Zeitscheibe verstärkt. Li et al. (2025) analysierten Abkühlungsepisoden in Re-Analysen seit 1901 und in Large-Ensemble-Modellsimulationen des amerikanischen CESM2 und identifizierten zwei atmosphärische Regime als Modulatoren der eurasischen Abkühlung: das skandinavische Muster SCAND und die Nordatlantische Oszillation NAO. Ein positiver SCAND-Trend, der durch arktische Meereisabnahme bestimmt wird, verstärkt die eurasische Abkühlung,

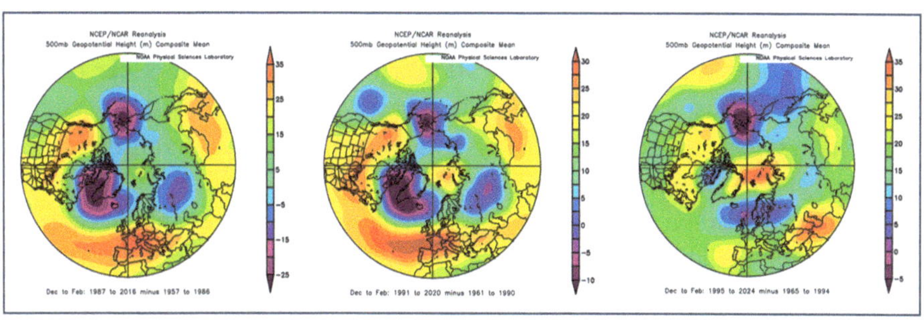


**Abb. 9.3** Änderungen der 500 hPa-Geopotenzialhöhen (m) des Winters (Dezember–Februar) in den je 30 Jahre umfassenden Zeitscheiben 1987–2016, 1991–2020 und 1995–2024 im Vergleich zu den jeweiligen 30-jährigen Klimamitteln. (Quelle: https://psl.noaa.gov/cgi-bin/data)

und der NAO-Trend modifiziert das Ausmaß der Abkühlung. Die in Abb. 9.3 dargestellten beobachteten Änderungen der Telekonnektionsmuster manifestieren somit eine ausgeprägte intern generierte Variabilität.

Die bisher unzureichende Auflösung der globalen Modelle erlaubt nur begrenzte Informationen auf der regionalen Ebene, die von verschiedenen Stakeholdern und Interessengruppen benötigt werden. Bordoni et al. (2025) fordern deshalb eine globale hohe Auflösung der Klimamodelle auf der Kilometerskale, wofür die numerischen Verfahren im nicht-hydrostatischen Bereich verbessert werden müssen. Nicht-hydrostatische Simulationen mit horizontalen Gitterauflösungen von einem Kilometer erlauben es, vertikale Impulsflüsse durch Schwerewellen zu berechnen und das Schwerewellenspektrum zum großen Teil explizit zu modellieren. Dies könnte die bisherigen fehlerbehafteten Schwerewellenparametrisierungen und ihre Kopplung mit den atmosphärischen Windsystemen verbessern. Auch bisher durch vereinfachte Parametrisierungen beschriebene Prozesse wie Konvektion, mesoskalige Ozeanwirbel, Orografie, Land- und Meereisheterogenitäten könnten explizit simuliert werden.

Aerosolbildung, Wolkenmikrophysik und biogeochemische Prozesse werden aber auch weiterhin Parametrisierungen benötigen. Die Kalibrierung und das Tuning wichtiger Schlüsselparameter bleibt deshalb auch in hochauflösenden Modellen eine schwierige Aufgabe. Lehner und Deser (2023) erklären interne Klimavariabilität durch Fluktuationen, die in einem nichtlinearen dynamischen System auftreten, selbst wenn dieses System abgeschlossen ist und keine Änderungen der äußeren Einflüsse stattfinden. Prozesse wie feuchte Konvektion in den Tropen werden als Ausgangspunkte für interne Variabilität betrachtet, die zum Fehlerwachstum in der Wettervorhersage führen. Diese wirken sich auf die größeren Skalen aus und beeinflussen auch barokline Zyklonen in den Extratropen.

Von Dethloff et al. (1998) wurden die Zeitskalen und Perioden eines vereinfachten nichtlinearen Atmosphärenmodells anhand der 500 hPa--Stromfunktion bei Integration über 10.000 Jahre analysiert, bei der der externe Antrieb konstant gehalten wurde und Änderungen nur durch interne Variabilität entstehen können. Das System generiert durch dynamische Rückkopplungen ein großes Spektrum unterschiedlicher Zeitskalen. Die dominierenden Mechanismen, die die langfristige Klimavariabilität erzeugen, werden intern durch Instabilitäten und Nichtlinearitäten auf kurzer Zeitskala angetrieben, die mit großräumigen atmosphärischen Prozessen im Zusammenhang mit der Orografie verbunden sind. Die großen Gebirge spielen eine wichtige Rolle bei der Auslösung barokliner Instabilitätsprozesse. Energieaustausch- und Kompensationsprozesse zwischen der zonalen Strömung, baroklinen und planetaren Wellen erzeugen ein Frequenzspektrum, bei dem ein großer Teil der Varianz auf die Zeitskale von Jahrzehnten und Jahrhunderten konzentriert ist. Es treten bevorzugte atmosphärische Zeitskalen von 30 bis 50 Jahren auf, die im Wavelet-Spektrum statistisch signifikant sind. Diese verdeutlichen, dass das betrachtete Atmosphärensystem ohne Änderung in den externen Randbedingungen dekadische Klimavariabilität erzeugen kann.

Die Mechanismen der Entstehung atmosphärischer Zirkulationsregime wurde von Itoh und Kimoto (1996) und Sempf et al. (2007) identifiziert und als „*Chaotisches Wandern auf Attraktorruinen*" bezeichnet. Ein Attraktor ist der Zustand des Klimasystems, den das durch deterministische Bewegungsgleichungen beschriebene dynamische System zeitlich ansteuert. Atmosphärische Zirkulationsregime werden durch die Attraktoren klassifiziert, die im Atmosphärenmodell von Sempf et al. (2007) Ähnlichkeit mit beobachteten positiven und negativen Phasen der Arktischen und Nordatlantischen Oszillation zeigen. Bei Änderung von externen Antriebsparametern wie der Reibung und unter dem Einfluss barokliner Instabilitätsprozesse können die zuvor separat existierenden Attraktoren sich nach einer Kaskade von Bifurkationen (einer sog. Hopf-Bifurkation) zu einer Attraktorruine vereinigen. Daraus resultieren abrupte Zirkulationsänderungen der Arktischen und Nordatlantischen Oszillation mit einem zeitlich begrenzten Vorhersagezeitraum und unterschiedlichen Verweilzeiten in den verschiedenen NAO-Phasen. Dekadische Variabilität kann somit teilweise aus der intern generierten nichtlinearen Dynamik der Atmosphäre resultieren und ändert Telekonnektionsmuster auf interannuellen und dekadischen Zeitskalen, die durch barokline Instabilität modifiziert werden.

Handorf et al. (2009) und Handorf und Dethloff (2009) bestimmten in einem gekoppelten Klimamodell mit grober Auflösung für verschiedene Zeitscheiben der Gegenwart und Vergangenheit die sphärischen Wahrscheinlichkeitsdichtefunktionen in einem zweidimensionalen Phasenraum, die durch die drei führenden Empirischen Orthogonalen Funktionen (EOF) des verwendeten Models bestimmt werden. EOFs erlauben die Untersuchung der räumlichen und zeitlichen Variabilität von Datensätzen sowie die Bestimmung der dominierenden räumlichen Muster und ihrer zeitlichen Veränderungen. Bereiche mit hohen Werten der Wahrscheinlichkeitsdichteverteilung können atmosphärischen Telekonnektionsmustern zugeordnet werden und als dreidimensionale Potenzialtöpfe interpretiert werden. Deren Tiefe hängt von externen Parametern wie der Meereisverteilung, der $CO_2$-Konzentration oder der Stärke der solaren Einstrahlung und der Reibungsstärke ab. Unter dem Einfluss barokliner Instabilitäten kann sich die Trajektorie des Klimasystems dann chaotisch innerhalb der verschiedenen Potenzialtöpfe, den Telekonnektionsmustern, bewegen.

## Datenassimilation

Die Initialisierung der Anfangszustände der langsameren Variabilitätsmoden des Klimasystems wie der Meeresoberflächentemperaturen, der Bodenfeuchte, des Wärmegehaltes der oberen Ozeanschicht, der Landvegetation, Meereisverteilung und Meereisdicke sowie der Schneebedeckung könnten deshalb Klimavoraussagen verbessern. Lehner und Deser (2023) verglichen die beobachteten Temperaturtrends der global gemittelten 2 m-Temperatur mit den Simulationen aus zwei Modellensembles, eines ohne und eines mit Datenassimilation. Abb. 9.4 verdeutlicht, dass durch Assimilation die Voraussage der global gemittelten Temperatur verbessert werden kann.

Für CESM1 wurden jeweils die 35 Ensemblemitglieder und der Ensemblemittelwert dargestellt. Während CESM1-LE völlig frei ohne Initialisierung lief, wurde CESM1-DPLE anhand von Beobachtungen in jedem November von 1954 bis 2017 initialisiert, sodass dessen letzte *„Modellvorhersage"* von November 2017 bis Dezember 2027 reicht. Die großen Diskrepanzen zwischen modellierten und beobachteten Klimazuständen sind das Resultat interner Variabilität. Diese führt zu erheblichen Unterschieden zwischen dem Modellklima und dem beobachteten Klima, selbst wenn Modell- und

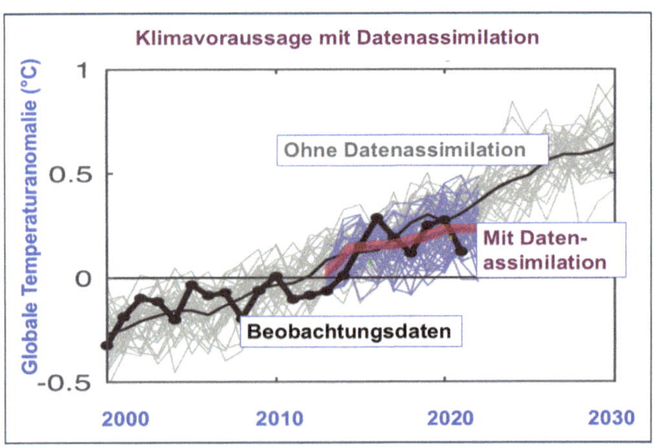


**Abb. 9.4** Einfluss der initialisierten „Modellvorhersage" auf die Unsicherheit als Folge interner Variabilität. Änderung der globalen Jahresmitteltemperatur aus Beobachtungen (schwarz), mit dem nicht initialisierten CESM1-Modellensemble ohne Datenassimilation (grau) und dem initialisierten CESM1-Modellensemble mit Datenassimilation (lila). (Quelle: Lehner und Deser (2023). https://doi.org/10.1088/2752-5295/accf30. CC BY 4.0. Modifiziert)

Beobachtungsdaten aus mehreren Jahrzehnten vorliegen. Dies äußert sich in einem Versagen der Modelle, regionale Trends oder Veränderungen in Telekonnektionsmustern zu erfassen sowie in der Simulation extremer Ereignisse für das regionale Klima. Deshalb ist ein großes Ensemble von multidekadischen Simulationen erforderlich, um die interne Klimavariabilität zu erfassen und Modellmängel zuverlässig zu identifizieren

Wie bereits in der Vergangenheit wird auch das zukünftige Klima aus dem kombinierten Einfluss externer Antriebe, dem Einfluss von Aerosolen, dem Anstieg der Treibhausgaskonzentrationen, Vulkanismus und intern erzeugter Variabilität gebildet. Eine Voraussage des zukünftigen Klimas ist nur eingeschränkt möglich, aber die Bedeutung der internen Variabilität kann mit Klimamodellen veranschaulicht und quantifiziert werden, die genügend relevante physikalische Prozesse umfassen, um bei zeitlicher Integration auch interne Variabilität zu erzeugen. Der Vergleich von Klimamodellsimulationen mit Beobachtungen ist unerlässlich für die Erstellung realistischer Klimamodelle und die Entwicklung glaubwürdigerer Zukunftsszenarien. Die Anpassung an den Klimawandel ist für viele Regionen erforderlich. Die Planung von Anpassungsmaßnahmen auf regionaler Ebene ist aber weiter ein ungelöstes Problem, da Unwägbarkeiten aus verschiedenen Quellen unsicherer Klimaprojektionen resultieren, die vor allem aus der Stärke der internen Variabilität resultieren.

## Literatur


Bordoni, S. et al., 2025. The futures of climate modelling. npj Climate and Atmospheric Sciences 8, 99.

Dethloff, K., et al. 1998. Climate variability in a nonlinear atmosphere-like dynamical system. J. Geophys. Res. 103, 25.957–25.966.

Handorf, D. und K. Dethloff, 2009. Atmospheric teleconnections and flow regimes under future climate projections. Eur. Phys. J. Special Topics 174. 237–255.

Handorf, D. et al., 2009. Climate regime variability for past and present time slices simulated by the Fast Ocean Atmosphere Model. J. Climate 22, 58–70.

Herein, J. et al., 2023. An ensemble based approach for the effect of climate change on the dynamics of extremes. Front. Earth Sci. 11, 1267473. https://doi.org/10.3389/feart.2023.1267473.

Itoh, H. und M. Kimoto, 1996. Multiple attractors and chaotic itinerancy in a quasigeostrophic model with realistic topography: Implications for weather regimes and low-frequency variability. J. Atmos. Sci. 53, 2217–2231.

Lehner, F. und C. Deser, 2023. Origin, importance, and predictive limits of internal climate variability. Environ. Res. Climate 2, 023001. https://doi.org/10.1088/2752-5295/accf30

Lorenz, E. N., 1963. Deterministic nonperiodic flow. J. Atmos. Sci. 20, 130–141.

Li, J. et al., 2025. Atmospheric circulation regimes modulating Eurasian winter decadal cooling. npj Climate and Atmospheric Science 8, 46.

Sempf, M. et al., 2007. Toward understanding the dynamical origin of atmospheric regime behavior in a baroclinic model. J. Atmos. Sci. 64, 887–904.

# 10

# Blockierungslagen und Wettersysteme

**Hinweisfenster**

**Atmosphärische Blockierungslagen treten auf, wenn die in mittleren Breiten vorherrschende zonale Westströmung durch eine großräumige stabile Hochdrucklage abgelöst wird, die die Westwindströmung und die Ausbreitung der darin eingebetteten atmosphärischen Wellen und Störungen *„blockiert"*. Atmosphärische Blockierungslagen beeinflussen das Wetter im südlichen und nördlichen Europa, indem sie die mittlere westliche Luftströmung und Zyklonen polwärts oder südwärts ablenken. Dadurch gelangt warme und feuchte Luft in hohe Breiten oder den Süden. Dabei können Starkniederschläge oder anhaltende Hochdruckregime auftreten, die zu Überschwemmungen, Kälteperioden, Hitzewellen oder Dürren führen und soziale und wirtschaftliche Auswirkungen haben. Blockierungslagen werden in Klimamodellen unzureichend simuliert und ein tieferes Verständnis der beteiligten Prozesse ist erforderlich, um das Vertrauen in die Klimaprojektionen von Modellen zu erhöhen. Der Prozess, der die Lebensdauer von blockierenden Hochs bestimmt, ist die positive Rückkopplung synoptischer Zyklonen auf die blockierende Struktur. Dabei handelt es sich um die meridionale Ausdehnung von baroklinen Zyklonen in der Strömung stromaufwärts des blockierenden Hochs, die zu planetarer Wellenbrechung führt und Vorticity-Anomalien in die Blockierungslage eindringen lässt.**

## Hochdrucklagen

Die atmosphärische Zirkulation in mittleren Breiten wird normalerweise von zonalen Westwinden und synoptischen Wellen dominiert, die sich von Westen nach Osten bewegen. Eine häufige Ausnahme von diesem *„üblichen"* Verhalten sind atmosphärische Blockierungslagen. Ein blockierendes Hoch tritt auf, wenn die normale zonale Westströmung durch die Ausbildung einer groß-


K. Dethloff, *Klimahybris*, https://doi.org/10.1007/978-3-662-73324-0_10

räumigen, meridionalen und stabilen Hochdruckzirkulation abgelöst wird, die die Westwindströmung und die Ausbreitung der darin eingebetteten atmosphärischen Wellen und Störungen „*blockiert*". Diese Unterbrechung führt zu längeren Perioden anomaler regionaler Wettermuster bei Niederschlag und Temperatur mit extremen Wetterbedingungen wie langanhaltenden Hitzewellen und Trockenperioden im Sommer oder andauernder Kälte im Winter. Da eine Blockierungslage die Position der Sturmbahnen der Zyklonen verschiebt, kommt es in den betroffenen Regionen zu ungewöhnlichen Starkniederschlägen und Windextremen. Atmosphärische Blockierungslagen beeinflussen das Wetter im südlichen und nördlichen Europa, indem sie die mittlere westliche Strömung und die Zyklonen polwärts oder südwärts lenken. Die damit verbundenen Starkniederschläge oder anhaltende Hochdruckregime mit Überschwemmungen, Kälte- oder Hitzeperioden sowie Dürren zeigen enorme soziale und wirtschaftliche Auswirkungen, s. Deshmukh et al. (2025).

An der Entstehung von Blockierungslagen sind planetare und synoptische Wellen beteiligt. Charney und DeVore (1979) zeigten, dass die Wechselwirkung zwischen planetaren Wellenstörungen, die durch die Orografie erzeugt werden und der zonalen Grundströmung zu mehreren stabilen Gleichgewichten, einem zonalen Strömungszustand und einem blockierten Zustand führen kann. Eine solche Theorie berücksichtigt jedoch noch nicht die synoptischen Wellen. Die Wirkung synoptischer Wirbel kann erst durch den Mechanismus der Jetaufspaltung von Shutts (1983) verstanden werden. Synoptische Wirbel, die sich um das blockierende Hoch in dem nach Nord und Süd aufgespaltenen Jetstream ausbreiten, erleiden eine Ost-West-Kompression und eine Nord-Süd-Ausdehnung ihrer Wirbelfelder. Dadurch verstärken sie die Energieübertragung auf die Blockierungslage, sodass sie diese aufrechterhalten. Deren Bildung wird somit durch die Wechselwirkung von planetaren Zirkulationsanomalien mit Perioden von mehr als einer Woche, die aus den Tropen stammen und den in mittleren Breiten entstehenden baroklinen Zyklonen mit Perioden von zwei bis sechs Tagen bestimmt.

Tibaldi und Molteni (2018) weisen darauf hin, dass die Entwicklung von Blockierungslagen ein ungelöstes Problem für globale Wettervorhersage- und Klimasimulationsmodelle darstellt und saisonale bis dekadische Klimavoraussagen verhindert. Die Blockierung besteht in einer Veränderung des Westwindjets über den mittleren Breiten, die den normalen zonalen Weg der baroklinen Wettersysteme ablenkt. Diese Veränderung spaltet den Westwindjet entweder in zwei Zweige auf oder führt zur Verstärkung eines stationären Wellenrückens, der die Zyklonenzugbahnen aus mittleren Breiten nach Norden verlagert. Abb. 10.1 stellt die beschriebenen Verhältnisse für eine Omega-Lage mit einem Hoch über Nordosteuropa dar, die im Juni 2019 über Europa auftrat.

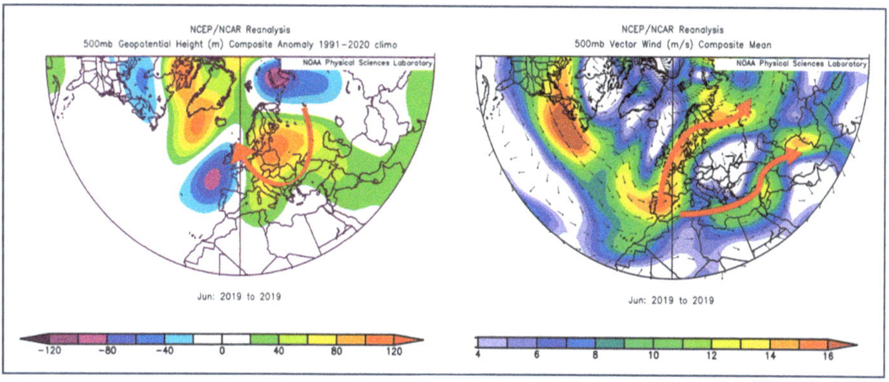


**Abb. 10.1** Atmosphärische Blockierungslage im Juni 2019. Links: Anomalie des Geopotenzials (m) in 500 hPa. Rechts: Jetaufspaltung (m/s) bei 500 hPa um das Hoch herum und Zugbahnen der Zyklonen (rot). (Quelle: psl.noaa.gov)

Die Abbildung verdeutlicht die Umlenkung der Strömung um das Hochdruckgebiet, besonders stark in nördlicher und schwächer ausgeprägt in südlicher Richtung, durch die eingezeichneten roten Pfeile. Die Rückkopplung der synoptischen Wirbel auf die großräumige atmosphärische Variabilität beschränkt sich nicht nur auf die Blockierungsbildung, sondern ist auch für die dynamische Entwicklung der Jetstreams und der Telekonnektionsmuster von Bedeutung, die die Entstehung und Aufrechterhaltung von Blockierungslagen beeinflussen. Aufgrund der nichtlinearen Beziehung zwischen mittlerer Strömung und transienten Wellen spielen Zyklonen eine wichtige Rolle bei der Aufrechterhaltung des Troposphärenjets in mittleren Breiten. Modellmängel bei der Darstellung sowohl der mittleren Strömung als auch der transienten Wirbel haben erhebliche Auswirkungen auf die Fähigkeit der Modelle, die Blockierung im Klimasimulationsmodus darzustellen. Blockierungen werden durch verstärkte planetare Wellen begünstigt, die eine Abschwächung der vorherrschenden westlichen Strömung in mittleren Breiten verursachen.

## Blockierungsschema

Abb. 10.2 stellt die Prozesse bei der Entstehung einer Blockierungslage dar. Tropische Luftmassen mit niedriger potenzieller Wirbelstärke (PV) werden in einem warmen Förderband von außertropischen Zyklonen (roter Luftstrom) unter Freisetzung latenter Wärme transportiert. Quasi-adiabatische Luftströme finden entlang des verstärkten Strahlstroms der oberen Troposphäre mit schwacher Strahlungsabkühlung (blauer Luftstrom) statt und erzeugen

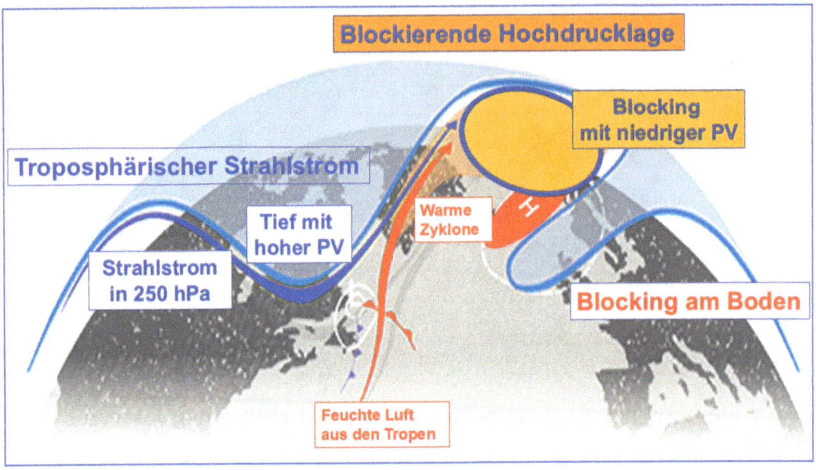


**Abb. 10.2** Darstellung der Prozesse bei der Entstehung einer atmosphärischen Blockierungslage. (Quelle: Steinfeld et al. 2022. 084020. DOI https://doi.org/10.1088/1748-9326/ac81af. CC BY 4.0. Modifiziert)

durch Jetaufspaltung eine blockierende Hochdrucklage, die sich bis in Erdbodennähe erstreckt.

In Oberflächennähe führt die Verstärkung der Erwärmung in der Arktis zu einer Verringerung des meridionalen Temperaturgradienten. Da die Zunahme der Treibhausgaskonzentrationen in der Stratosphäre eine Abkühlung bewirkt, verstärkt sich der Nord-Süd-Temperaturgradient in der unteren Stratosphäre. In Klimaszenarien sagen die CMIP-Modelle eine Tendenz zu positiven Phasen der NAO voraus. Die Auswirkungen auf blockierungsbedingte regionale Veränderungen in Nordamerika und Europa und die Frage, ob das Signal der globalen Erwärmung über die natürliche dekadische Variabilität hinausgeht, bleibt aber unbeantwortet. Die Unzuverlässigkeit der gekoppelten Modelle bei der Simulation der Atlantischen Multidekadischen und der Pazifischen Dekadischen Oszillation lässt keine endgültigen Aussagen über eine mögliche Zunahme oder Abnahme der dekadischen Variabilität in der zweiten Hälfte des 21. Jahrhunderts zu. Deshalb bleiben auch Veränderungen im Mittelmeerraum sowie in Zentral- und Nordasien ungewiss.

Steinfeld et al. (2022) weisen auf die komplexe und regional unterschiedliche Reaktion der Blockierungslagen auf den Klimawandel hin. Der Wasserkreislauf, Phasenveränderungen des Wassers und die atmosphärische Feuchtestruktur spielen bei den beobachteten Änderungen eine fundamentale Rolle. Durch eine Erwärmung der nördlichen Hemisphäre um nur 1 K treten um 15 % erhöhte Anteile stark erwärmter warmer Förderband-Luftmassen auf. Ergebnisse von Lubis et al. (2025) verdeutlichen, dass die Wechselwirkungen zwischen Wolken und Strahlung den planetaren Wellenantrieb durch diabatische Wärmequellen sowohl durch direkte langwellige Erwärmung als auch indirekt durch Rückkopplung auf die latente Erwärmung erhöhen könnten. Die langwellige Wolkenstrahlungsheizung in der mittleren Troposphäre wird durch den großräumigen Aufstieg in den warmen Förderbändern in Abb. 10.2 intensiviert und verstärkt die diabatische Wärmequelle der Wellenaktivität und die Bildung von blockierenden Hochs. Der beobachtete Anstieg der Blockierungshäufigkeiten liegt bisher im Bereich der beobachteten dekadischen Variabilität und könnte auch durch die Erwärmung der Arktis beeinflusst sein. Woolings et al. (2018) fordern ein tieferes Verständnis der beteiligten Prozesse, um das Vertrauen in die Klimaprojektionen der Modelle zu erhöhen. Die Lebensdauer der blockierenden Hochs wird durch eine positive Rückkopplung mit den synoptisch-skaligen Wirbeln bestimmt, bei der die meridionale Ausdehnung der instationären Wirbel zu planetarer *„Wellenbrechung"* führt und Vorticity-Anomalien in das blockierende Hoch eindringen.

In mittleren Breiten sorgen vorherrschende Weströmungen vom Atlantik für relative Wärme im Winter und relative Kühle im Sommer. Wenn diese Strahlströme durch das Blocking verändert werden, führt dies zu kalten Extremen im Winter und heißen Extremen im Sommer. Ähnliche Effekte entstehen in den Hochdruckregionen durch verringerte Wolkenbedeckung infolge einer Nettooberflächenerwärmung im Sommer und einer Abkühlung im Winter. Während im Winter thermische Advektion in Verbindung mit Ost- oder Nordwinden dominiert, werden im Sommer die Strahlungseffekte wichtiger. Blockierungsereignisse im Frühjahr oder Herbst können starke Auswirkungen auf den Agrarsektor in der so wichtigen Wachstumsphase der Pflanzen ausüben. Während des größten Teils des Jahres erhöhen euro-atlantische Hochs die Wahrscheinlichkeit von Hitzewellen in der Hochdruckregion und von Kälteperioden äquatorwärts und stromabwärts des blockierenden Hochs. Die Blockbildung hat starke Auswirkungen auf den Wasserhaushalt, wobei die Trockenheit im Hochdruckgebiet zu Dürren beiträgt. Im Gegensatz dazu kann es in den an das Hoch angrenzenden Regionen zu extremen Niederschlägen kommen, da die Tiefdruckstürme abgelenkt werden. Die stärksten Auswirkungen des Blockings ergeben sich aus seiner Persistenz, durch die sich Temperatur- und Feuchteanomalien über Wochen halten können. Blocking war daher ein wichtiger Faktor bei mehreren Extremereignissen, wie bei der europäischen Hitzewelle 1976, der extremen Hitzewelle im Süden und Südosten der USA im Jahr 1980, der russischen Hitzewelle von 2010 und dem kalten europäischen Winter von 2010. Es gibt auch Hinweise auf eine Fernwirkung für Blockierungsbildung durch einen erzwungenen Rossby-Wellenzug aus den Tropen. Dabei wird subtropische Luft polwärts verlagert und bildet innerhalb von zwei bis drei Tagen einen ausgedehnten Rücken innerhalb eines Rossby-Wellenmusters auf dem Jetstream der mittleren Breiten. Lokale Rückkopplungen durch Anomalien der Bodenfeuchte können die Oberflächenwärme während sommerlicher Blockierungslagen verstärken. Zu den extremen Temperaturen bei Megahitzewellen tragen das Gedächtnis der ausgetrockneten Landoberfläche und des Erdbodens und der atmosphärischen Grenzschicht sowie die Wärmeadvektion aus benachbarten Regionen bei.

## Hitzewellen

Kautz et al. (2022) definieren Blocking-Systeme als langanhaltende, quasistationäre und sich selbst erhaltende Systeme, die über bestimmten Regionen häufiger auftreten. Im Sommer bilden sich Hitzewellen und Dürren unterhalb des blockierenden Antizyklons vor allem durch großräumiges Absinken, das zu wolkenfreiem Himmel und einer anhaltenden Erwärmung des Bodens durch Absorption kurzwelliger solarer Strahlung führt. Im Winter werden Kältewellen, die während atmosphärischer Blockaden auftreten, normalerweise stromaufwärts oder südlich beobachtet. Dabei spielt die meridionale Advektion von Kaltluftmassen aus höheren Breiten eine entscheidende Rolle. Je nach ihrer Lage können Blockierungssysteme auch zu einer Verlagerung von Wind- und Niederschlagsanomalien führen. Am Beispiel eines Omega-Blocks untersuchten Kautz et al. (2022) zugehörige Oberflächenextreme für Winter- und Sommerbedingungen. Während der kalten Jahreszeit (Oktober–März) können niedrige Temperaturanomalien in den südlichen und östlichen Teilen an der Ostflanke des Blockierungssystems beobachtet werden. Es gibt auch Fälle, in denen Schneestürme an der Ostflanke des Blockierungssystems auftreten.

Abb. 10.3 stellt die Verbindung von Blockierungslagen mit der russischen Hitzewelle im Juli 2010 und der Kältewelle im Februar 2012 dar. Die Hitzewelle 2010 in Europa war an eine Hochdruckanomalie in der Troposphäre über dem Nordwesten Russlands gekoppelt (Abb. 10.3, links). Europäische Kälteperioden sind häufiger mit Blocking in mittleren und hohen Breiten über dem Nordatlantik sowie über dem europäischen Kontinent verbunden (Abb. 10.3, rechts). In den meisten Fällen befindet sich die Kälteanomalie jedoch nicht direkt unter dem blockierenden Antizyklon, sondern stromabwärts oder südlich davon. Über dem Nordatlantik ist die Blockierungslage mit der negativen Phase der NAO korreliert, die ihrerseits mit der Entwicklung europäischer Kälteperioden verbunden ist.

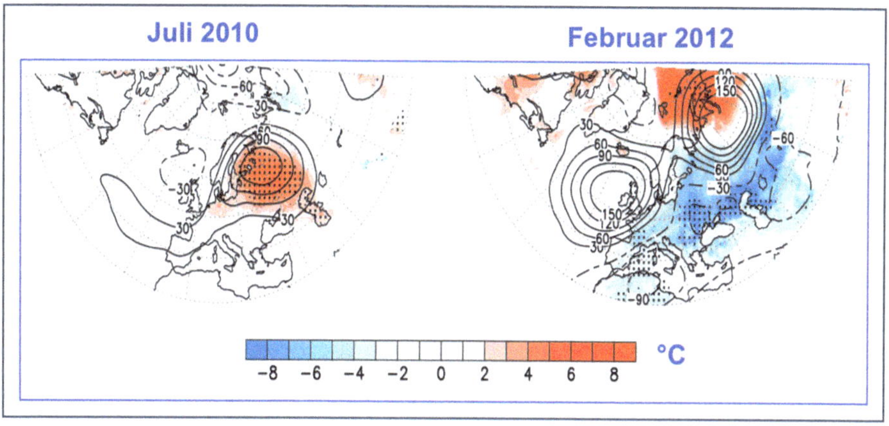


**Abb. 10.3** Monatliche Anomalien der 2 m-Temperatur (K, Farben) und der 500 hPa geopotenziellen Höhe (m, Isolinien) auf der Grundlage von ERA5-Daten. Links: Juli 2010 (in Verbindung mit der Hitzewelle 2010). Rechts: Februar 2012 (in Verbindung mit der Kältewelle 2012). Die Punkte markieren Gebiete, die den Wert der 2 m-Temperaturklimatologie (1991–2010) um 2 K über- oder unterschreiten. (Quelle: Kautz et al. (2022). https://doi.org/10.5194/wcd-3-305-2022. CC BY 4.0)

Europäische Hitzewellen entstehen durch Wärmestau aus atmosphärischen Transporten und der diabatischen Strahlungserwärmung, bei der die Wärmeakkumulation in Oberflächennähe durch das grossskalige Absinken und die adiabatische Erwärmung innerhalb der blockierenden Hochdruckgebiete entscheidend sind. Das Absinken hängt mit den Bedingungen bei wolkenlosem Himmel zusammen, die eine Erwärmung der Erdoberfläche durch Sonneneinstrahlung während des Tages, eine Abkühlung während der Nacht durch langwellige Abstrahlung und die Erwärmung der oberflächennahen Luft durch verstärkte fühlbare Wärmeströme begünstigen. Diese Erwärmung kann durch einen Rückkopplungsmechanismus mit der Bodenfeuchte noch verstärkt werden. Auf Grund der fehlenden Niederschläge in der Blockierungsregion wird die Bodenfeuchte verringert, und ein größerer Anteil des Wärmeflusses zwischen Erdoberfläche und Atmosphäre erfolgt in Form von fühlbarer statt latenter Wärme.

Vaideanu et al. (2026) zeigten anhand hochauflösender Beobachtungen für den Zeitraum 1950–2024, dass der Rückgang des Meereises in der Barentssee und der Karasee (BKS) in einem kausalen Zusammenhang mit der Zunahme der Anzahl, Dauer und Häufigkeit von sommerlichen Hitzewellen in Europa steht. Die stärksten Signale finden sie über Osteuropa und der Ukraine, die zu den ärmsten Ländern in Europa zählt und durch Kriegsfolgen schwer belastet ist. Der Verlust des Meereises in der BKS schwächt den Jetstream, fördert anhaltende Hochdrucksysteme und verringert die Bewölkung, wodurch Bedingungen geschaffen werden, die lang andauernde Hitzewellen in dieser am stärksten gefährdeten Region Europas verursachen.

## Kältewellen

Kälteperioden können stromabwärts eines Blockierungssystems durch die horizontale Advektion von Kaltluft aus höheren Breiten oder den kalten Landmassen der Arktis und Russlands begünstigt werden. Wenn kalte Luft in die Hochdruckregion transportiert wird, sinkt sie ab. Dadurch kommt es zu einer Erwärmung der Luftmassen aufgrund adiabatischer Kompression und turbulenter Vermischung mit wärmerer Luft. Blockierende Systeme lösen über dem nördlichen Nordatlantik eine äquatoriale Verschiebung der nordatlantischen Sturmzugbahn aus, wodurch die Wirbelstürme bevorzugt in Richtung Südeuropa ziehen. Wirbelstürme, die sich über Europa bewegen, begünstigen die Advektion kalter kontinentaler Luftmassen aus nordöstlichen und östlichen Gebieten hinter Kaltfronten. Dadurch haben die Zyklonzugbahnen einen Einfluss darauf, wo sich eine Kältewelle entwickelt. Die Entwicklung von Kälteanomalien im Winter wird durch wolkenfreie Strahlungsbedingungen in Verbindung mit einem blockierenden Hochdruckgebiet moduliert. Da blockierende Hochdrucklagen in großräumige Rossby-Wellen eingebettet sind, ergibt sich eine Verbindung zwischen Hitze- und Kälteperioden und der Rossby-Wellenaktivität. Hitzeperioden in Europa treten im Sommer während Perioden verstärkter Rossby-Wellenaktivität über dem eurasischen Kontinent auf, während Kälteperioden im Winter in Westeuropa und Teilen des Mittelmeerraums mit verstärkter Rossby-Wellenaktivität über dem Nordatlantik in Verbindung gebracht werden können.

Abb. 10.4 stellt die Niederschläge für Juni 2005 und Dezember 2013 über Portugal und Spanien dar. Zwischen Oktober 2004 und Juni 2005 trat auf der iberischen Halbinsel eine der außergewöhnlichsten Dürreperioden auf. In der südlichen Hälfte fielen bis Juni 2005 nur 40 % der üblichen Niederschläge (Abb. 10.4, links). Es handelte sich um die größte Trockenheit der letzten 140 Jahre, die erhebliche sozio-ökonomische Auswirkungen auf Wasserverfügbarkeit und die landwirtschaftliche Produktion sowohl in Portugal als auch in Spanien hatte.

Der Schneesturm im Nahen Osten im Dezember 2013 wurde durch eine Blockierungslage vom Omega-Typ über Europa verursacht. Das Blockierungssystem führte zur Ablenkung von Zyklonen in die umgebenden Regionen des Nahen Ostens (Abb. 10.4, rechts). Bei einem Blockierungssystem in hohen Breiten über dem nordatlantisch-europäischen Raum verschiebt sich der Jetstream und die Sturmrichtung nach Süden, was einer negativen Phase der NAO entspricht. Michel et al. (2023) zeigten, dass Klimamodelle die Häufigkeit von Blocklagen im Vergleich zu Beobachtungen unterschätzen, was Zweifel an zukünftigen Vorhersagen von Klimaextremen aufkommen

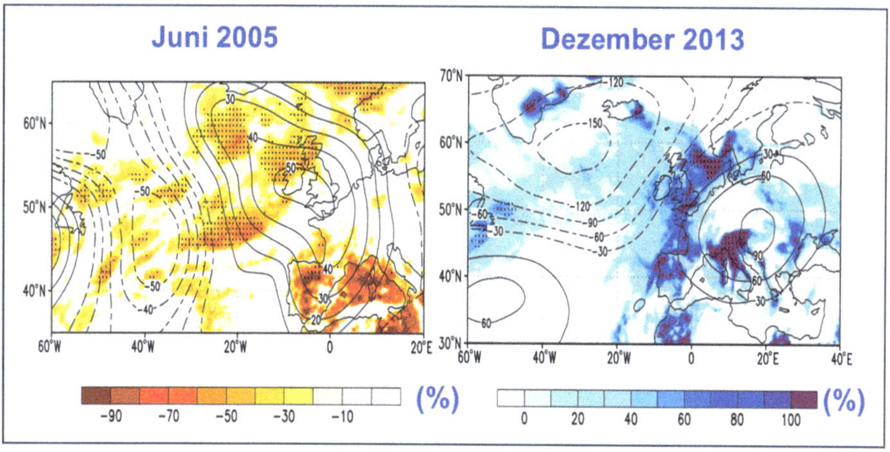


**Abb. 10.4** Monatliche Niederschläge (in % des langjährigen monatlichen Mittelwerts, Farben) und 500-hPa Geopotenzialanomalien (m, Isolinien) basierend auf ERA5-Daten. Links: Juni 2005 in Verbindung mit der iberischen Dürre. Rechts: Dezember 2013 in Verbindung mit dem Schneesturm im Dezember 2013 im Nahen Osten. Die Punkte markieren Gebiete, die die Niederschlagsklimatologie (1991–2010) überschreiten. (Quelle: Kautz et al. (2022). https://doi.org/10.5194/wcd-3-305-2022. CC BY 4.0)

lässt. Eine Sensitivitätsanalyse eines Ensembles von 49 Simulationen mit 24 gekoppelten Klimamodellen zeigt, dass wirbelauflösende Ozeanmodelle die Realität der simulierten Blockierungsereignisse erhöhen.

Dieses Ergebnis wird durch die gleichzeitige Verringerung von Verzerrungen bei den Positionen des Golfstroms und des Nordatlantikstroms sowie der Variabilität der Windjets in mittleren Breiten erklärt und unterstützt.

## Literatur

Charney, J. G. und J. G. DeVore, 1979. Multiple flow equilibria in the atmosphere and blocking. J. Atmos. Sci. 36, 1205–1216

Deshmukh, V. et al., 2025. How does a dry general circulation model represent atmospheric blocking? J. Atmos. Sci. 82, 283–300. https://doi.org/10.1175/JAS-D-24-0048.1

Kautz, L.-A., et al, 2022. Atmospheric blocking and weather extremes over the Euro-Atlantic sector – review, Weather Clim. Dynam., 3, 305–336. https://doi.org/10.5194/wcd-3-305-2022, 2022.

Lubis, S.W. et al., 2025. Cloud radiative effects significantly increase wintertime atmospheric blocking in the Euro-Atlantic sector. Nature Comm. 16, 9763. https://doi.org/10.1038/s41467-025-64672-9

Michel, S. L. L. et al., 2023. Increased wintertime European atmospheric blocking frequencies in general circulation models with an eddy-permitting ocean. npj Clim Atmos Sci 6, 50. https://doi.org/10.1038/s41612-023-00372-9

Shutts, G. J., 1983. The propagation of eddies in diffluent jetstreams: Eddy vorticity forcing of "blocking" flow fields. Q. J. Roy. Soc. 109, 737–761. https://doi.org/10.1002/qj.49710946204

Steinfeld, D. et al., 2022. Response of moist and dry processes in atmospheric blocking to climate change. Environmental Research Letters 17, 8. https://doi.org/10.1088/1748-93

Tibaldi, S., und F. Molteni, 2018. Atmospheric blocking in observation and models. Oxford Research Encyclopedia of Climate Science. Abgerufen von: oxfordre.com/climatescience/view/10.1093/acrefore/9780190228620.001.0001/acrefore-9780190228620-e-611.

Vaideanu, P. et al., 2026. An observation-based causal framework linking Barents – Kara sea ice to European heat waves. Environ. Res. Climate 5, 015008.

Woollings, T. et al., 2018. Blocking and its response to climate change. Curr. Clim. Change Rep. 4, 287–300. https://doi.org/10.1007/s40641-018-0108-z

# 11

# Treibhauseffekt und Nullemissionen

**Hinweisfenster**

**Die Atmosphäre ist relativ durchlässig für kurzwellige Sonnenstrahlung, die am Erdboden absorbiert werden kann. Aufgrund von Treibhausgasen und Wolken wird die Erdoberfläche zusätzlich durch langwellige Rückstrahlung aus der Atmosphäre erwärmt und bewirkt den „*Treibhauseffekt*". Die Stabilität der globalen und lokalen Temperaturen wurde in Simulationen mit Erdsystemmodellen untersucht, bei denen die $CO_2$-Emissionen abrupt eingestellt werden. Die Ergebnisse zeigen, dass sowohl auf globaler als auch auf lokaler Ebene keine Temperaturstabilisierung nach Erreichen der Netto-Null-$CO_2$-Emissionen eintritt. Die globalen Durchschnittstemperaturen aus dem Multimodellensemble stabilisieren sich erst nach etwa 90 bis 124 Jahren, mit einer großen Bandbreite zwischen den Modellen. Man muss deshalb von anhaltenden Auswirkungen des Klimawandels auch nach dem Ende der $CO_2$-Emissionen ausgehen.**

## Treibhauseffekt

In der Atmosphäre wird ein Teil der kurzwelligen Sonneneinstrahlung von Wolken und hellen Oberflächen in den Weltraum zurück reflektiert, aber ein Großteil erreicht den Erdboden, der sich erwärmt und dabei langwellige Wärmestrahlung abgibt. Diese infrarote langwellige Strahlung entweicht nicht direkt in den Weltraum, sondern wird von Gasen und Wolken in der Atmosphäre teilweise absorbiert. Dadurch erwärmt sich die Atmosphäre und gibt langwellige Wärmestrahlung sowohl in den Weltraum als auch zurück an die Oberfläche ab. Die verstärkte Erwärmung an der Erdoberfläche bezeichnet man als „*Treibhauseffekt*". Das globale Strahlungsgleichgewicht wird durch die



K. Dethloff, *Klimahybris*, https://doi.org/10.1007/978-3-662-73324-0_11

Anpassung der atmosphärischen Temperaturen hergestellt, sodass der Fluss der Wärmestrahlung, die den Planeten verlässt, dem absorbierten solaren Fluss entspricht. Die Atmosphäre ist relativ durchlässig für kurzwellige Sonnenstrahlung (341 W/m$^2$), sodass nur 78 W/m$^2$ von dieser direkt absorbiert werden und etwa 161 W/m$^2$ zur Oberfläche gelangen und von dieser absorbiert werden. Aufgrund der Treibhausgase und von Wolken wird die Oberfläche zusätzlich durch 333 W/m$^2$ langwellige Rückstrahlung (Gegenstrahlung) aus der Atmosphäre erwärmt. Somit ist die von der Oberfläche abgegebene Wärmestrahlung von etwa 396 W/m$^2$ um 157 W/m$^2$ größer als die Wärmestrahlung von 239 W/m$^2$, die die Oberseite der Atmosphäre verlässt, und ein Maß für den „*Treibhauseffekt*".

Die Hauptbestandteile der Atmosphäre, Stickstoff und molekularer Sauerstoff, haben keine Absorptionseigenschaften im Infrarotbereich, und das wichtigste Treibhausgas ist Wasserdampf, gefolgt von Kohlendioxid. Die $H_2O$-Absorption findet im fernen Infrarotbereich bei Wellenlängen von 15 µm und um 6,3 µm herum statt, wobei Bereiche mit geringerer Absorption in der Nähe von 12 µm und 4 µm verbleiben. Das $CO_2$-Spektrum weist schärfere Merkmale auf, die sich um zwei Hauptbänder bei 15 µm und 4,3 µm konzentrieren und zufällig in den Fenstern des $H_2O$-Spektrums liegen. Treibhausgase absorbieren einen Teil der Infrarotenergie, die die Erde in starken Absorptionsbanden bei bestimmten Wellenlängen aussendet. $CO_2$ hat sein stärkstes Wärmeabsorptionsband bei einer Wellenlänge von 15 µm und auf beiden Seiten weitere schwächere Absorptionsbänder. Mit steigender $CO_2$-Konzentration ist die Absorption in der Mitte des starken Bandes bereits so intensiv, dass sie kaum noch zur zusätzlichen Erwärmung beiträgt. In den schwächeren Bändern und in den Flügeln des starken Bandes wird jedoch immer noch Energie absorbiert, wodurch sich die Oberfläche und die untere Atmosphäre weiter erwärmen. Der Einfluss der einzelnen Gase auf die Abwärtsstrahlung in Richtung Erdoberfläche beträgt für $H_2O$ 208 W/m$^2$ und für $CO_2$ 16 W/m$^2$ und wird aufgrund der sehr starken Strahlungsemission der oberflächennahen Atmosphäre durch das $H_2O$-Kontinuum dominiert. Berechnungen mit sehr hoher spektraler Auflösung und unter Verwendung aktueller Daten für gasförmige Absorptionseigenschaften zeigen, dass mit steigender $CO_2$-Konzentration in der Atmosphäre der gesamte Strahlungsantrieb stark ansteigt. In der heutigen Atmosphäre mit einer Konzentration von 410 ppmv beträgt der gesamte Strahlungsantrieb etwa 38 W/m$^2$. Die von den Treibhausgasen eingefangene Strahlungsenergie wird vom Klimasystem absorbiert und erwärmt die untere Atmosphäre. Es wurde nachgewiesen, dass sich die globale mittlere Oberflächentemperatur in erster Näherung proportional zum eingefangenen Strahlungsfluss ändert. Bei einem weiteren Anstieg der $CO_2$-Konzentration in der Erdatmosphäre tritt keine Sättigung bei der Absorption von Strahlung ein, daher wird sich das Klima weiter erwärmen, s. Zhong und Haigh (2013).

## Konvektion und Wasserdampf

Die Troposphäre wird im kurz- und langwelligen Strahlungsbereich durch $H_2O$, $CO_2$ und $O_3$ gekühlt, während sich die Stratosphäre im Strahlungsgleichgewicht befindet. Das troposphärische Energiedefizit wird deshalb vertikal durch konvektive Energieflüsse ausgeglichen. In eindimensionalen Strahlungs-Konvektionsmodellen (RCM) kann das vertikale Temperaturprofil der Atmosphäre berechnet werden, wobei der vertikale Wärmefluss für instabile Bedingungen berücksichtigt werden muss. Diese Konvektion führt zur Abkühlung der Oberfläche und Erwärmung der Troposphäre und findet statt, wenn die Atmosphäre in der Troposphäre für Konvektion instabil ist.

Kluft et al. (2019) untersuchten in einem weiterentwickelten RCM die Empfindlichkeit gegenüber einer abrupten Veränderung der $CO_2$-Konzentration um den Faktor 0.5, 2, 4 oder 8. Die Troposphäre reagiert mit einer Temperaturerhöhung unter Berücksichtigung von konvektivem Adjustment auf den $CO_2$-Anstieg, die Stratosphäre dagegen mit einer Abkühlung. In der Studie von Kluft et al. (2019) wurde das Modell mit verschiedenen vertikalen relativen Feuchtigkeitsverteilungen betrieben und für ein breites Spektrum an $CO_2$-Konzentrationen untersucht. Für die Simulationen wird ein Strahlungsschema mit Line-by-Line-Berechnungen verwendet. Abb. 11.1 verdeutlicht, dass es bei jeder Verdopplung der $CO_2$-Konzentration (2x$CO_2$) zu einem fast konstanten Anstieg der simulierten Erwärmung der Erdoberfläche kommt. Aus der Clausius-Clapeyron-Gleichung folgt, dass sich bei einer Temperaturerhöhung um 1 K der Wassersättigungsdampfdruck um 7 % erhöht. Die wärmere Atmosphäre kann mehr Wasserdampf aufnehmen und diesen auch transportieren. Somit treten in einer 2x$CO_2$-Atmosphäre mit erhöhten Temperaturen stärkere meridionale Feuchteflüsse aus den Tropen in die Polarregionen auf. Modellergebnisse gehen bei einer Temperaturerhöhung um 2 K von um 10 % erhöhten meridionalen Feuchteflüssen aus. Deshalb ist die Wasserdampf-Rückkopplung der entscheidende Prozess für den starken Erwärmungseffekt bei einer Verdopplung der $CO_2$-Konzentration. Dieser beeinflusst zudem

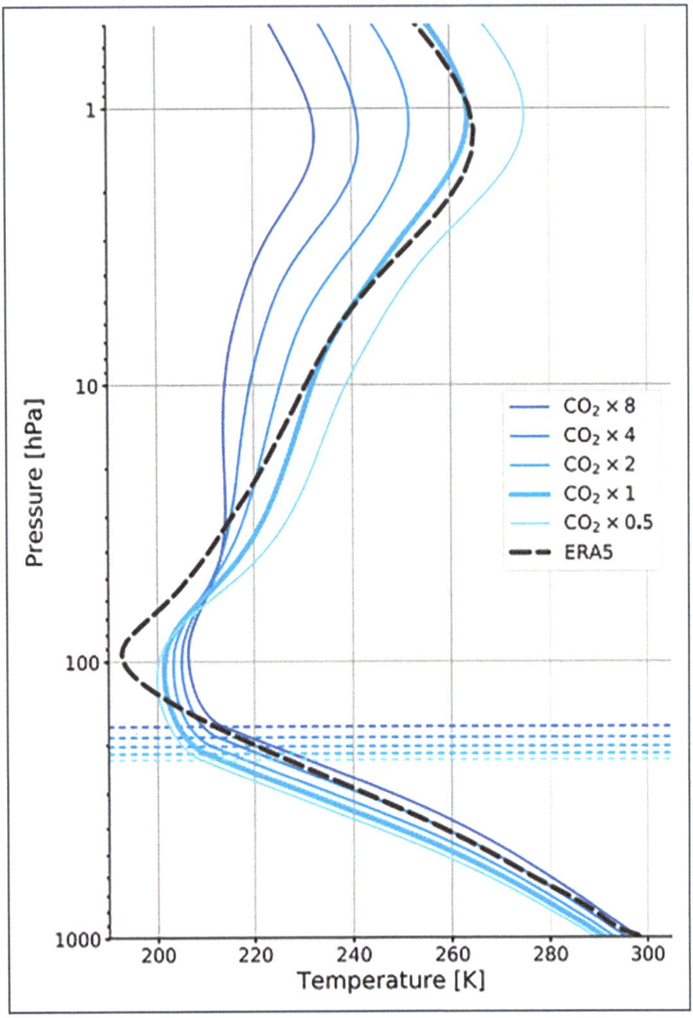


**Abb. 11.1** Gleichgewichtstemperaturprofile für verschiedene $CO_2$-Konzentrationen (Farben). Für jedes Profil ist die konvektive Obergrenze durch gestrichelte Linien gekennzeichnet. Die tropische Temperaturklimatologie von ERA5 ist durch schwarze gestrichelte Linien dargestellt. Die Abbildung ist bei 0,5 hPa abgeschnitten, um die Troposphäre besser sichtbar zu machen. (Quelle: Kluft et al. (2019). https://doi.org/10.1175/JCLI-D-18-0774.1. CC BY 4.0)

Prozesse der Wolkenbildung und Albedoänderungen. In einer 2x$CO_2$-Atmosphäre wird der hydrologische Wasserkreislauf mit Verdunstung und Niederschlag deutlich intensiviert. In der unteren Troposphäre führt die Erwärmung der Arktis (Arctic Amplification) bei 2x$CO_2$ zu einer Verringerung des meridionalen Temperaturgradienten zwischen den Tropen und der Arktis.

## Atmosphärische Dynamik

Die verstärkte latente Wärmezufuhr der tropischen Hadley-Zelle in einer 2x$CO_2$-Atmosphäre erhöht die statische Stabilität, hebt die Tropopause an und verstärkt zusammen mit der durch den $CO_2$-Anstieg hervorgerufenen stratosphärischen Abkühlung in der Arktis den meridionalen Temperaturgradienten in der oberen Troposphäre. Dadurch erhöhen sich die Instabilitätsraten der planetaren Wellen, und einsetzende Wellenbrechungsprozesse verschieben durch Impulsflüsse den troposphärischen Strahlstrom polwärts. Dabei werden die Wechselwirkungen zwischen planetaren und baroklinen Wellen sowie der Zonalströmung modifiziert. Die thermodynamische Temperaturänderung durch 2x$CO_2$ führt zu einer Neujustierung dynamischer Prozesse der Atmosphäre, die regional unterschiedliche Klimaänderungen durch Verschiebung der dominierenden Hoch- und Tiefdruckgebiete verursachen. Die Änderung in den zonal gemittelten nordwärts gerichteten Energietransporten in einer 2x$CO_2$ Atmosphäre im Vergleich zu 1x$CO_2$ wurde von Held und Soden (2006) berechnet. In einer 2x$CO_2$-Welt verstärken sich die latenten Energieflüsse in mittleren Breiten, aber gleichzeitig erfolgt auch eine geringere Abnahme in den fühlbaren Energieflüssen. Es findet ein dynamisches Adjustment und eine teilweise Kompensation in den Flüssen statt.

Der über die die Raumkoordinaten und die Zeit gemittelte Lorenz-Energiezyklus ist eine akzeptierte Methode zur Abschätzung des Strahlungs-, Konvektions- und Zirkulationsadjustments bei $CO_2$-Änderungen. Michaelides (2021) konnte zeigen, dass atmosphärische Dynamik den Energiezyklus und die Dissipationsraten der Atmosphäre verändert. Mit zunehmender $CO_2$-Konzentration findet durch den reduzierten meridionalen Temperaturgradienten in der Troposphäre eine Abnahme der verfügbaren potenziellen Energie statt. Damit steht bei zunehmender $CO_2$-Konzentration weniger Energie für die Umwandlung in kinetische Energie zur Verfügung. Bei höherer $CO_2$-Konzentration wird die längenabhängige Struktur der diabatischen Wärmequelle durch Änderung des Feuchtezyklus und der Wolkenbedeckung abgewandelt. Diese beeinflusst die stationären planetaren Wellenmuster und deren nichtlineare Wechselwirkung mit baroklinen Wellen. Die Atmosphäre arbeitet demnach für 2x$CO_2$ in einem anderen dynamischen Regime.

Externe Antriebsfaktoren und intern generierte Variabilität bestimmen jeweils zur Hälfte die Klimaentwicklung. Atmosphärische und ozeanische Zirkulationsmuster werden sich auch bei vollständig reduzierten $CO_2$-Emissionen (Nullemissionen) weiter verändern. Interne chaotische Variabilität des Klimasystems und der historisch entstandene externe Antrieb durch Treibhausgase wirken natürlich weiter. Wie De Asenjo et al. (2025) in Modellsimulationen zeigten, ist jedoch der Zeitpunkt, an dem keine Treibhausgase mehr ausgestoßen werden, von Bedeutung für die zukünftige Entwicklung. In Simulationen mit verschiedenen Emissionsstopps zwischen 2030 bis 2060 führt eine Verzögerung um wenige Jahre zu messbaren Unterschieden in der Erwärmung. Auch wenn ein Zustand mit *„Netto-Null“*-Emissionen erreicht wird, also keine Emissionen mehr stattfinden, kann der Klimawandel nicht gestoppt werden, da durch die langsame Erwärmung der Ozeane die Klimaveränderung Jahrzehnte lang nachwirken wird. Im Mittelmeerraum könnten Hitzewellen häufiger auftreten, falls das Netto-Null-Ziel erst 2060 erreicht wird. Auch in Mittel-, Ost- und Nordeuropa steigen die Risiken. Extremtemperaturen wie die Rekordwerte von 2023 oder 2019 könnten nicht länger Ausnahmen bleiben, sondern zur Normalität werden. Verzögerungen beim Klimaschutz durch Dekarbonisierung führen somit zu langanhaltenden Konsequenzen, selbst wenn die Emissionen vollständig gestoppt würden. Strategien zur Anpassung in der Landwirtschaft, Forstwirtschaft und Bewässerung oder dem Katastrophenschutz müssen deshalb auf einer Generationenskale entwickelt, durchgesetzt und finanziert werden.

## Zirkulation im 19. Jahrhundert

Abb. 11.2 stellt die Temperatur- und Luftdruckänderungen des heutigen Klimas gegenüber dem zur Mitte des 19. Jahrhunderts („1986–2015 minus 1841–1870“) dar. Im Zeitraum 1841–1870 waren wie Abb. 5.2 bereits verdeutlichte, die $CO_2$-Emissionen noch sehr gering. Sie stiegen von 0,1 t auf lediglich 0,4 t pro Person und Jahr. Wir betrachten deshalb diesen Zeitraum als einen Zustand, der dem von Nullemissionen nahekommt und vergleichen ihn mit dem Zeitraum 1986–2015, der bereits durch erhebliche $CO_2$-Emissionen beeinflusst war. Unterschiede im Vulkanismus, in der solaren Einstrahlung und Aerosolbelastung der Atmosphäre und der Ozeanzirkulation werden vernachlässigt.

Man erkennt die heutige beschleunigte Erwärmung in polaren Breiten und Teilen Russlands im Vergleich zur Mitte des 19. Jahrhunderts und eine Abkühlung über Asien. Der Bodenluftdruck in der Arktis hat in den letzten Jahrzehnten abgenommen, während er in den Tropen zugenommen hat. Das entspricht dem Bild einer sich erwärmenden Arktis mit aus mittleren Breiten heranziehenden oder regional gebildeten Zyklonen mit niedrigem Luftdruck. Abb. 11.3 stellt die Temperatur- und Luftdruckänderungen für die Zeiträume „1986–2015 minus 1841–1870“ im Sommer dar.

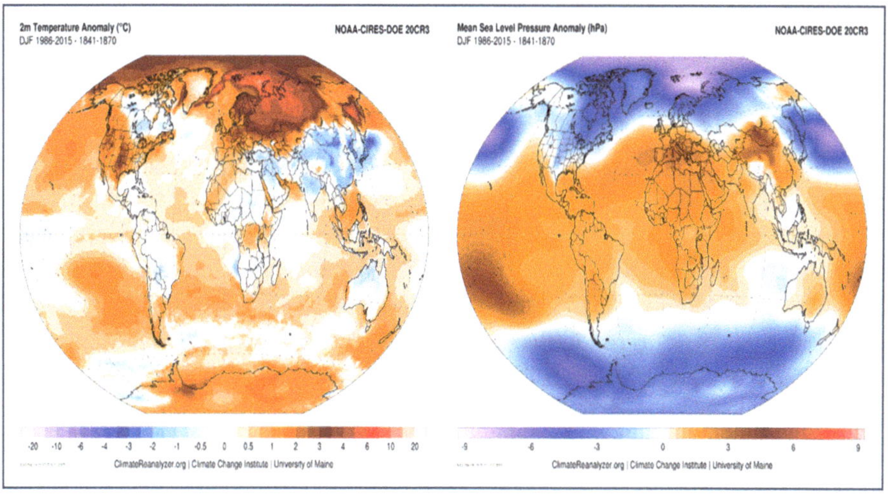


**Abb. 11.2** Historische 2 m-Lufttemperaturänderungen (K, links) und Bodenluftdruckänderungen (hPa, rechts) der Zeiträume „1986–2015 minus 1841–1870" aus historischen 20CR3-Re-Analysedaten für Winter (Dezember–Februar). (Quelle: Climatereanalyzer.org)

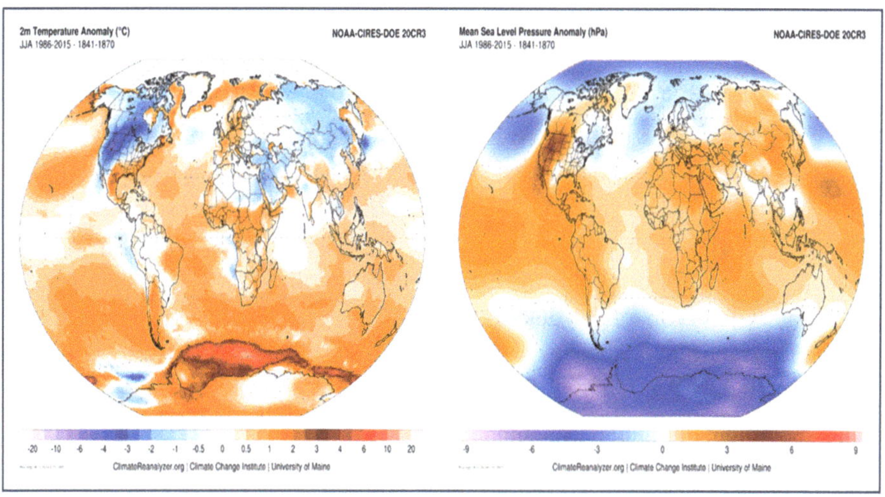


**Abb. 11.3** Historische Temperaturänderungen (K, links) und Bodenluftdruckänderungen (hPa, rechts) der Zeiträume „1986–2015 minus 1841–1870" aus historischen 20CR3-Re-Analysedaten für Sommer (Juni–August). (Quelle: Climatereanalyzer.org)

Im Sommer der Nordhemisphäre fällt die beobachtete Erwärmung im Vergleich zur Mitte des 19. Jahrhunderts gering aus. Auffällig sind die Abkühlungsregionen über Teilen Nordamerikas, Teilen Asiens und Nordostafrika. Die Bodenluftdruckänderungen entsprechen qualitativ denen des Winters. Die in den Abb. 11.1 und 11.2 sichtbaren Änderungen erlauben es, die gegenwärtigen Klimamuster in einen historischen Kontext zu stellen und sie einzuordnen und zu relativieren. Sie bestätigen nicht die medialen Übertreibungen von einem angeblichen Jahrhundertsommer 2025, denn dieser lief in mittleren Breiten völlig normal ab. Man erkennt anhand der Abb. 11.1 die gegenwärtig beobachtete Tiefdruckzunahme in der Arktis und die Hochdruckverstärkung in den Subtropen. Diese Änderungen entsprechen einer positiven NAO-Phase und stehen im Einklang mit Klimamodellszenarien, die bei einer $CO_2$-Erhöhung eine Dominanz von positiven NAO-Phasen voraussagen.

Wie England et al. (2025) zeigen, hat sich der Rückgang des arktischen Meereises in den letzten 20 Jahren erheblich verlangsamt. In CMIP6-Klimamodellsimulationen treten Pausen im Meereisverlust über mehrere Jahrzehnte hinweg auf, selbst wenn die Treibhausgasemissionen weiter steigen. Diese Belege deuten darauf hin, dass natürliche Klimaschwankungen eine wichtige Rolle bei der Verlangsamung des vom Menschen verursachten Meereisrückgangs gespielt haben. Insgesamt mag es überraschend klingen, dass sich der Verlust des arktischen Meereises verlangsamt hat, obwohl die globalen Temperaturen Rekordhöhen erreicht haben. Klimamodelle legen aber nahe, dass mit solchen Erwärmungspausen häufiger zu rechnen ist. Ein fehlender Antrieb, der in den CMIP6-Standardszenarien nicht berücksichtigt wird, ist die Zunahme der borealen Waldbrände. Diese produzieren große Mengen an Aerosolen, die Wolkenbildungsprozesse beeinflussen und zu erheblichen Defiziten bei der Simulation polarer Wolken führen. Deshalb muss man Ergebnisse von mehr-dekadischen Vorhersagen des Klimasystems sehr kritisch betrachten, insbesondere in hochvariablen Regionen wie der Arktis und in mittleren Breiten.

## Nullemissionen

Im Rahmen des Pariser Klimaabkommens streben die Unterzeichnerstaaten an, den globalen durchschnittlichen Temperaturanstieg auf deutlich unter 2 K über dem vorindustriellen Niveau zu begrenzen. Um dies zu erreichen, haben viele Länder Netto-Null-Ziele für Treibhausgasemissionen festgelegt, um die globale Erwärmung zu stoppen und das Klima zu stabilisieren. Die EU plant die Reduktion der $CO_2$-Emissionen auf Null bis zum Jahr 2050.

China und Russland planen Nullemissionen bis 2060, Indien erst zum Jahr 2070. Da die Staatengemeinschaft das Ziel hat, Netto-Null-Emissionen zu erreichen, ist es wichtig, deren Auswirkungen auf globale und lokale Klimaveränderungen zu analysieren. Borowiak et al. (2025) untersuchten das Erbe historischer Auswirkungen der Treibhausgasemissionen des 21. Jahrhunderts auf das Klima, die Versauerung der Ozeane und die Kohlenstoff-Klima-Rückkopplungen in einem gekoppelten Kohlenstoffkreislauf-Klimamodell. Sie analysierten die Stabilität der globalen und regionalen Temperaturen in Simulationen von neun Erdsystemmodellen, bei denen die $CO_2$-Emissionen auf *„Nullemissionen"* gestellt werden. Das Modellsetup beinhaltete dabei einen Anstieg der $CO_2$-Konzentration um 1 % pro Jahr gegenüber den vorindustriellen Konzentrationen bis zu einem Sättigungswert von 1000 Gigatonnen Kohlenstoff, der einer globalen Erwärmung von 1,8 K entspricht. Nach Einstellung auf atmosphärische Nullemissionen können in den Modellen die $CO_2$-Konzentrationen nur aufgrund von Rückkopplungen und Flüssen aus der Biosphäre und den Ozeanen variieren. Die Modelle verhalten sich nach Beendigung der atmosphärischen $CO_2$-Emissionen unterschiedlich. Einige Modelle zeigen eine weiter anhaltende Erwärmung über Jahrzehnte bis Jahrtausende hinweg, andere hingegen eine deutliche Abkühlung. Für alle Modelle beträgt der Mittelwert der Temperaturstabilisierung nach abruptem Emissionsstopp 124 Jahre, variiert aber zwischen 64 und 282 Jahren.

Die Analyse zeigt, dass die Kohlenstoffaufnahme durch den Ozean und die terrestrische Biosphäre dem atmosphärischen Erwärmungseffekt durch die Verringerung der Wärmeaufnahme des Ozeans in den Jahrzehnten nach Beendigung der Emissionen entgegenwirken. Der Erwärmungseffekt ist jedoch aufgrund der hohen Unsicherheit von bis zu 30 % der Stärke der Wärmeaufnahme des Ozeans schwer einzuschätzen. Man muss somit von anhaltenden Auswirkungen des Klimawandels auch nach dem Ende der $CO_2$-Emissionen ausgehen. Die Modelle weisen nach einem abrupten Ende der $CO_2$-Emissionen erhebliche Unterschiede in der Art und Weise auf, wie sie sich stabilisieren. Einige Modelle und Regionen stabilisieren sich schnell, während andere Regionen erst nach Jahrhunderten ein Gleichgewicht erreichen.

Sanderson et al. (2025) stellten gleichfalls eine große Vielfalt des Verhaltens von Erdsystemmodellen in Reversibilitätsexperimenten nach Nullemissionen fest. Die Erwärmung nach Erreichen der Netto-Null-Emissionen hängt von der Entwicklung der Kohlenstoffsenken in den Modellen ab, denn diese driften hinsichtlich des Zeitpunkts und der Amplitude der maximalen Kohlenstoffaufnahme durch Landflächen stark auseinander. Einige Modelle zeigen eine maximale Aufnahme Jahrzehnte vor und andere Jahrzehnte nach dem Netto-Null-Übergang. Zusätzlich zu den Unterschieden in der Darstellung des Kohlenstoffkreislaufs kann das unterschiedliche Verhalten der vorübergehenden Kohlenstoffsenken auch auf Unterschiede in den vorindustriellen Zuständen oder Anfangsbedingungen zurückgeführt werden. Es gibt zudem Hinweise auf Änderungen der Abkühlungsrate durch Kohlenstoffentfernung, die sich durch dynamische Veränderungen in der Ozeanzirkulation auf die Kohlenstoff-Klima-Dynamik auswirken könnten.

Die Welt wird das Pariser 1,5-Grad-Ziel verfehlen und innerhalb weniger Jahre überschreiten, wenn nicht deutlichere Maßnahmen zur Emissionsreduzierung ergriffen werden. Es ist schwierig zu erkennen, wie die aktuellen und geplanten Erhöhungen der Militärausgaben mit den teuren Maßnahmen und großen finanziellen Investitionen vereinbar sind, die notwendig wären, um den Klimawandel einzuhegen. Parkinson (2025) kommt zu dem Ergebnis, dass ein standardisierter Ausgabenanstieg von 100 Mrd. US-Dollar zu einer Erhöhung des militärischen $CO_2$-Fußabdrucks um etwa 32 Mio. t $CO_2$-Äquivalent führen wird. Der Anstieg der Militärausgaben der NATO in den fünf Jahren von 2019 bis 2024 hat zu einer Erhöhung ihres militärischen $CO_2$-Fußabdrucks um etwa 64 Mio. t $CO_2$ geführt. Weitere geplante Erhöhungen dürften zu einem zusätzlichen jährlichen Anstieg von etwa 132 Mio. t $CO_2$ führen und damit mehr als die territorialen Emissionen von Chile betragen.

Wenn die Militärausgaben wie geplant auf diesem höheren Niveau gehalten werden, wird dies kumulative Auswirkungen der Emissionen auf das Klimasystem haben. Die weltweiten Militärausgaben erreichten 2024 einen Wert von 2718 Mrd. US-Dollar, den höchsten Stand seit dem Ende des Kalten Krieges. Diese Steigerungen sind auf die völkerrechtswidrige Invasion Russlands in der Ukraine im Jahr 2022 und den Anstieg der Militärausgaben der Mitgliedsstaaten der NATO und Russlands sowie durch die Zunahme bewaffneter Konflikte insbesondere im Nahen Osten zurückzuführen. Da die NATO kürzlich ein neues Ziel für die klassischen Militärausgaben von 3,5 % des Bruttoinlandsprodukts vereinbart hat, wird der globale militärische $CO_2$-Fußabdruck weiter rapide ansteigen und die internationalen Klimaschutzmaßnahmen konterkarieren.

## Literatur

Borowiak, A. et al., 2025. Climate stabilisation under net zero $CO_2$ emissions. Earth's Future 13, e2024EF005678. https://doi.org/10.1029/2024EF005678.

De Asenjo E. et al., 2025. European heat extremes under net-zero emissions; Environmental Research Letters. https://doi.org/10.1088/1748-9326/addee4

England, M. R. et al., 2025. Minimal Arctic sea ice loss in the last 20 years, consistent with internal climate variability. Geophys. Res. Lett. 52, e2025GL116175. https://doi.org/10.1029/2025GL116175.

Held, I. M. und B. J. Soden, 2006. Robust responses of the hydrological cycle to global warming. J. Climate 19, 5686–5699. https://doi.org/10.1175/JCLI3990.1

Kluft, L. et al., 2019. Re-Examining the first climate models: Climate sensitivity of a modern radiative – convective equilibrium model. J. Climate. https://doi.org/10.1175/JCLI-D-18-0774.1

Michaelides S., 2021. Lorenz Atmospheric Energy Cycle in climatic projections. Climate 9/12, 180. https://doi.org/10.3390/cli9120180

Parkinson, S., 2025. Military spending rises and greenhouse gas emissions. What does the research say? Scientists for Global Responsibility (SGR). www.sgr.org.uk/projects/climate-change-military-main-outputs

Sanderson, B. M. et al., 2025. flat10MIP: an emissions-driven experiment to diagnose the climate response to positive, zero and negative CO2 emissions. Geosci. Model Dev. 18, 5699–5724. https://doi.org/10.5194/gmd-18-5699-2025

Zhong, W. und J. D. Haigh, 2013. The greenhouse effect and carbon dioxide. Weather 68/4.

# 12

# Klima, Macht und Geopolitik

**Hinweisfenster**

**Der Klimawandel wird durch die Politik und Leitmedien als ein überschaubares, relativ einfaches Problem dargestellt, für das es eine eindimensionale, von der Wissenschaft geforderte Lösung gibt, die Dekarbonisierung lautet. Zur globalen Konsensfindung der UNO wurde das Vorsorgeprinzip herangezogen, aber der Klimawandel ist ein Problem, das mit großer Komplexität und Unsicherheiten sowie widersprüchlichen gesellschaftlichen Werten verbunden ist. Die apokalyptische Klimaerzählung stellt sich zunehmend als angezweifelter Leitfaden für die Politik heraus, weil sie sich auf die Risiken und hohen Kosten der globalen Erwärmung konzentriert. Vorteile der Erwärmung für manche Regionen und die vorläufige Zweckmäßigkeit der Nutzung fossiler Brennstoffe für die Gesellschaften werden ignoriert. Dekarbonisierung ist ohne sozialen Ausgleich nicht möglich, da die mittleren und unteren Einkommensschichten am Ende die Dummen sein werden, die draufzahlen müssen. Weltweit tragen die unteren Einkommen am wenigsten zu den $CO_2$-Emissionen bei und haben keine materiellen Möglichkeiten, diese abzufedern, sodass große Gerechtigkeitslücken bestehen.**

## Emissionsreduktion

Durch die im 19. Jahrhundert begonnene Industrialisierung hatten die führenden Nationen bis Mitte des 20. Jahrhunderts große Teile der fossilen Ressourcen ausgebeutet, aber die Klimaveränderungen in der Luft, im Wasser und an Land erschienen zunächst noch regional begrenzt zu bleiben. 1954 begann Charles Keeling am Scripps Institut für Ozeanografie mit $CO_2$-Messungen und schlug 1956 ein globales Messprogramm vor, das im Inter-


K. Dethloff, *Klimahybris*, https://doi.org/10.1007/978-3-662-73324-0_12

nationalen Geophysikalischen Jahr 1957/1958 mit Werten von 315 ppm startete. Im Oktober 2025 lag der Wert bei 425 ppm und hatte sich im Vergleich zum Oktober 2024 um 3 ppm erhöht. Man glaubte in den 1960er-Jahren noch, dass $CO_2$ zum allergrößten Teil in den Ozeanen gespeichert würde. Tatsächlich werden aber dort nur etwa 30 % aufgenommen, während sich 70 % in der Atmosphäre sammeln.

Wie Faller (2023) dokumentierte, spekulierte man bereits damals, dass sich das Klima durch $CO_2$ verändern könnte, aber es wurde als in ferner Zukunft liegendes Problem angesehen. Die Dringlichkeit des Problems ergab sich erst aus den langen $CO_2$-Messreihen Keelings. Der damalige Scripps-Direktor Revelle schlug deshalb bereits 1965 Alarm und machte den US-Präsidenten Johnson, der an Umweltfragen interessiert war, auf das Klimaproblem aufmerksam. Daraufhin entstand in Johnsons Wissenschaftsrat die erste Studie zum Klimaproblem, die bereits über globale Auswirkungen der menschengemachten Industrialisierung spekulierte. Da das gesamte Wirtschaftswachstum damals auf fossilen Brennstoffen basierte, gab es keine Alternativen in der Energieerzeugung. Keeling nahm zudem an, dass die Politik nichts unternehmen würde, solange die Temperaturänderungen noch als natürliche Schwankungen interpretiert werden könnten. Erst wenn diese wirklich statistisch signifikant höher wären, gäbe es die politische Grundlage, Maßnahmen zu ergreifen. International fand deshalb erst 1985 in Österreich die erste Tagung zu den Ursachen des Klimawandels statt, und im November 1988 wurde der Weltklimarat IPCC (Intergovernmental Panel on Climate Change) vom Umweltprogramm der Vereinten Nationen und der Weltorganisation für Meteorologie (WMO) als zwischenstaatliche Institution ins Leben gerufen. Dieser sollte für die politischen Entscheidungsträger den Stand der wissenschaftlichen Forschung zum Klimawandel zusammenzufassen mit dem Ziel, Grundlagen für wissenschaftsbasierte Entscheidungen zu bieten. Der IPCC legt seitdem regelmäßig Sachstandsberichte vor, die zwar von Wissenschaftlern erarbeitet, aber von Politikern aus 195 Staaten geprüft und dabei auf den vorsichtigsten gemeinsamen politischen Nenner getrimmt werden. Das Missverhältnis zwischen den IPCC-Sachstandsberichten und den international bindenden Verpflichtungen der Staaten zum Klimaschutz ist nicht zu beheben, denn die politischen Ursachen dafür sind zu komplex und vielfältig.

Dennoch ist es überraschend, dass so viele Jahre verstrichen sind, in denen es nicht gelang, die Emissionen stärker zu reduzieren. Der steigende $CO_2$-Gehalt ist zwar eine Bedrohung für viele Ökosysteme und das Leben in Tropenregionen, aber keine unmittelbare Bedrohung für menschliches Leben in mittleren Breiten. Wie in der „*Heiligen Dreifaltigkeit*“ bei der Entstehung des Christentums braucht die Zivilisation eine Neuausrichtung von Wirtschaft, Politik und Umwelt. Die Industrieländer haben es in der Vergangenheit geschafft, ein Gleichgewicht zwischen wirtschaftlicher Entwicklung und Umweltproblemen herzustellen, wie man es an den Lösungen des stratosphärischen Ozonlochproblems erkennen kann. Die technischen Lösungen zur Entfernung von $CO_2$ aus der Atmosphäre sind bisher aber noch viel zu teuer, und die Entwicklung regenerativer Energien reicht für eine Energiewende bei weitem nicht aus. Deshalb erfolgen auch weiterhin hohe Investitionen in die Erschließung und den Abbau fossiler Erdöl- und Erdgaslagerstätten.

## Prokopfemissionen

Abb. 12.1 stellt die Entwicklung der globalen $CO_2$-Emissionen zwischen 1970 und 2024 in wichtigen Gesellschaftsbereichen wie Energiewirtschaft, Industrie, Bauwirtschaft, Verkehr, Kraftstoffherstellung, Landwirtschaft und Abfallwirtschaft auf der Basis von Crippa et al. (2025) dar. In allen Bereichen steigen die Emissionen stetig an, und es ist schwer vorstellbar, wie dieser Trend

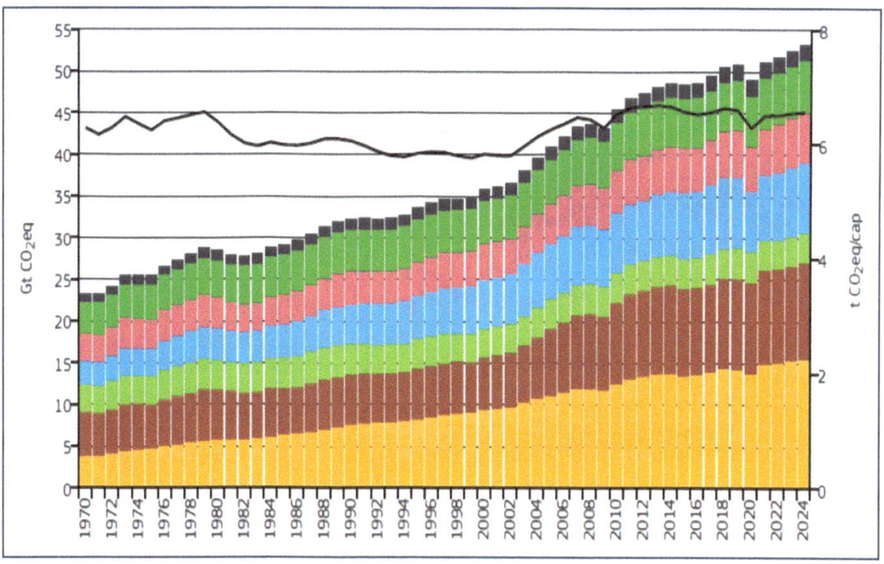


**Abb. 12.1** Globale Treibhausgasemissionen (74,5 % $CO_2$, 4,8 % $N_2O$, 17,9 % $CH_4$, FCKW 2,8 % in Mio. t pro Jahr) in den Sektoren Energiewirtschaft (gelb), Industrie (braun), Bauwirtschaft (hellgrün), Verkehr (blau), Erdöl- und Gasproduktion (rosa), Landwirtschaft (dunkelgrün) und Abfallwirtschaft (grau) von 1970 bis 2024. Die schwarze durchgezogene Linie stellt die Treibhausgaslücke dar. (Quelle: Crippa et al. 2025. https://data.europa.eu/doi/10.2760/9816914, JRC143227. CC BY 4.0)

durch globale Vereinbarungen und Klimapolitik gestoppt werden kann. Die Verringerung der Treibhausgasemissionen wäre aber erforderlich, um den Anstieg der Globaltemperatur zu verlangsamen. Die europäische Klimagesetzgebung hat alle EU-Staaten verpflichtet, bis 2050 Klimaneutralität zu erreichen.

Seit 1990 erfolgte eine deutliche Reduktion der $CO_2$-Emissionen in der EU, wie man in der Abb. 5.2 erkennen kann. Die Nettotreibhausgasemissionen sind bis 2022 um 31 % gegenüber 1990 gesunken, während das BIP im gleichen Zeitraum deutlich gestiegen ist. Der Weg zum Erreichen von Klimaneutralität bis 2050 wird sich aber noch als sehr schwierig erweisen. Der Ausbau der erneuerbaren Energien hat sich beschleunigt, und die EU hat ihre Abhängigkeit von russischem Erdgas verringert. Die Energieversorgungssicherheit der EU ist jedoch weiter durch Importabhängigkeit von teurem amerikanischem Flüssiggas und andere Sicherheitsrisiken bedroht.

Die Wettbewerbsfähigkeit der europäischen Industrie wird durch die Konkurrenz aus China und Asien, das hohe Energiepreisgefälle im Vergleich

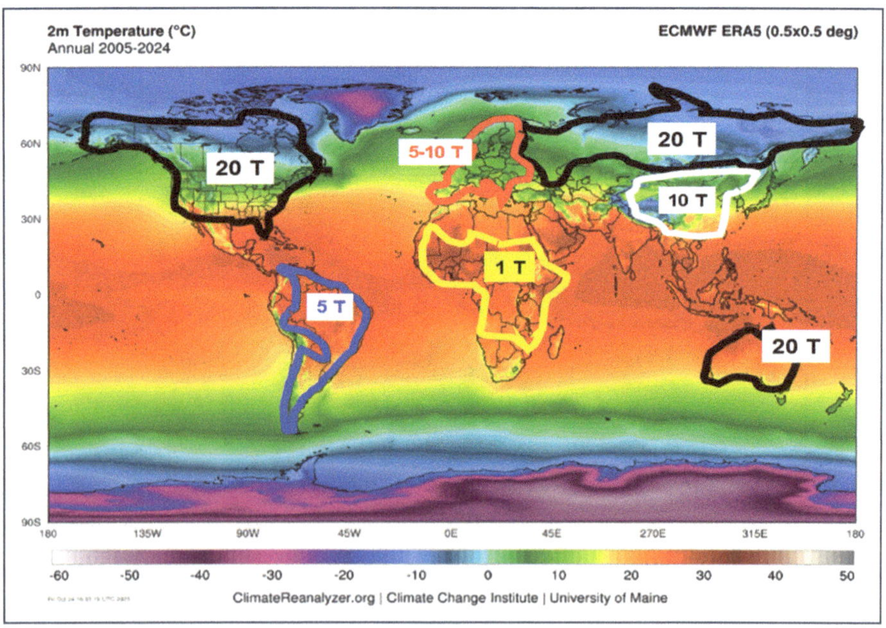


**Abb. 12.2** Ungefähre Prokopfemissionen (Tonnen $CO_2$) im Jahr 2022 aus fossilen Brennstoffen und Industrie für verschiedene Weltregionen, dargestellt durch die unterschiedlichen Farbkonturen: 20 t (schwarz), 10 t (weiß), 5–10 t (rot), 5 t (blau) und 1 t (gelb). Die Zahlen basieren auf Ritchie et al. (2023), OurWorldinData.org/co2-and-greenhouse-gas-emissions. Dargestellt sind auch die Jahresmitteltemperaturen im Zeitraum 2005–2024 basierend auf ClimateReanalyzer.org

zu anderen industriellen Wettbewerbern wie den USA und die strategische Abhängigkeit von sauberen Energietechnologien erheblich beeinträchtigt. Die Bürger zahlen bereits sehr hohe Energierechnungen, die zusammen mit steigenden Lebenshaltungskosten und großer Inflation kaufkraftschmälernd wirken.

Die aus fossilen Energieträgern und der Industrie resultierenden Prokopfemissionen von $CO_2$ im Jahr 2022 wurden von Ritchie et al. (2023) berechnet und sind in Abb. 12.2 für verschiedene Regionen dargestellt. Diese betragen teilweise mehr als 20 t in den Industrieländern, während sie in Zentralafrika nur bei 1 t liegen. Auch in anderen, ärmeren Regionen der Welt wie Südamerika fallen sie geringer aus. Die Emissionen der reicheren Länder sind weiterhin die höchsten der Welt, und daher müssten sie für Klimaänderungen im ärmeren Süden eigentlich Ausgleichszahlungen leisten. Diese Verpflichtung spielt bei den internationalen Klimakonferenzen eine dominierende Rolle, aber die versprochenen Zahlungen bleiben *„Papiertiger"*. Bei diesem Thema von gesellschaftlicher Relevanz ist die Vermischung von Politik und Wissenschaft unvermeidlich. Dabei wird häufig die Wissenschaft durch die Politik in Haftung genommen, indem sie wissenschaftliche Argumente zur Durchsetzung gewünschter politischer Maßnahmen auswählt. Auch manche Wissenschaftler missbrauchen politikrelevante Wissenschaft, indem sie mit ihrem Fachwissen selbst Machtpolitik betreiben, Expertenurteile und umstrittene Fakten mit moralischen Werten verknüpfen und Wissenschaftler einschüchtern, deren Meinung ihren politischen Agenden im Wege steht.

DeAngelo und Curry (2025) sehen eine Schwierigkeit darin, dass sowohl das Problem des Klimawandels als auch dessen Lösung zu stark vereinfacht dargestellt wird. Die UNO sieht den Klimawandel als ein überschaubares eindimensionales Problem an, für das es eine offensichtliche, von der Wissenschaft geforderte Lösung gibt, nämlich die Dekarbonisierung. Zur globalen Konsensfindung der UN wurde das Vorsorgeprinzip herangezogen, aber der Klimawandel ist ein Problem, das mit großer Komplexität und Unsicherheiten sowie widersprüchlichen gesellschaftlichen Werten verbunden ist. Wenn man den Klimawandel als lösbares Problem betrachtet, der als Folge eines Überschusses an Kohlendioxid in der Atmosphäre entsteht, kann er durch die Eliminierung der Emissionen fossiler Brennstoffe gelöst werden. Dadurch wird aber das Problem wie auch die Lösung zu stark reduziert und in einem eindimensionalen Rahmen betrachtet. Diese Sichtweise dominierte die UN-Verhandlungen zum Klimawandel von Anfang an. Es gibt jedoch kein Menschenrecht auf ein sicheres oder stabiles Klima. In der Allgemeinen Erklärung der Menschenrechte von 1948, in der 30 Menschenrechte aufgeführt sind, wird weder das Wort *„Klima"* noch das Wort *„Umwelt"* erwähnt.

Dies gilt auch für die Europäische Menschenrechtskonvention. In Europa gibt es Bestrebungen, ein neues Menschenrecht auf ein sicheres, stabiles Klima zu schaffen. In einer Entscheidung des UN-Menschenrechtsausschusses heißt es: „*… Umweltzerstörung, Klimawandel und nicht nachhaltige Entwicklung stellen einige der dringlichsten und schwerwiegendsten Bedrohungen für die Fähigkeit heutiger und künftiger Generationen dar, ihr Recht auf Leben zu genießen.*" Die UN hat aber keinen Versuch unternommen, internationale Unterstützung für ein neues Menschenrecht zum Schutz vor dem Klimawandel zu gewinnen.

## Apokalypse

Selbst wenn die angestrebten Netto-Null-Ziele weltweit bis 2050 erreicht werden sollten, würde sich das Klima aufgrund natürlicher Klimaschwankungen durch Vulkanausbrüche, solare Einflussfaktoren, Schwankungen der Ozeanzirkulation und geologische Prozesse weiter verändern. Angesichts der Trägheit des Klimasystems, besonders der Ozeane und Eisschilde, würde es viele Jahrzehnte dauern, bis es nach Erreichen des Netto-Nullpunkts zu einer spürbaren Reduktion extremer Wetter- und Klimaereignisse und des erwarteten Anstiegs des Meeresspiegels käme. Die Übertreibung der Risiken des vom Menschen verursachten Klimawandels führt zu schwerwiegenden Widersprüchen im Zusammenhang mit der Idee, „*dass die Menschenrechte Schutz vor den Auswirkungen eines gefährlichen Klimawandels bieten*". Curry (2024) zeigt, dass im Hinblick auf das Recht auf Leben die globale Sterblichkeit pro 100.000 Menschen durch extreme Wetter- und Klimaereignisse seit 1920 um 99 % zurückgegangen ist. Zwischen 1980 und 2016 ist die globale Sterblichkeit durch extreme Wetter- und Klimaereignisse um das 6,5-fache gesunken.

DeAngelo und Curry (2025) kritisieren das apokalyptische Klimanarrativ, nach dem die Menschheit vor einer existenziellen Bedrohung durch die globale Erwärmung steht, die nur durch eine Nullemissionspolitik und völlige Eindämmung der Nutzung fossiler Brennstoffe abgewendet werden kann. Dieses Narrativ wird seit mehr als drei Jahrzehnten von Umweltaktivisten, prominenten Politikern und UN-Institutionen propagiert und von vielen Bürgern der Vereinigten Staaten, des Vereinigten Königreichs, Deutschlands und anderer wohlhabender Länder als „*Klimaevangelium*" akzeptiert. Alarmierende plausible Erzählungen und mediale Gehirnwäsche durch die Leitmedien sogar bei den täglichen Wetterberichten von ARD und ZDF stellen wirksame Instrumente zur Beeinflussung der öffentlichen Meinung und der Regierungspolitik dar. Wenn solche Erzählungen aber unsicher sind, können sie aufgrund der unbeabsichtigten Folgen ihrer politischen Vorgaben erheblichen Schaden anrichten.

Die apokalyptische Klimaerzählung stellt sich als zunehmend angezweifelter Leitfaden für öffentliche Politik heraus, weil sie sich auf die Risiken und hohen Kosten der globalen Erwärmung konzentriert und Vorteile der Erwärmung für manche Regionen und die wirtschaftliche Zweckmäßigkeit durch weitere Nutzung fossiler Brennstoffe ignoriert. Dabei wird eine schnelle Eindämmung der Nutzung fossiler Brennstoffe durchgeboxt, ohne die enormen Kosten zu berücksichtigen, die eine solche Eindämmung den Menschen auferlegt. Dekarbonisierung ist ohne sozialen Ausgleich für die Masse der Bevölkerung nicht möglich. Besonders die mittleren und unteren Einkommensschichten haben das Gefühl, am Ende die Dummen zu sein, die draufzahlen müssen. Auch in den westlichen Ländern des entwickelten Nordens tragen die unteren Einkommen am wenigsten zu den $CO_2$-Emissionen bei und haben weniger materielle Möglichkeiten, diese abzufedern, sodass sich fühlbare Gerechtigkeitslücken auftun. Zudem fehlt es an einem realistischen Augenmaß für die Risiken und Kosten einer sich fortsetzenden globalen Erwärmung, die überschaubar und nichtexistenziell sind. Curry (2023) sowie DeAngelo und Curry (2025) schätzen die Bedrohung durch den vom Menschen verursachten Klimawandel als weniger dramatisch ein und lehnen eine zu schnelle Reduktion der Nutzung fossiler Brennstoffe als unklug ab. Sie argumentieren, dass eine vernünftige öffentliche Politik sich stattdessen auf die Entwicklung eines diversifizierten Portfolios von Energiequellen konzentrieren würde, um eine größere Widerstandsfähigkeit und Flexibilität zu unterstützen.

## Klimakonferenz

Im November 2025 trafen sich die Delegierten der Staaten der Erde im brasilianischen Belém zur 30. Weltklimakonferenz. In der Vorbereitung hielten sich die Länder mit bindenden Verpflichtungen aufgrund eines klimapolitischen Pessimismus zurück. Die verpatzte Energiewende Deutschlands und der EU zu einem grünen Kapitalismus mit der geforderten sozial-ökologischen Transformation und Modernisierung ist an der realen Lebenswelt der Erde gescheitert. Im Jahr 2025 werden weiterhin 80 % des globalen Energiebedarfs durch fossile Energieträger erzeugt. Der Preis für 1 Kilowattstunde Solarstrom ist drastisch auf unter 0,5 Cent gesunken, und die Preise chinesischer E-Autos betragen nur noch 50 % der deutschen Herstellerpreise. Diese Innovation ist nicht der ökologischen Modernisierung der EU-Länder zu verdanken, sondern chinesischer Innovationskunst und staatlicher Förderung durch Chinas Planwirtschaft. Der Spagat der EU zwischen dem Wunsch nach ökonomischem Wachstum bei gleichzeitiger drastischer Energieverteuerung als Folge von $CO_2$-Bepreisung und der Abkopplung von russischem Erdöl und Gas kann nicht gelingen. Deshalb kann die EU mit der Wachstumsgeschwindigkeit der Wirtschaften in den USA und China nicht konkurrieren und verliert an politischem und ökonomischem Einfluss.

Von Altenbockum (2025) spricht von einem langen Abschied von der Utopie, weil die Welt eine andere Sicht auf Klimaschutzmaßnahmen als Europa hat, denn diese haben sich ökonomischen und machtpolitischen Interessen unterzuordnen. Deshalb versuchen die nationalen Regierungen Europas, ihre festgezurrten Ziele zur Einhegung des Klimawandels zu korrigieren. Dabei gilt Deutschland mit seiner selbstzerstörerischen maßgeblich von einem grünen Wirtschaftsminister geprägten Energie- und Industriepolitik als abschreckendes Beispiel. Dadurch tritt der Konflikt zwischen einer ideologisch-moralisierenden und einer pragmatischen realistischen Politik immer stärker zutage.

Erstere konnte ihre Positionen immer wieder durch Katastrophenmeldungen von medienpräsenten Wissenschaftlern zementieren, aber inzwischen setzt sich eine realistischere Sicht durch. Man sieht das am Bespiel des Milliardärs Gates, der sein Geschäftsmodell nach Erschöpfung der Klimarettung auf Klimaanpassung umgestellt hat. Das Hamburger Modell von Klimaneutralität ist die ideologisch motivierte Insellösung für eine reiche Hansestadt, denn Klimawandel erfordert bei allem Verständnis für lokale Maßnahmen internationale Lösungen. Demokratie erfordert für Akzeptanz Verhältnismäßigkeit und darf bei der Meisterung der klimapolitischen Probleme nicht zu einer Art *„Ökodiktatur"* mutieren. Deshalb fordert Von Altenbockum (2025), die Folgen des Klimawandels mit Realismus zu bekämpfen, statt die Ursachen mit Utopismus. Zur 30. Klimakonferenz in Belém im brasilianischen Regenwald reisten 50.000 Klimaretter von Regierungen (Staatschefs und Beamte), NGOs und Medienvertreter an, aber die wesentlichen Player wie die USA und China fehlten.

Obwohl der *„Emissions Gap Report"* der UNEP davor warnt, dass die Erwärmung bis zum Jahrhundertende auf 2,8 K ansteigen könnte, vergrößert sich die Schere zwischen den Klimazielen und den Anstrengungen zur $CO_2$-Emission. Dazu trägt nach Brocker und Geinitz (2025) die wachsende Frontstellung zwischen den fossil ausgerichteten Öl- und Gasförderländern wie den USA und Russland und den auf erneuerbare Energien und Elektrifizierung setzenden Länder bei. Auch die UNEP müsste erkennen, dass Massenkonferenzen für 50.000 Personen mit klimatisierten Konferenzräumen und

Straßen, aus Italien herangeführten Hotelschiffen und einem Flugplatz im brasilianischen Urwald keinen Beitrag zur Klimarettung leisten. Trotz der 2023 auf der COP28 in Dubai eingegangenen Verpflichtungen und der Aufforderung an die Vertragsparteien, die Kapazitäten für erneuerbare Energien zu verdreifachen und die Energieeffizienz bis 2030 zu verdoppeln, kommt die Energiewende nur langsam voran. Fossile Brennstoffe dominieren weiterhin den Energiemix in den großen Volkswirtschaften, und die Ziele des Pariser Abkommens sind nicht mehr realistisch. Kirchengast und Pichler (2025) analysierten Temperaturzeitreihen von 1850–2024 und Projektionen bis 2034, die eine deutliche Überschreitung von 1,5 K im Jahr 2024 durch das Jahresmittel (1,62 K) zeigt. Der 20-Jahres-Mittelwert bleibt immer noch unter 1,5 K, wird diese Schwelle aber voraussichtlich zwischen 2025 und 2032 überschreiten.

## Prioritäten

Das EU-Parlament führte 2025 Meinungsumfragen in Europa durch, um die Prioritäten, Interessen und Befürchtungen der Menschen als Folge der sozialökologischen Transformation zu untersuchen. Im Europabarometer (2025) wurden basierend auf 26.453 Personenbefragungen die politischen Prioritäten der EU-Bürger analysiert. Diese stellen mit 52 % Frieden in den Vordergrund, gefolgt von Demokratie mit 35 %, Meinungs- und Gedankenfreiheit mit 23 % und den Schutz der Menschenrechte mit 22 %. Sie erwarten auch, dass das Europäische Parlament der Bekämpfung der Inflation, der steigenden Preise und der Lebenshaltungskosten (41 %) Vorrang einräumt, gefolgt von der Wirtschaft und der Schaffung von Arbeitsplätzen (35 %) sowie der Verteidigung und Sicherheit der EU (34 %). Der Anteil der Befragten, die eine Konzentration auf die Wirtschaft und die Schaffung von Arbeitsplätzen fordern, ist von Mai 2025 bis Dezember 2025 um fünf Prozentpunkte gestiegen.

Große Besorgnis besteht über Desinformation (69 %), Hassreden (68 %), irreführende Inhalte, die durch KI erstellt wurden (68 %), den Schutz personenbezogener Daten im Internet (68 %) und Bedrohungen der Meinungsfreiheit (67 %). Über die Hälfte der EU-Bevölkerung (54 %) rechnet mit einem sinkenden Lebensstandard und glaubt nicht daran, dass bis 2050 nachhaltige Energien und Produkte für ärmere Menschen erschwinglich und bezahlbar sein werden. Die Hälfte der Europäer (50 %) glaubt, dass die EU genug unternimmt, um einen fairen grünen Wandel zu gewährleisten, aber 66 % der Europäer möchten, dass die EU eine größere Rolle beim Schutz vor globalen Krisen und Sicherheitsrisiken spielt. Sie sehen Verteidigung und Sicherheit (40 %), Wettbewerbsfähigkeit, Wirtschaft und Industrie (32 %) sowie Energieunabhängigkeit, Ressourcen und Infrastrukturen (29 %) als Schlüsselbereiche für die Stärkung der EU-Position in der Welt an.

Diese Prioritätenliste variiert zwischen den EU-Ländern und wird durch die in den Nationalstaaten getroffenen sozialpolitischen Maßnahmen bestimmt. Ungarns Regierung subventioniert die Energiepreise und hält an Importen billigeren russischen Gases fest, da 90 % der Bevölkerung mit Erdgas heizen, während in Deutschland die höchsten Energiepreise Europas zu entrichten sind. Nach Daten von Eurostat zahlten Haushalte in Deutschland Ende 2025 durchschnittliche Strompreise von 38 Cent/kWh, in Frankreich 26 Cent/kWh und in Ungarn 10 Cent/kWh – die niedrigsten Strompreise in Europa. Soziale Gerechtigkeit, Klima, Ökologie und Frieden gehören nach Scheidler (2025) untrennbar zusammen. Wenn mehr als die Hälfte der europäischen Staatshaushalte dem militärisch-industriellen Komplex zugutekommen, kann man die Hoffnungen auf eine sozial-ökologische Transformation begraben. Scheidler (2025) schreibt: *„Mit dem Szenario eines russischen Überfalls auf die NATO wird in der EU nicht nur die Aufrüstung legitimiert, sondern im Gegenzug auch ein Abbau des Sozialstaats, den sich Europa angesichts dieser existentiellen Bedrohung angeblich nicht mehr leisten könnte.“*

Die ökologisch notwendige Gesellschaftstransformation führt zu großer Verunsicherung bei den unteren und mittleren Einkommensschichten und erzeugt wachsende Abstiegsängste. Diese erwarten persönliche Nachteile aus dem bevorstehenden Wandel und zweifeln an der Umsetzbarkeit der notwendigen Umbaumaßnahmen, der die Staaten viel Geld kosten wird. Angesichts finanziell enger Spielräume und des Mehraufwands in anderen Politikbereichen wie Verteidigung, Aufrüstung, Migration, Pflege und Erziehung treten starke Interessen- und Verteilungskonflikte auf. Deshalb sind die soziale Abfederung und eine staatlich begleitete Struktur- und Arbeitsmarktpolitik ohne Alternative. Staatliche Verbote oder höhere Preise bei der Energie- und Heizungswende im Kampf gegen den Klimawandel würden lediglich 8 % der Befragten befürworten. Fast 73 % der Befragten ärgern sich, wenn andere ihnen vorschreiben wollen, wie sie leben sollten und sehen in der Bevormundung eine Barriere für klimabewusstes Verhalten. Mehr als 50 % der Befragten glauben nicht an den Erfolg globaler Klimaschutzbemühungen und nur 5 % sind der Überzeugung, dass die internationalen Maßnahmen helfen.

Suleymann und Bashkar (2025) beschreiben die wichtige Rolle von Nationalstaaten als politische Ordnungseinheiten mit zentralisierter Macht auf dem Weg zu Frieden und Wohlstand und zur Eindämmung und Regulierung der Macht internationaler Technologie- und Finanzkonzerne. Suleymann und Bashkar (2025) glauben, dass die Macht der Staaten zunehmen muss, um das Leben zu verbessern. Suleymann beschreibt seine Rolle bei den Klimaverhandlungen 2009 in Kopenhagen. Dort sollte er als Verhandlungsführer Hunderte von Nichtregierungsorganisationen und Wissenschaftler zu einer Abstimmung ihrer Verhandlungspositionen bewegen, um den 192 streitenden Ländern eine kohärente Verhandlungsposition zu präsentieren. Leider konnte man sich auf fast nichts verständigen, denn man war sich weder bei der Wissenschaft noch über die Realität einig, weil zu unterschiedliche Prioritäten bestanden. Die konkurrierenden Positionen der Staaten sind bei solch einem komplexen Problem wie dem Klimawandel extrem divergierend. Die staatlichen Institutionen und NGOs können bei der Bewältigung massiver globaler Probleme ihren Zweck nicht erfüllen, sodass am Ende nur eine Art Kuhhandel stattfindet und die Fortschritte sehr gering ausfallen.

Die EU hat 2019 das anspruchsvollste Klimaschutzprogramm der Welt, den „*Green New Deal*" beschlossen, der Klimaschutz mit Wachstum durch erneuerbare Energien und saubere Technologien versöhnen sollte. Die EU plant von 2025 bis 2060 den Preis für eine Tonne $CO_2$ von derzeit 70 auf 240 US-Dollar erhöhen. In China werden diese Preise im gleichen Zeitraum von derzeit 15 US-Dollar auf etwa 70 US-Dollar steigen und in den USA von 10 US-Dollar auf nur 50 US-Dollar. Die EU belastet ihre Unternehmen und Bürger deutlich stärker als es die USA oder Asien tun. In Deutschland führten rigorose Klimaschutzmaßnahmen zur drastischen Erhöhung der Energiepreise, die Arbeitsplätze vernichtete und Firmen ins Ausland abwandern ließ. Globale Zoll- und Wirtschaftskriege, die Erfolge chinesischer Planpolitik bei der Entwicklung billiger Solarmodule, Wahlsiege rechter Parteien in Europa, die extremen Belastungen zur Finanzierung der Ukraine nach dem russischen Angriffskrieg sowie eigene fehlende diplomatische Anstrengungen zur Beendigung dieses Krieges zwingen die EU zu einer Entschärfung ihrer Klimapolitik. Die EU betont deshalb verstärkt wieder die Wettbewerbsfähigkeit, und der Klimaschutz rutscht dabei unter dem Slogan „*Deal für eine saubere Industrie*" nach hinten.

Um die höheren Aufrüstungsausgaben zu finanzieren, wird gegenwärtig versucht, die hohen Sozialausgaben zu reduzieren. Abb. 12.3 zeigt, dass diese seit den 1950er-Jahren in Ländern des entwickelten Westens stetig gewachsen sind und im Jahr 2024 zwischen 20 und 30 % des Bruttoinlandsprodukts lagen. In Deutschland betrug dieser Wert bei einem BIP von 4000 Mrd. € fast 28 %. Bereits 1889 wurde unter Reichskanzler Bismarck eine Invaliditäts- und Alterssicherung der in sozialer Not lebenden Arbeiterklasse eingeführt,

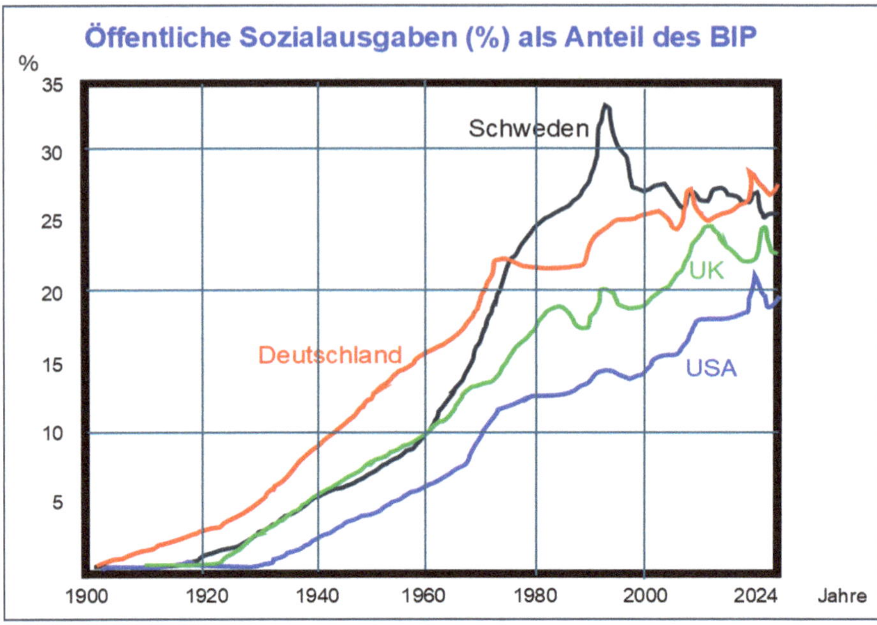


**Abb. 12.3** Öffentliche Sozialausgaben (%) als Anteil des BIP in Deutschland (rot), Schweden (schwarz), dem Vereinigtem Königreich (grün) und den USA (blau) im Zeitraum von 1900 bis 2024. Die Zahlen umfassen die Bereiche Gesundheit, Renten, Erwerbsunfähigkeitsleistungen, Familienzuwendungen, Kindergeld, Arbeitsmarktprogramme, Arbeitslosigkeit und Wohnen. Die Werte basieren auf Angaben von OurWorldData.org

womit Deutschland bis in die 1970er-Jahre mit seinen Sozialaufwendungen vor den anderen Ländern lag. Während der Staat auf der einen Seite zwar soziale Leistungen verteilt, verbessert er auf der anderen Seite durch höhere Energiepreise und Steuern seine Einnahmen.

Suleymann und Bashkar (2025) gehen davon aus, dass sich in den kommenden Jahrzehnten neue Machtzentren, Infrastrukturen, Regierungsformen und gesellschaftliche Organisationen herausbilden werden. Neue Technologien können soziale Strukturen, Hierarchien und Kontrollmechanismen verstärken oder in Chaos und Turbulenzen münden. In demokratischen Staaten drohen ohne grundlegende Neuausrichtung ein Verfall der Institutionen und ein Schwinden von Legitimität und Autorität, die durch Technologieverbreitung zu fundamentalen Machtverschiebungen führen kann.

Nicht nur autokratische Länder erhalten durch die neuen Technologien ein wirkungsvolles Arsenal an neuen Repressionsmöglichkeiten. Da Empoli (2026) beschreibt, dass sich das Schicksal der liberalen Demokratien nicht mehr wie früher in den öffentlichen Medien und in der realen Welt entscheidet, sondern im Internet, das von digitalen Kriegsherren und Technoeliten beherrscht wird. Dort findet ein Markteroberungskampf statt, bei dem nur die Regeln und Algorithmen der Plattformen und nicht die der Nationalstaaten gelten. Da Empoli (2026) führt dazu aus: *„Der neue amerikanische Präsident führt einen bunten Tross hemmungsloser Autokraten an, bestehend aus Tech-Konquistadoren, Reaktionären und Verschwörern, die es gar nicht erwarten können, dass der Kampf endlich losgeht. Vor uns tut sich eine Ära grenzenloser Gewalt auf… und die Verteidiger der Freiheit scheinen auf die sie erwartende Aufgabe ganz besonders schlecht vorbereitet.“* Das bisherige Fundament der politischen Weltordnung stürzt ein und hinterlässt dabei zahlreiche Ruinen. Chaos wird damit nicht nur zur Waffe in der Hand von Rebellen, sondern zum Markenzeichen der herrschenden Entscheidungsträger. Es ist niemand zu sehen, der diese chaotischen Prozesse einhegen oder staatlich lenken kann. Da Empoli (2026) stellt nüchtern fest, dass es heute praktisch keinen Zusammenhang mehr zwischen intellektueller Kapazität und politischer Intelligenz gibt.

In dieser unregierbaren Welt werden sich Instabilitäten entwickeln, die über Jahrzehnte bestehen werden. Man kann diese Entwicklungen an den Konflikten der USA und der EU mit Russland und China bereits jetzt erkennen. Selbst im Kalten Krieg wurden trotz der geopolitischen Spannungen Kontakte auf höchster Ebene aufrechterhalten, während sich gegenwärtig die politischen Gräben immer weiter vertiefen und unsäglicher Hass entsteht. Im 21. Jahrhundert steht die Menschheit nach Scheidler (2025) vor zwei großen Problemen: der Überwindung eines Wirtschaftssystems, das die natürlichen Lebensgrundlagen der Erde zerstört und dabei große Teile der Bevölkerung in Armut und Not zurücklässt und der Gefahr eines großen Krieges auf der Nordhemisphäre mit einer nuklearen Konfrontation. Das Damoklesschwert einer vernichtenden Nuklearkatastrophe hängt weiterhin drohend über der Erde. Katastrophale Entwicklungen haben globale Auswirkungen und erfordern internationale Regulierungen und Verträge, wie den Atomwaffenvertrag zur nuklearen Eindämmung und das Pariser Klimaabkommen.

Das komplexe Politiksystem erfordert heute nicht nur den Weitblick von Juristen, sondern technokratisches Wissen gepaart mit Realismus zur Vermeidung von Fehlschlägen. Bei der Entwicklung neuer Technologien wurde niemals an die unabsehbaren Folgen der Befriedigung menschlicher Bedürfnisse gedacht, denn Carl Benz und die amerikanischen Ölbarone konnten auf der Basis der damaligen Erkenntnisse am Ende des 19. Jahrhunderts nicht im Entferntesten an die Verschmutzung der Erdatmosphäre denken. Die Technologie wurde salonfähig gemacht, das Kapital finanzierte sie, und weitere Nutzer schlachteten diese Modernisierungswelle ungeachtet der Folgen aus. Bei der Entwicklung der KI-Technologien muss es anders als beim Klima laufen, sie müssen vorausschauend an die menschlichen Bedürfnisse angepasst werden. Suleymann und Bhaskar (2025) haben deshalb ein technologisches Pendant *„International Panel for AI Safety“* ähnlich zum IPCC vorgeschlagen.

## Geopolitik

Der Exkurs durch das Klimasystem der Erde hat die dominierende Rolle der großskaligen Telekonnektionsmuster beleuchtet, die ähnlich zu den Großmächten in der Geopolitik eine dominierende Rolle bei der Klimaentwicklung spielen. Gleichzeitig werden die großskaligen Zirkulationsregime als Folge nichtlinearer Wechselwirkungen durch barokline Wettersysteme beeinflusst, die in der Geopolitik politischen Zwischenmächten entsprechen würden. Das Weltwirtschaftsforum in Davos bot dem kanadischen Premierminister Carney (2026) die Bühne, über einen Bruch in der Weltordnung und eine neue Realität in der Geopolitik zu sprechen, in der eine große und bestimmende Macht keinen Grenzen und Beschränkungen unterliegt. Er nannte die USA nicht namentlich, aber die angedrohte militärische Übernahme Grönlands und Strafzölle für europäische Länder, die sich Trumps Anspruch auf Grönland widersetzten, veranlassten Kanada und mehrere europäische Länder zu drastischen Gegenreaktionen. Sie drohten wirtschaftliche Konsequenzen der EU und Kanadas an und zwangen die Trump-Administration zum Einknicken.

Carney analysierte mit diplomatischem Geschick, dass Zwischenmächte wie Kanada nicht machtlos sind: *„Sie haben die Fähigkeit, eine neue Ordnung aufzubauen, die unsere Werte umfasst, wie die Achtung der Menschenrechte, nachhaltige Entwicklung, Solidarität, Souveränität und die territoriale Integrität der verschiedenen Staaten. Die Macht der weniger Mächtigen beginnt mit Ehrlichkeit. Es scheint, als würden wir täglich daran erinnert, dass wir in einer Ära der Rivalität der Großmächte leben, dass die regelbasierte Ordnung verblasst, dass die Starken tun können, was sie können, und die Schwachen leiden müssen, was sie müssen.“* Carneys Rede stellt eine realistische Einschätzung der internationalen Entwicklungen dar und zeigt eine intelligente Strategie auf, die Kanada und die EU im Umgang mit der Supermacht USA verfolgen könnten. Der rückwärtsgewandte nostalgische Blick auf eine frühere Welt zwingt dazu, aus dem Bruch etwas Besseres, Stärkeres und Gerechteres zu bauen.

Dies ist nach Carney Einschätzung die Aufgabe der Mittelmächte, *„die in einer Welt der Festungen am meisten zu verlieren und von echter Zusammenarbeit am meisten zu gewinnen haben … Kanada gehörte zu den ersten, die den Weckruf hörten, der uns dazu veranlasste, unsere strategische Haltung grundlegend zu ändern … Wir wollen prinzipientreu und pragmatisch sein … in unserem Bekenntnis zu grundlegenden Werten: Souveränität, territoriale Integrität, das Ver-*

*bot der Androhung oder Anwendung von Gewalt … und die Achtung der Menschenrechte.* "Kanadas Regierung muss sich gegen seinen mächtigen Nachbarn USA behaupten und hat mit Steuersenkungen und Investitionen in Seltene Erden, Künstliche Intelligenz und der Entwicklung einer strategischen Partnerschaft zu China reagiert. Dabei setzt Kanadas Premier Carney (2026) auf neue Allianzen: *„Um globale Probleme zu lösen, verfolgen wir variable Geometrie, also unterschiedliche Koalitionen für unterschiedliche Themen auf Basis gemeinsamer Werte und Interessen. Bei der arktischen Souveränität stehen wir fest an der Seite Grönlands und Dänemarks und unterstützen voll und ganz ihr einzigartiges Recht, über Grönlands Zukunft zu bestimmen.“*

Man wünschte sich mehr solch kluger und entschlossener Männer oder Frauen auch in den Ländern und Institutionen der EU. In den früheren Satellitenstaaten des Ostblocks unter Führung der Sowjetunion (SU) wurde die Bindung an den *„Großen Bruder“* immer kritisch beäugt. Deshalb konnte in Ostdeutschland nach der verloren gegangenen SU-Ostbindung durch simplen Buchstabentausch keine US-Westbindung anerzogen werden. Deutschland und Europa haben sich nicht nur in der Verteidigung, sondern auch bei High-Tech-Produkten im Digital- und Finanzsektor, Künstlicher Intelligenz und der Energieversorgung an die USA ausgeliefert. Nach den geopolitischen Verwerfungen der Trump-Administration muss die EU strategische Verteidigungsfähigkeiten entwickeln und ihre eigenen geopolitischen Interessen im Umgang mit Russland und China verfolgen. Dazu gehört es, anstelle von Kriegsrhetorik auf friedliche Koexistenz mit seinem großen rohstoffreichen Nachbarn in Osteuropa zu setzen. Deutschland und Europa müssen zur Durchsetzung eigener ökonomischer und politischer Interessen im geopolitischen Trilemma zwischen den USA, Russland und China ihren Handlungsspielraum flexibler und mehrgleisiger ausweiten und diversifizieren.

Da Empoli (2026) spricht das entscheidende Problem liberaler Demokratien an. Während Präsident Trump mit einer Clique aus Familienmitgliedern und reichen Tech-Milliardären regiert und den Massen demagogisch verspricht, die Probleme bei Kriminalität, Inflation, Zuwanderung und Lebenshaltungskosten wirklich zu lösen, antworten die Demokraten mit Phrasen von Verteidigung der Demokratie. Da Empoli (2026) schreibt: *„Nachdem die Demokraten darauf verzichtet hatten, den Kapitalismus zu transformieren, ja sogar darauf, ihn staatlich zu regulieren und die wirtschaftliche Ungleichheit zu bekämpfen, waren sie auf das bescheidenere Ziel ausgewichen, die Minderheiten zu repräsentieren.* "Er analysiert, dass nach der mit Hilfe von Google-Boss E. Schmidt gewonnenen Präsidentschaftswahl B. Obamas im Jahr 2012 das Kartellrechtsverfahren gegen Google eingestellt wurde. Die amerikanischen

Demokraten von Obama bis Biden sind somit dafür verantwortlich, dass die Entwicklung der Künstlichen Intelligenz bei Google und Microsoft ohne jegliche staatliche Kontrolle stattfinden konnte. Sie gelangte in die Hand von Privatunternehmern, die heute mächtiger als Nationalstaaten sind. Damals existierte noch ein Zeitfenster für ein staatliches Regulierungssystem. In Anbetracht des politischen Einflusses heutiger Finanzmärkte mit Kryptowährungen und dem unkontrollierten Vormarsch der KI sind internationale Regelungen kaum noch vorstellbar.

## Literatur

Von Altenbockum, J., 2025. Der lange Abschied von der Utopie. FAZ 259, 7. November 2025.

Brocker, F., und C. Geinitz, 2025. Wenn 50.000 Klimaretter in den Regenwald reisen. FAZ 259, 7. November 2025.

Carney, M., 2026. https://www.watson.ch/international/wef/498900591-die-ganze-rede-vom-kanadischen-premierminister-mark-carney-am-wef-2026.

Crippa, M. et al., 2025. GHG emissions of all world countries. EU-Report. https://data.europa.eu/doi/10.2760/9816914, JRC143227.

Curry, J., 2023. Climate uncertainty and risk: Rethinking our response. Anthem Press, NY.

Curry, J., 2024. https://judithcurry.com/2024/04709/there-is-no-human-right-to-a-safe-or-stable-climate/

Da Empoli, G., 2026. Die Stunde der Raubtiere. Macht und Gewalt der neuen Fürsten. Beck. 124 S.

DeAngelo, H. und J. A. Curry, 2025. A critique of the apocalyptic climate narrative. Journal of Applied Corporate Finance 37, 8–15. https://doi.org/10.1111/jacf.12665.

Europabarometer, 2025. Publication of the Eurobarometer and Surveys Unit. https://europa.eu/eurobarometer/surveys/detail/3632. https://doi.org/10.2861/1394672

Faller, H., 2023. Die Kurve, die die Welt veränderte. Zeit Magazin 48, 15. November 2023.

Kirchengast, G. und M. Pichler, 2025. A traceable global warming record and clarity for the 1. 5 °C and well-below-2 °C goals. Commun. Earth & Environm. 6, 402. https://doi.org/10.1038/s43247-025-02368-0.

Ritchie, H. et al., 2023. $CO_2$ and greenhouse gas emissions. OurWorldinData.org. Abgerufen von: ‚https://ourworldindata.org/co2-and-greenhouse-gas-emissions'.

Scheidler, F., 2025. Friedenstüchtig. Wie wir aufhören können, unsere Feinde selbst zu schaffen. Promedia. 224 S.

Suleymann, M. und M. Bhaskar, 2025. The coming wave. Künstliche Intelligenz und das größte Dilemma des 21. Jahrhunderts. Beck. 384 S.

# 13

# Wasserressourcen

**Hinweisfenster**

**Weltweit sind vier Milliarden Menschen von akuter Wasserknappheit betroffen. In Europa ist die Situation zwar noch nicht kritisch, aber Wasserstress ist ein ernstes Problem, und der Klimawandel wird die Situation in Zukunft verschärfen. Nach den Klimaszenarien des IPCC werden sich die Winterniederschläge im Zeitraum bis 2040 im Norden über den USA und Kanada sowie Nordeuropa und Russland erhöhen und die Sommerniederschläge in Europa und insbesondere im südlichen Mittelmeerraum abnehmen. Im letzten Jahrzehnt traten im Sommer vermehrt Hochdruckanomalien über Europa auf. Dabei litten große Teile Europas unter zu geringen Niederschlägen, während Teile Griechenlands und der Türkei durch Mittelmeerzyklonen mit mehr Niederschlag versorgt wurden.**

Die Weltbevölkerung wächst, und damit steigt auch ihr Wasserbedarf. Die größten vom Menschen verursachten Veränderungen treten in Regionen mit der höchsten Bevölkerungsdichte auf, die auch über eine relativ große Anzahl von Staudämmen verfügen und Wasser für die landwirtschaftliche Nutzung liefern. Deshalb stellt die Wasserverfügbarkeit als Folge von Zirkulations- und Klimaveränderungen ein bedeutendes Problem dar. Wasser ist eine unverzichtbare Ressource für das tägliche Leben, die Gesundheit, die Umwelt und ihre Ökosysteme, aber auch für die Energieerzeugung, die Landwirtschaft und die Ernährungssicherheit. Wasserknappheit, Verschmutzung und Risiken durch Überschwemmungen und Dürren betreffen viele Regionen auch in Europa. Die Verknappung der Wasserressourcen ist eines der dringendsten Probleme. In der EU waren 34 % der Bevölkerung und 40 % des EU-Gebiets


K. Dethloff, *Klimahybris*, https://doi.org/10.1007/978-3-662-73324-0_13

im Jahr 2022 von saisonaler Wasserknappheit betroffen. In Südeuropa sind in den Sommermonaten sogar 70 % der Bevölkerung von Wasserknappheit betroffen.

## Niederschlagsmuster

Abb. 13.1 stellt die gegenwärtigen Niederschlagsmuster für Sommer und Winter auf der Nordhemisphäre dar. Die stärksten Regenmengen treten in den Waldregionen tropischer Breiten auf. Europa wird recht gut mit Niederschlag versorgt, ganz im Unterschied zu den ariden Wüsten in Afrika, Südamerika und der Mongolei. Nach Angaben der Europäischen Umweltagentur (EUA) sind jedes Jahr rund 20 % des europäischen Territoriums und 30 % der Bevölkerung von Wasserstress betroffen. Um die Wassereffizienz und Wassernutzung in Industrie, Landwirtschaft und Haushalten zu verbessern, benötigt man nachhaltigere Landwirtschaftsmodelle mit Hilfe technologischer Lösungen, die Schaffung von Anreizen für die Wiederverwendung von Wasser, die Verringerung der Verschmutzung und des Wasserbedarfs. Investive Maßnahmen, um die Auswirkungen von Dürren abzumildern, wie eine höhere Wiederverwendung von Abwasser, Wassereinsparungen im Gebäude- und Industriesektor und eine verbesserte Wassereffizienz in der Landwirtschaft sind teuer, aber für die Aufrechterhaltung der Wasserversorgung in Trockenperioden erforderlich. Zur Minderung von Überschwemmungs-

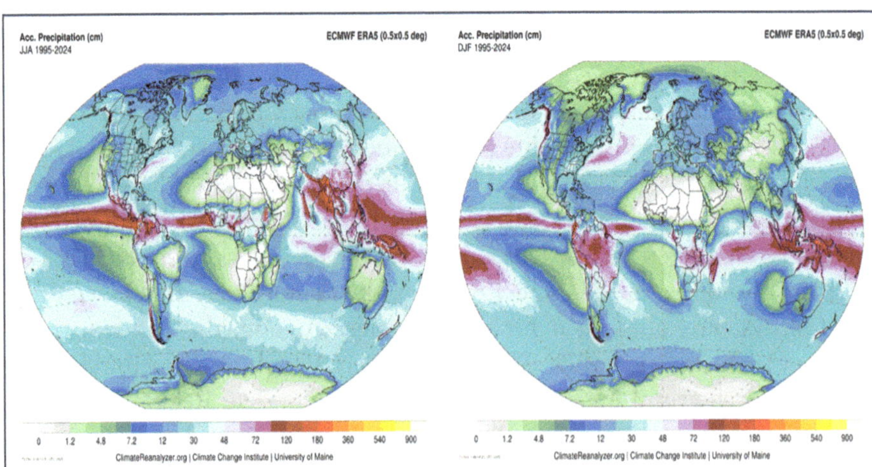


**Abb. 13.1** Niederschlagsmuster (cm) im Zeitraum 1995–2024. Sommer (links) und Winter (rechts) basierend auf ERA5-Daten. (Quelle: ClimateReanalyzer.org)

risiken bieten sich naturnahe Lösungen wie die Wiederherstellung von Feuchtgebieten und die Schaffung von Grünpuffern an.

Weltweit sind schätzungsweise 4 Mrd. Menschen von akuter Wasserknappheit betroffen. In Europa ist die Situation zwar noch nicht kritisch, aber Wasserstress ist ein ernstes Problem, und der Klimawandel wird die Situation in Zukunft weiter verschärfen. Scholten et al. (2025) erwarten, dass der Klimawandel die Wasserknappheit in der EU verfestigen und zu häufigeren und schwereren Dürren führen wird. Derzeit sind jedes Jahr 30 % der europäischen Bevölkerung von Wasserstress betroffen. Dürren wirken sich negativ auf die Lebensgrundlagen der Menschen, die biologische Vielfalt, die Wasserqualität und die Ökosystemleistungen aus. Darüber hinaus verursachen sie erhebliche wirtschaftliche Verluste, die sich jährlich auf bis zu 9 Mrd. € belaufen und wichtige Sektoren wie die Landwirtschaft, die Energieversorgung und die Wasserwirtschaft betreffen.

Der Wasserverfügbarkeitstrend in der EU ist positiv, da die Wasserentnahmen zwischen 2000 und 2019 um 15 % zurückgegangen sind. Drei Viertel der Wasserentnahmen stammen aus Oberflächengewässern, der Rest aus Grundwasser. Trinkwasser stammt jedoch zu 65 % aus unterirdischen Quellen. Aufgrund der langsamen natürlichen Prozesse der Grundwasserneubildung und der hohen Empfindlichkeit gegenüber Verschmutzung ist letztere eine besonders gefährdete Quelle. Etwa 29 % der gesamten Grundwasserkörperfläche in der EU weisen einen schlechten quantitativen oder chemischen Zustand auf. Satellitenmessungen zeichnen das Bild von sinkenden Grundwasserspiegeln in einigen Gebieten. Auf die Landwirtschaft entfallen etwa 30 % der Wasserentnahmen, die sich vor allem auf einige wenige Mitgliedstaaten konzentrieren. Ein ähnlicher Anteil entfällt auf die Kühlung von Wärmekraftwerken, ein Viertel auf die kommunale Wasserversorgung und der Rest auf andere Industriezweige und Dienstleistungen. Dieses Bild wird durch die Tatsache verkompliziert, dass ein Großteil des entnommenen Wassers wieder in die Umwelt zurückgeführt wird, wenn auch oft mit zusätzlichen Verunreinigungen oder Schadstoffen. Bei einigen Verwendungszwecken kann die Differenz zwischen Entnahme und Verbrauch sehr groß sein. Schließlich gibt es auch unproduktive Verluste, wie Leckagen und Undichtigkeiten im Trinkwasserversorgungsnetz, die in einigen EU-Mitgliedstaaten 40 % oder mehr erreichen.

Der Klimawandel verändert die Zirkulationsmuster und erhöht den Druck auf Wasserressourcen und Ökosysteme. Europas Wasserwirtschaft ist nur unzureichend an solch rasche und weitreichende Veränderungen angepasst. Die Wassersicherheit ist gefährdet, und eine gerechtere und nachhaltigere Aufteilung des Wassers zwischen konkurrierenden Nutzungen muss ermöglicht werden. Ein wichtiger Teil der Nachfragesteuerung besteht darin, die Wassereffizienz in der Industrie und zu Hause zu erhöhen und Leckagen zu reduzieren. In der Landwirtschaft gibt es Möglichkeiten zur Entwicklung wassersparender und dürreresistenter Kulturen und zum Bau von Wasserspeichern in den Böden. Zusammen mit einer verstärkten Wiederverwendung von Wasser könnten solche Innovationen die Abhängigkeit von Bewässerung und Niederschlägen verringern. Die Wiederanbindung von Flüssen und ihren Überschwemmungsgebieten sowie die Wiederherstellung von Feuchtgebieten und Torfmooren werden als wesentliche Schritte zur Wiederherstellung gesunder Süßwassergebiete angesehen. Schließlich sollte mehr Gewicht auf die großflächige Einführung naturbasierter Lösungen gelegt werden, um die Wasserrückhaltung zu verbessern, den Einfluss von Starkregen zu verlangsamen und Überschwemmungen abzumildern. Dazu gehören grüne Infrastrukturen in Städten, die Entwicklung und Wiederherstellung von Feuchtgebieten sowie größere Wiederaufforstungen. Naturbasierte Lösungen können wichtige Maßnahmen sein, die auch zur Nährstoffrückhaltung und zur Verbesserung der Wasserqualität, der biologischen Vielfalt und einer verbesserten Kohlenstoffspeicherung beitragen.

## Dürresommer und Niederschläge

Abb. 13.2 verdeutlicht, dass Osteuropa im Sommer 2024 trockener, wärmer und sonniger als Westeuropa war, wo aber der Sommer nicht als der in den Medien charakterisierte *„Jahrhundertsommer"* auftrat, sondern mit nassen, feuchten und bewölkten Wettersituationen überraschte. Die Wetterlage 2024 wurde über Osteuropa durch Hochdruckgebiete und im Westen durch Tiefdruckgebiete bestimmt. Ein Hoch transportiert warme und trockene Luft aus dem Mittelmeerraum oder sogar heiße Saharaluft aus Nordafrika heran. Dadurch gibt es kaum Wolken und Niederschlag, und die Erdoberfläche heizt sich durch die intensive Einstrahlung weiter auf. Die Verdunstung wird intensiviert und der Boden verliert dadurch weiter an Feuchte. In Tiefdruckgebieten wird hingegen feuchte Ozeanluft herantransportiert, die größtenteils über Westeuropa abregnet, sodass im ostungarischen Alföld wenig Niederschlag ankommt und die Landwirtschaft häufig unter extremen Dürren leidet. Globale Niederschlagstrends im Zeitraum 1991–2020 zeigen eine Zunahme der Winterniederschläge und die Abnahme der Sommerniederschläge über West- und Südosteuropa. Ähnliche Trends treten in Teilen Asiens, dem Westen der USA und in Brasilien auf. Höhere Sommertemperaturen sind

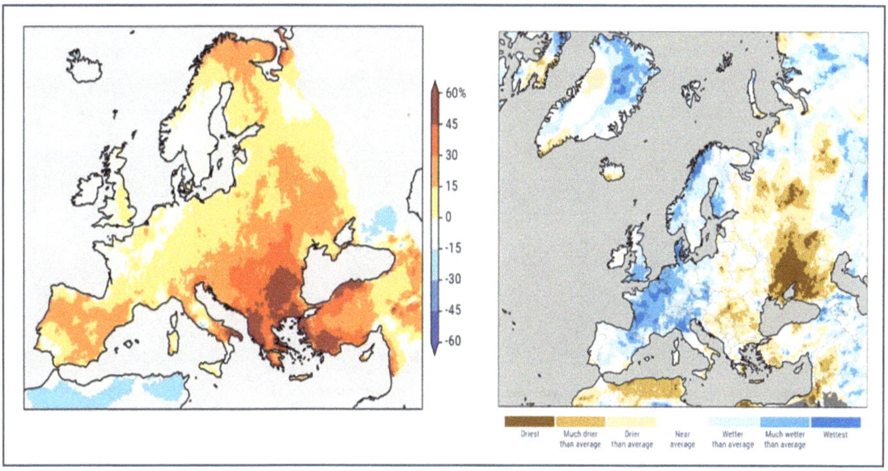


**Abb. 13.2** Anomalien in der Zahl der warmen Tage (%, links) und der Niederschlagsanomalien von trocken (braun) bis nass (blau) (rechts) im Sommer 2024, verglichen mit der Referenzperiode 1991–2020. Warme Tage sind hierbei Tage mit Höchsttemperaturen, die für den Kalendertag über dem 90. Perzentil im Vergleich zur Referenzperiode liegen und somit Extremwerte darstellen. (Quelle: https://climate.copernicus.eu/esotc/2023/precipitation)

nach den vorliegenden Klimaszenarien des IPCC (2023) wahrscheinlich zu erwarten. Im Nordwesten Europas wird es dagegen nasser werden: Die stärkeren Niederschläge entstehen durch eine wärmere Atmosphäre, die mehr Feuchtigkeit halten kann. Die Winterniederschläge werden sich im Zeitraum 2021–2040 im Norden der USA und Kanadas, Nordeuropas und Russlands erhöhen, die Sommerniederschläge werden aber in Europa und im südlichen Mittelmeerraum abnehmen. Auch über Mittel- und Nordafrika könnte es zu einer Verschiebung der Regenmuster kommen.

Abb. 13.3 stellt die Niederschlagsänderungen „2014–2023 minus 2004–2013" in Europa für Sommer (links) und Winter (rechts) dar. Im europäischen Winter bildet sich ein stärkerer Druckgradient zwischen Nord- und Südeuropa aus, wodurch in die Westwindströmung eingelagerte Zyklonen feuchte Atlantikluft in Europas Norden transportieren können. Im Sommer stellt sich eine schwache Tiefdruckanomalie über dem westlichen Mittelmeer ein, die feuchte Luft nach Südeuropa transportiert und die in Abb. 13.3 dargestellten Niederschlagsanomalien erklärt. Man erkennt im Sommer erhöhten Niederschlag in Europas Süden und einen trockeneren Norden, während im Winter der Norden feuchter und der Süden trockener wird. Die erhöhten Regenmengen im Sommer stammen aus den Feuchtetransporten durch über das Mittelmeer wandernde Zyklonen. Einschränkend muss man aber feststel-

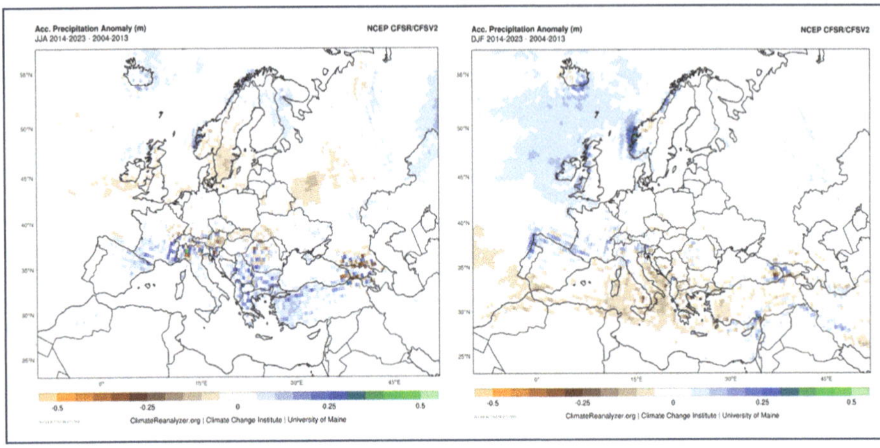


**Abb. 13.3** Niederschlagsänderungen (m) „2014–2023 minus 2004–2013" für Sommer (links) und Winter (rechts). (Quelle: ClimateReanalyzer.org)

len, dass die prognostizierten Niederschlagsänderungen wegen der Komplexität der Prozesse bei seiner Entstehung weniger belastbar sind als die Temperatur- und Luftdruckänderungen.

Abb. 13.4 stellt die im CMIP6-Modellensemble berechneten historischen und zukünftigen Niederschlagsänderungen Deutschlands bis 2100 für Winter und Sommer im Vergleich zum Mittel der Periode 1850–1900 dar.

Die Sommerniederschläge werden sich wahrscheinlich verringern, die Winterniederschläge werden dagegen zunehmen. Ähnliche Verhältnisse können auch in Ungarn erwartet werden.

Die Niederschlagsveränderungen im Jahrzehnt 2005–2014 verglichen zu 2015–2024 sind in Abb. 13.5 dargestellt. Im Sommer nehmen die Niederschläge im Mittelmeerraum zu und im Winter ab. Im Sommer entwickelt sich über Mitteleuropa eine Hochdruckanomalie, die warme und trockene Kontinentalluft aus Russland in den europäischen Norden verfrachtet und dort die Niederschläge reduziert. Im letzten Jahrzehnt 2015–2024 traten im Sommer vermehrt Hochdruckanomalien über Europa auf, die mit den Niederschlagsanomalien übereinstimmen wie Abb. 13.5 verdeutlicht. Dabei litten große Teile Europas unter zu geringen Niederschlägen, während Teile Griechenlands und der Türkei durch Mittelmeerzyklonen mit mehr Niederschlag versorgt wurden.

Die Niederschlagsverteilung zeigte im letzten Jahrzehnt 2015–2024 zudem eine verheerende Dürre über Vorderasien und einigen Regionen des Irans.

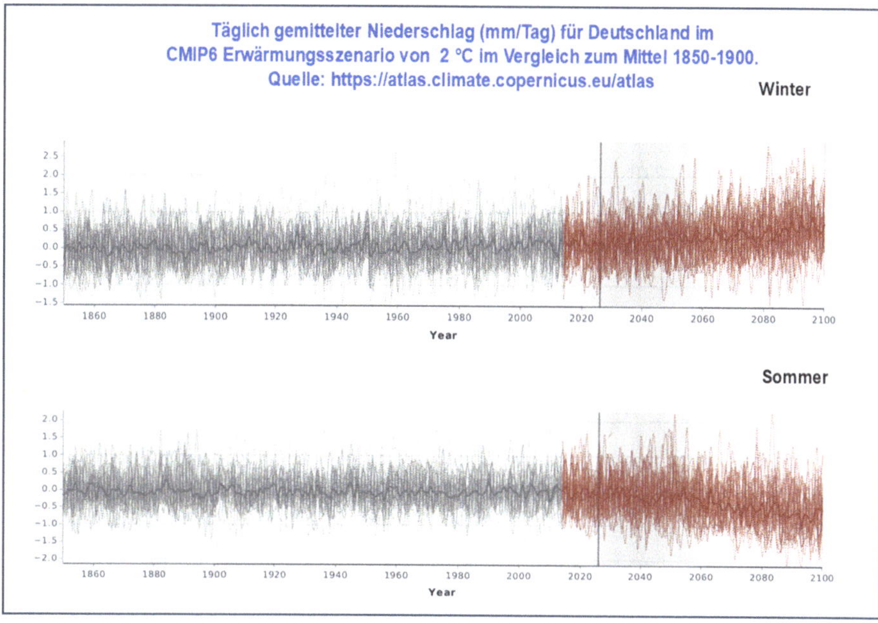


**Abb. 13.4** Täglich gemittelter Niederschlag (mm/Tag) in Deutschland auf der Basis des CMIP6-Modellensembles für historische und zukünftige Niederschlagsänderungen für Winter und Sommer im Vergleich zum Mittel der Periode 1850–1900. (Quelle: https://atlas.climate.copernicus.eu/atlas)

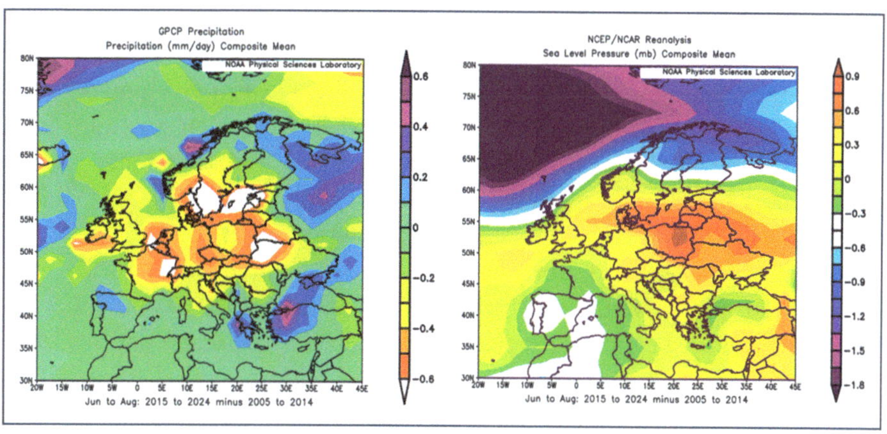


**Abb. 13.5** Änderungen des Niederschlags (mm/Tag, links) und des Bodenluftdrucks (mb bzw. hPa rechts) für den Sommer (Juni–August) in der Zeitscheibe 2015–2024 im Vergleich zu 2005–2014. (Quelle: https://psl.noaa.gov/cgi-bin/data)

# Ernährung

Die täglich hereinprasselnden Katastrophenmeldungen erwecken den Eindruck, als ob die in Mitteleuropa Lebenden demnächst von Dürren, Wasserknappheit, Hungersnot und einem zivilisatorischen Zusammenbruch bedroht werden könnten. Diese Gefahren existieren zwar wirklich, aber treten bisher in anderen Regionen der Erde auf. Wir leben, verglichen mit diesen Regionen, unter sehr erträglichen Umweltbedingungen. Smil (2025) schreibt, dass die weltweite Nahrungsmittelerzeugung etwa 3000 kcal pro Tag und Person bereitstellt, aber gleichzeitig 1000 kcal durch Verderb vergeudet werden. Für eine gesunde Ernährung werden 2500 kcal veranschlagt. In den reichen Ländern des Nordens beschäftigen sich als Folge der Technisierung nur noch 3 % der Menschen mit der Landwirtschaft, um Nahrungsmittel zu produzieren, während der letzten Jahrhunderte des Ackerbaus waren es noch 80 %.

Heute werden 40 % der Landflächen der Erde für die Landwirtschaft genutzt, und die Kultivierung und Domestizierung von Pflanzen und Tieren hat die Ernährung von immer mehr Menschen erlaubt und eine Spirale in Gang gesetzt. Die im 19. Jahrhundert einsetzende Industrialisierung und das Wachstum der Industriezentren in großen Städten erhöhten das Wirtschaftswachstum, den Lebensstandard und die Bevölkerungsdichte. Heute ernähren sich die Menschen im reichen Norden vorwiegend von Fleisch-, Milch- und Getreideprodukten, die zu Fettleibigkeit und Übergewicht mit weiteren Zivilisationskrankheiten führen. In den ärmeren Ländern muss vorwiegend vegetarisch gegessen werden, und in den ärmsten Ländern sind Hungerkatastrophen und Unterernährung gang und gäbe. Die Entwicklung der heutigen Zivilisation und die Ernährung von 8 Mrd. Menschen war nur durch den großflächigen Anbau von Getreide, Sojabohnen, Reis, Mais und Kartoffeln, Rüben, Knollen- und Hülsenfrüchten möglich. Allein Reis und Weizen liefern 35 % der weltweit hergestellten Nahrungsenergie.

Schätzungsweise 8,2 % der Weltbevölkerung könnten im Jahr 2024 von Hunger betroffen gewesen sein, gegenüber 8,5 % im Jahr 2023 und 8,7 % im Jahr 2022. Es wird angenommen, dass im Jahr 2024 zwischen 638 und 720 Mio. Menschen Hunger leiden mussten. Dies bedeutet einen Rückgang um 15 Mio. im Vergleich zu 2023 und um 22 Mio. im Vergleich zu 2022. Der Fortschritt auf globaler Ebene ist auf die Verbesserung in Südostasien, Südasien und Südamerika zurückzuführen. Leider nahm der Hunger in den meisten Unterregionen Afrikas und in Westasien aber stetig zu. Nach aktuellen Prognosen könnten im Jahr 2030 weltweit 512 Mio. Menschen chronisch unterernährt sein, davon fast 60 % in Afrika. Weltweit ist die Ernährungsunsicherheit seit 2021 allmählich zurückgegangen, nachdem sie im Zuge der Pandemie im Jahr 2020 stark angestiegen war. Von 2023 bis 2024 ist die weltweite Prävalenz der mäßigen oder schweren Ernährungsunsicherheit von 28,4 auf 28,0 % leicht gesunken, vgl. Smil (2025) und UNEP GAP Report (2025).

Weltweit waren im Jahr 2024 32,0 % der Menschen, die in ländlichen Gebieten leben von Ernährungsunsicherheit betroffen, gegenüber 23,9 % in städtischen Gebieten. Im Vergleich zu 2022 ging die Prävalenz der Ernährungsunsicherheit nur in städtischen Gebieten zurück, in ländlichen und stadtnahen Gebieten blieb sie dagegen unverändert. Ernährungsunsicherheit ist bei erwachsenen Frauen in allen Regionen der Welt immer noch stärker verbreitet als bei Männern. Die Kosten für eine gesunde Ernährung sind seit 2017 gestiegen und lagen 2024 bei durchschnittlich 4,5 Kaufkraftparitäts-Dollar pro Person und Tag. Afrika verzeichnete dabei von 2023 bis 2024 den größten Anstieg unter allen Weltregionen. Der UNEP GAP Report (2025) hat die erforderlichen Anpassungskosten für die Entwicklungsländer bis zum Jahr 2035 im Bereich von 310 bis 365 Mrd. US-Dollar pro Jahr bestimmt. Die geleisteten internationalen Finanzhilfen zur Anpassung an den Klimawandel in die Entwicklungsländer betrugen im Jahr 2023 aber nur 26 Mrd. US-Dollar. Es besteht somit eine erhebliche Finanzierungslücke, denn die geschätzten Kosten sind etwa 12-mal so hoch wie die bereitgestellten öffentlichen Mittel. Bereits im Römischen Reich war die Ernährungssicherheit der Einwohner Roms eine wichtige politische Aufgabe, die größtenteils durch Getreide erreicht wurde, das aus Nordafrika importiert wurde. Nach Angaben des Portals Statista wurden im Jahr 2025 1263 Mio. t Mais, 808 Mio. t Weizen, 541 Mio. t Reis und 144 Mio. t Gerste produziert. Die größten Maisproduzenten sind die USA, China, Indien und Russland. Die Nahrungsmittelproduktion in der Landwirtschaft mit den Verarbeitungs- und Transportketten ist für 25 % der globalen Treibhausgasemissionen verantwortlich, und es gibt nur geringe Chancen, diese zu reduzieren.

Durch Bewässerung und den Nahrungsmittelverbrauch einer wachsenden Weltbevölkerung hat sich der Süßwasserverbrauch in der Landwirtschaft stetig erhöht. In den letzten Jahren waren Indien, China und die Vereinigten Staaten die drei Länder mit der größten Süßwasserentnahme. Smil (2025) listet auf, dass der Kaffeeanbau für die Produktion von 1 kg 18.000 l Wasser benötigt. Bei Weizen erfordert die Produktion von 1 kg etwa 1400 l. Diese Zahlen sind allerdings irreführend und berücksichtigen nicht den vollständigen Wasserkreislauf. Während des Wachstumsprozesses durch Photosynthese entnehmen die Wurzeln Bodenwasser, das teilweise über die Pflanzenblätter verdunstet und als Wasserdampf wieder in die Atmosphäre zurückgelangt.

Zudem trägt auch direkte Verdunstung an der Erdoberfläche zum Wasserkreislauf der Atmosphäre bei.

Bei der Fleischproduktion berechnet Smil (2025) den Energieaufwand von 10 kg Mais-Äquivalent für die Herstellung von 1 kg Lebendgewicht. Dieser liegt für Hühnerfleisch bei 2,7, für Schweinefleisch bei 9 und für Rindfleisch bei 30. Damit verbraucht die Produktion von Rindfleisch zehnmal mehr Energie als die von Hühnerfleisch. Zudem erfordert die Produktion von Rindfleisch große landwirtschaftliche Weide- und Grünflächen mit 7 ha pro Rind in den USA und 0,3 bis 2 ha in Brasilien. Man erkennt, dass Nahrungsmittelproduktion und Wasserressourcen eng miteinander verbunden sind und durch atmosphärische Zirkulationsumstellungen stark betroffen sein werden. Angesichts dieser Probleme sind die ständig steigenden Rüstungsausgaben der Welt die einzige und wirkliche Katastrophe.

## Literatur

IPCC, 2023. Summary for policymakers. In: Climate Change 2023: Synthesis Report. Contribution of Working Groups I, II and III to the Sixth Assessment Report of the Intergovernmental Panel on Climate Change. Core Writing Team, H. Lee und J. Romero (Hrsg.). IPCC, Genf, Schweiz, 1–34, https://doi.org/10.59327/IPCC/AR6-9789291691647.001

UNEP GAP Report, 2025. Adaptation Gap Report. Running on empty. The world is gearing up for climate resilience – without the money to get there. (Neufeldt, H., et al.), Nairobi. https://wedocs.unep.org/20.500.11822/48798.

Scholten, C. et al., 2025. The future of water availability and use in the EU – A foresight study and policy options to address water scarcity. Brussels. European Union. https://doi.org/10.2861/6213761QA-01-25-059-EN-N

Smil, V., 2025. Wie die Ernährung der Welt wirklich funktioniert. Ein Fakten-Guide. Beck. 292 S.

# 14

# Energietransformation

> **Hinweisfenster**
>
> **In der Energiewirtschaft fällt mit 27 % der größte Anteil von Treibhausgasmissionen an, aber hier bestehen durch die Entwicklung von Solar- und Windanlagen die besten Chancen auf Klimaneutralität. Die Dekarbonisierung des Energieverbrauchs in Industrie bei der Herstellung von Stahl, Zement, Kunststoff und Dünger, im Haushalt, bei Transport und Verkehr und in der Finanzwirtschaft wird erheblich schwieriger. Damit die notwendige Energietransformation gelingt, muss der Energieverbrauch in diesen Wirtschaftssektoren sinken, was aber zu drastischen Veränderungen führen und den Lebensstandard der Bevölkerung verringern wird. Die Entwicklung realistischer Strategien für die Energiewende, die sowohl physikalischen als auch sozialen Zwängen Rechnung tragen, würde es erfordern, globale Transaktionen an den Finanzmärkten weltweit zu besteuern. Ein globaler Solidarbeitrag der reichsten Milliardäre und Konzerne könnte helfen, den Klimawandel zu begrenzen, soziale Standards zu verankern und die reichen Ökonomien des Nordens zu Kreislaufwirtschaften umzubauen.**

Die EU strebt mit planwirtschaftlichen Instrumenten durch Umstellung von fossilen Energieträgern auf erneuerbare Energien das Erreichen von Treibhausgas-Nullemissionen bis 2050 an. Im Jahr 2025 bestimmten Crippa et al. (2025) den in Abb. 14.1 dargestellten Ausstoß von Treibhausgasen für die sechs größten Volkswirtschaften (China, USA, Indien, Europa, Russland, Indonesien) und den Rest der Welt.

Der Beitrag der EU am globalen Ausstoß von Treibhausgasen beträgt lediglich 5,9 %. Die größeren Volkswirtschaften Chinas und Indiens mit einer Bevölkerung von zusammen fast 3 Mrd. Menschen tragen mit 29,2 % bzw. 8,2 % zum Ausstoß von Treibhausgasen bei und planen das Erreichen von Nullemissionen erst 2060 bzw. 2070. Die USA mit 11,1 % Emissionsanteil



K. Dethloff, *Klimahybris*, https://doi.org/10.1007/978-3-662-73324-0_14

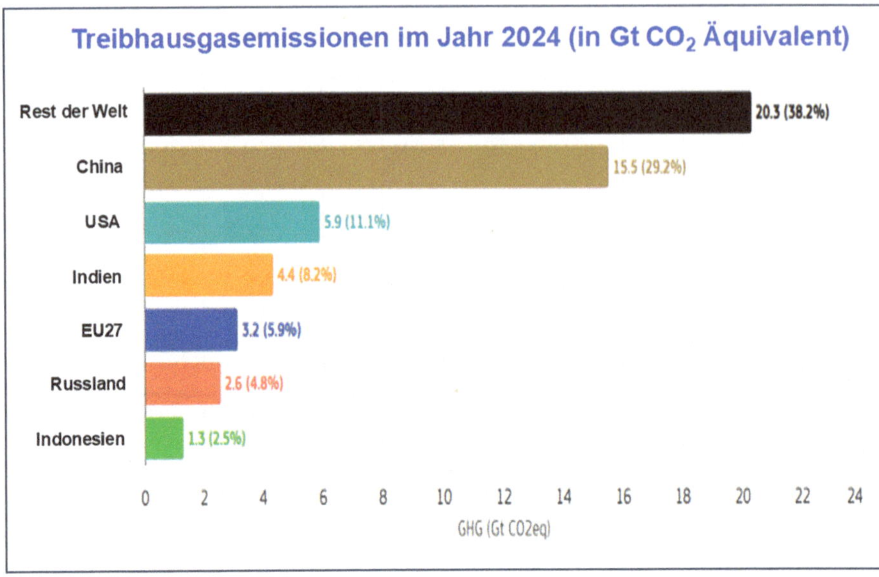


**Abb. 14.1** Treibhausgasemissionen im Jahr 2024 (in Gt $CO_2$-Äquivalent) für China, USA, Indien, die 27 Länder Europas, Russland, Indonesien und die restliche Welt. In Klammern ist der Prozentanteil am globalen Ausstoß angegeben. (Quelle: Crippa et al. 2025. https://data.europa.eu/doi/10.2760/9816914, JRC143227)

sind durch Regierungsdekret aus dem Pariser Klimaabkommen ausgestiegen und versuchen im Januar 2026 durch einen Regimewechsel in Venezuela Zugriff auf die weltweit größten Erdölressourcen des Landes zu erzwingen. Dabei wird mit militärischer Macht das Völkerrecht gebrochen und die Moral *„Der Stärkere hat Recht"* verkündet. Es bleibt abzuwarten, welche politisch-ökonomischen Auswirkungen diese apokalyptischen Entwicklungen haben werden.

## Dekarbonisierung

Die Umstellung der Stromproduktion, die 18 % des globalen Gesamtenergieverbrauchs ausmacht, auf regenerative Energien wird sich am leichtesten durchsetzen lassen. Die Dekarbonisierung der verbleibenden 82 % des Energieverbrauchs in der Industrie bei der Herstellung von Stahl, Zement, Kunststoff und Dünger, im Haushalt, beim Transport, im Verkehrswesen und der Finanzwirtschaft wird sich erheblich schwieriger gestalten. Ein weltweiter Übergang zu 100 % erneuerbaren Energien bei Strom, Wärme, Verkehr und Industrie kann innerhalb der angedachten Zeiträume nicht gelingen und würde zu großen wirtschaftlichen Verwerfungen führen. Der unrealistisch schnelle Ersatz fossilen Kohlenstoffs, von dem jährlich 10 Mrd. t benötigt werden, wird deshalb auf globaler Ebene nur in einem längeren Umbauprozess stattfinden.

In Abb. 12.1 wurden die in den Bereichen Energiewirtschaft, Industrie, Bauwirtschaft, Verkehr, Erdöl- und Gasproduktion, Land- und Abfallwirtschaft stattfindenden globalen Emissionen von 1990 bis 2024 dargestellt, die eine kontinuierliche Zunahme in allen Sektoren zeigten – nur kurz unterbrochen durch die Coronapandemie. Die Zuwächse über alle Sektoren betrugen seit 1990 etwa 68 %. Am stärksten sind sie mit 104 % in der Energiewirtschaft, der Industrie mit 79 % und dem Verkehr mit 79 % angewachsen. Lediglich in der Bauwirtschaft haben sie sich um 4 % verringert. Bei der zeitlichen Entwicklung der Emissionen pro Einwohner von 1970 bis 2024 erkennt man eine Reduktion in Europa und den USA, während in fast allen anderen Ländern und Regionen eine Zunahme festzustellen ist. Der global gemittelte Ausstoß der Welt hat sich seit 1970 kaum verändert und bei etwa 6,1 t pro Person eingepegelt.

Die Emissionsreduktion der EU strebt bis 2050 eine drastische Abnahme der Treibhausgasemissionen an, deren Ausmaß in Abb. 14.2 dargestellt ist und alle Mitgliedsstaaten vor schier unlösbare Herausforderungen stellen

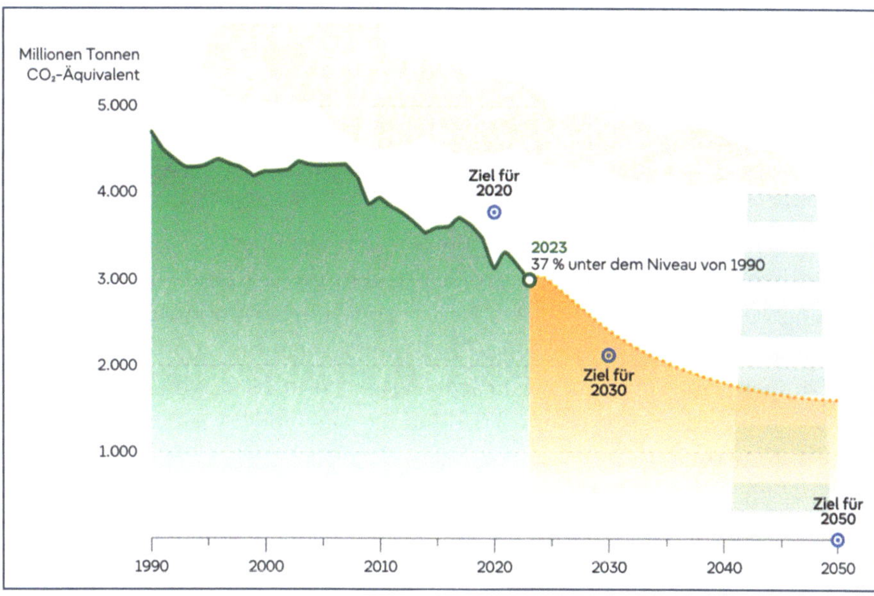


**Abb. 14.2** Treibhausgasemissionen der EU von 1990–2050. Historische Daten (grün), Prognosen (gelb) und Ziele für 2030 und 2050. Europäische Umweltagentur. (Quelle: Crippa et al. 2025. https://data.europa.eu/doi/10.2760/9816914, JRC143227)

wird. Bei der Energiewirtschaft fällt nach Bart (2025) der größte Anteil von 27 % der Treibhausgasmissionen an, und hier bestehen durch die Entwicklung von Solar- und Windanlagen die besten Chancen für eine Dekarbonisierung. Für die Speicherung der erzeugten Elektroenergie müssen leistungsfähige Batterien und Akkumulatoren entwickelt werden. Auch auf diesem Sektor stammen wichtige technische Innovationen aus China. Die zukünftige Entwicklung ist schwer vorherzusagen, da sie durch ökonomische Marktdynamiken, fossile Energiequellen und geopolitische Verwerfungen mitbestimmt wird. Ein auf erneuerbare Solar- und Windanlagen, Wasserkraft und Geothermie setzendes Energiesystem liefert elektrischen Strom, der für Klimaanlagen in den Tropen und Subtropen und die Wärmeversorgung zur Heizung in mittleren und polaren Breiten benötigt wird.

Um beständig auf erneuerbare Energien zugreifen zu können, werden aber viel bessere Speichersysteme benötigt. Elektrische Energie kann in Akkumulatoren und Batterien gespeichert werden, die mit der Zeit leistungsfähiger und kostengünstiger wurden. Da dies nicht ausreichen wird, alle Industriezweige zu elektrifizieren, wird Wasserstoff ein bedeutender Baustein des Energiesystems werden. Im Flug- und Schiffsverkehr, der Zement- und Stahlherstellung könnte Wasserstoff als Substitut für die fossilen Energieträger eingesetzt werden, aber das ist ferne Zukunftsmusik.

## Energiebedarf

Der stetig steigende Elektroenergiedarf für E-Autos, Wärmepumpen, Rechenanlagen und in der Industrie erfordert ein zwei- bis dreimal stärkeres Stromnetz. Dies benötigt gewaltige Investitionen – auch in neue Bergwerke zur Förderung der für den Bau von Akkumulatoren benötigten Seltenen Erden. Zudem benötigen Solaranlagen große Flächen, die der landwirtschaftlichen Nutzung entzogen werden. Die erforderliche Transformation der Weltwirtschaft zum Erreichen von Netto-Null-Emissionen bis 2050 würde nach Schätzungen von Smil (2023) jährliche Ausgaben in Höhe von 9,2 Billionen US-Dollar erfordern und damit 3,5 Billionen US-Dollar mehr als heute, was völlig unrealistisch ist.

Die grüne Energiewende selbst wird nach Szalóczy et al. (2025) große Energiekosten verursachen, die zu einer erheblichen Verringerung der verfügbaren Überschussenergie für andere gesellschaftliche Bedürfnisse führen und den Lebensstandard erheblich absenken werden. Bereits jetzt führt die $CO_2$-Steuer im EU-Emissionshandelssystem zu stetig steigenden Energiepreisen, und die geplante Ausweitung der europäischen $CO_2$-Bepreisung wird diese weiter in die Höhe treiben. Die höheren Energiepreise bergen politischen

Sprengstoff und vertiefen die soziale Spaltung weiter. Die ungerechte Lastenverteilung des Klimaschutzes führt dazu, dass dieser als Elitenprojekt wahrgenommen wird. Obwohl die ärmeren Bevölkerungsschichten weniger Emissionen als die Reichen verursachen, werden sie durch die steigenden $CO_2$-Preise über Gebühr belastet. Wohlhabende können die ökologische Transformation leicht verkraften und profitieren überproportional von staatlicher Klimaförderung der Elektromobilität. Für die weniger Wohlhabenden entstehen existenzielle Risiken, denn die versprochene soziale Abfederung der Energiewende durch ein Klimageld und ein soziales Heizungsgesetz wurde ignoriert. Die offensichtlichen Versäumnisse einer gerechten Sozialpolitik im Zusammenhang mit Klimaschutz befeuern die Ängste der Bürger vor dem Entstehen einer staatlichen Ökodiktatur mit einem bereits jetzt viel zu großen bürokratischen Verwaltungsapparat.

Szalóczy et al. (2025) gehen davon aus, dass die Aufrechterhaltung einer jährlichen globalen Wachstumsrate von 2 bis 3 % die Ziele des Pariser Abkommens in den kommenden Jahrzehnten unerreichbar machen wird. Die Energiewende könnte die jährliche Menge an nachhaltiger Überschussenergie auf ein niedriges Niveau von 15–25 GJ/Kopf/Jahr reduzieren. Dies stellt eine Verringerung im Vergleich zur derzeit weltweit verfügbaren Überschussenergie von 65 GJ/Kopf/Jahr dar und entspricht einem Rückgang von über 60 %. Derzeit verfügen Länder wie Kongo, Nepal, Pakistan und die Philippinen über diese Menge, während die entwickelten Industrienationen einen viel höheren Energieverbrauch von mehr als 200 GJ/Kopf/Jahr erreichen. In den politischen und wirtschaftlichen Debatten wird fast nie auf die Notwendigkeit eingegangen, die Wirtschaftsleistung parallel zur Dekarbonisierung und zur Umstellung auf erneuerbare Energiequellen zu reduzieren. Während der Umstellungsphase dürfte es zu einem Rückgang des gesamtwirtschaftlichen Volumens in den Nicht-Energiebranchen kommen. Die Anerkennung dieser Notwendigkeit ist der Schlüssel zur Entwicklung realistischer Strategien für die Energiewende, die sowohl physikalischen als auch sozialen Zwängen Rechnung tragen. Damit die notwendige Energiewende wirksam sein kann, ist es unerlässlich, den Energieverbrauch in den nicht energiebezogenen Wirtschaftssektoren deutlich zu senken. Solche Maßnahmen werden zu erheblichen Veränderungen führen und die Lebensqualität der Menschen verringern. Vor ihrer Verkündung schreckt das politische Establishment zurück und verbannt sie auf die politische Hinterbühne.

Die Stromerzeugung aus den verschiedenen Energieträgern zeigt bei Kohle und Gas von 2000 bis 2024 kontinuierliche Zunahmen, aber der prozentuale Anteil regenerativer Energieträger aus Solar- und Windanlagen hat sich gleichfalls erhöht und zusammen mit Wasser- und Kernkraft im Jahr 2024 fast 40 % der Stromerzeugung geleistet. Während der Schwerpunkt derzeit auf der Beschleunigung der Energietransformation liegt, kann in Wirklichkeit nur eine Verringerung der Wirtschaftsleistung zu einer signifikanten Reduzierung der $CO_2$-Emissionen führen. Die Ergebnisse von Szalóczy et al. (2025) unterstreichen eine dreifache Herausforderung: Es ist unmöglich, während der Energiewende das Kohlenstoffbudget strikt einzuhalten, gleichzeitig die Energieverfügbarkeit in allen Sektoren sicherzustellen und zudem das Wirtschaftswachstum zu fördern.

Es ist erkennbar, dass die derzeitige Erzählung über die nachhaltige Entwicklung unrealistisch ist und anerkannt werden muss, dass die unvermeidliche grüne Wende erhebliche wirtschaftliche Opfer erfordern wird, die allerdings die Akzeptanz der grünen Energiewende in der Gesellschaft weiter verringern werden. Die Dekarbonisierung in der EU hat bei der Stromerzeugung bedeutende Erfolge erzielt, aber weltweit ist das Tempo nicht ausreichend, und die Dekarbonisierung würde bei jetzigem Stand erst 2090 gelingen. Dabei ist die Rolle der größeren $CO_2$ emittierenden Länder wie China und Indien sehr wichtig, denn nur wenn diese ihre Reduktionsziele erreichen, werden sich Europas Anstrengungen auszahlen. Die Dekarbonisierung der Industrie mit fast 40 % der Treibhausgasemissionen wird eine Mammutaufgabe, denn diese stammen aus sehr unterschiedlichen Sektoren, wie der Petrolchemie, der Eisen- und Stahlproduktion, der Zementherstellung, der Bauindustrie mit der Herstellung von Industrieanlagen, Bahnhöfen, Flugplätzen und Wohnungen. Hierzu zählen auch die Glas- und Keramikproduktion, die Ölraffinerien zur Herstellung von Kraftstoffen, Aluminiumfabriken und die Produktion von Flugzeugen, Schiffen und Kraftfahrzeugen. Bart (2025) beschreibt die dabei auftretenden Probleme im Detail und geht davon aus, dass nur massive staatliche Investitionen im Zeitraum von Jahrzehnten den Umbau zu einer karbonfreien Wirtschaft erzwingen können und es keine schnelle Lösung geben kann. Die existenziellen Sorgen der EU-Bevölkerung in Bezug auf eine bezahlbare Energieversorgung wurden in einer Umfrage des EU-Parlaments ermittelt, vgl. Europabarometer (2025). Nur 46 % der Europäer glauben, dass bis 2050 nachhaltige Energie, Produkte und Dienstleistungen für alle, auch für ärmere Menschen, erschwinglich und bezahlbar sein werden.

## Säulen der Industrie

Die Zivilisation der Erde steht nach Smil (2023) auf den vier Säulen Zement, Stahl, Kunststoffe und Ammoniak. Diese Säulen sind für die zuverlässige Funktion unsrer Zivilisation unerlässlich. Im Jahr 2024 verbrauchte die Welt 4,1 Mrd. t Zement, 1,8 Mrd. t Stahl, 400 Mio. t Plastik und 190 Mio. t Ammoniak. Ammoniak ist ein wichtiger Grundstoff für die Produktion von Düngemitteln und könnte als Energiequelle für die Herstellung von sauberem Wasserstoff dienen. Wie Smil (2023) ausführt, haben die Menschen es bis in die 1990er-Jahre geschafft, funktionierende Volkswirtschaften aufzubauen, die Investitionen zur Schaffung der erforderlichen Infrastrukturen aufzubringen und mit großen Flugzeugen die Erdteile zu verbinden. Dafür bräuchte es kein Internet, keine Smartphones, keine sozialen Medien oder kindische Apps mit ihrem gigantischen Stromverbrauch in großen Serverfarmen. Selbst wenn kohlenstofffreie Lösungen mit größtem Einsatz und teuren Investitionen entwickelt würden, bräuchte es Jahrzehnte, die bisherigen Kapazitäten zu ersetzen, die die benötigten Mengen von Milliarden Tonnen zu bezahlbaren Preisen erzeugen könnten.

Das Gelingen der Energiewende ist eine enorme Herausforderung und wurde von Jeremies et al. (2024) untersucht. Sie zielt auf eine grundlegende Umstellung der Energieversorgung in Deutschland auf erneuerbare Energien und mehr Energieeffizienz ab. Schon im Jahr 2035 soll das Stromsystem weitgehend klimaneutral sein. Damit die Transformation gelingt, ist die Bundesregierung auf die Unterstützung der Bevölkerung angewiesen. Diese Sicherung sozialer Akzeptanz ist aber nicht vorhanden. Zudem hat der russische Angriffskrieg auf die Ukraine weitere Schwachpunkte der deutschen Energieversorgung offenbart und die Preise drastisch erhöht. Die Bundesregierung möchte im Jahr 2030 durch erneuerbare Energien 80 % des Bruttostromverbrauchs decken, um Klimaneutralität und die Verringerung der Importabhängigkeiten bei fossilen Energien zu erreichen.

Scheller (2024) hat analysiert, wie die Bundesregierung die Energiewende für eine sichere, bezahlbare sowie umweltverträgliche Versorgung mit Strom angeht. Die Risiken für die Energiewende und damit für die Bewahrung des Wohlstands sind groß. Die Energieversorgung soll sicher, bezahlbar und umweltverträglich sein, aber der Strom ist zu teuer. So gefährdet die Bundesregierung die Akzeptanz der Energiewende in der Bevölkerung, den Wirtschaftsstandort Deutschland sowie das Erreichen der Klimaschutzziele. Die erneuerbaren Energien müssen den steigenden Strombedarf decken und sollen von jetzt 565 TWh um 33 % auf 750 TWh in Jahr 2030 ansteigen. Am vorgezogenen Kohleausstieg bis 2030 hält die Bundesregierung weiter fest, und den Ausstieg aus der Kernenergie hat sie bereits im April 2023 vollzogen. Gleichzeitig verzögert sich aber der Ausbau erneuerbarer Energien. Um den Zielpfad zu erreichen, müsste die Regierung im Jahr 2024 16,46 GW vergeben, was völlig unrealistisch ist. Sie kann auch ihren Zeitplan für den Zubau steuerbarer Backup-Kraftwerke nicht einhalten, denn der Netzausbau liegt sieben Jahre und 6000 km hinter der Planung zurück. Der Ausbau der Stromnetze erfordert Investitionen von mehr als 460 Mrd. € bis 2045, und der schnelle Ausstieg aus fossilen Energien bei der Eisen- und Stahlproduktion, Chemikalien und Zement ist Wunschdenken.

Die Veränderungen in der globalen Nettoenergieproduktion bis 2050 gehen von einer Reduktion der hergestellten Energie von $10 \times 10^{18}$ J/Jahr aus. Dies entspricht 10 Exajoule. Da der Weltenergieverbrauch 2023 bei $650 \times 10^{18}$ J, also 650 Exajoule lag, entspricht dies einer Reduktion um lediglich 1,5 %. Im Jahr 2014 betrug der Weltenergiebedarf nur $574 \times 10^{18}$ J, eine gigantische Menge, die bisher durch Verbrennung fossiler Energieträger, aus Kernkraft und aus regenerativen Energien erzeugt wurde. Die Sonne strahlt im Jahr ca. $1{,}20 \times 10^{34}$ J ab, diese Energiemenge ist um den Faktor $1{,}8 \times 10^{13}$ größer als der Weltenergiebedarf. Gräber (2025) beschreibt die verfehlte Energiewende Deutschlands und den dramatischen Verlust von Wettbewerbsposition und Konkurrenzfähigkeit, für die alle Bundesregierungen seit Anfang der 2010er-Jahre verantwortlich waren. Auch andere Länder wie Japan waren wegen der Abhängigkeit von fossilen Energien aus Russland und dem Aufbau der Kernkraft mit gleichen Herausforderungen konfrontiert. Die anhaltende Rezession der deutschen Wirtschaft war die Folge einer unverantwortlichen Energiepolitik mit dem gleichzeitigen Ausstieg aus Kernkraft und Kohle. Nach der Fukushima-Katastrophe war Deutschland das einzige Land der Welt, das bestehende Rechtsregeln brach, um aus der Kernkraft auszusteigen und damit die höchsten Energiepreise produzierte. Eine vollständige Neuausrichtung der europäischen Energiepolitik ist unumgänglich, und diese wird ohne russische Erdöl- und Gasvorkommen nicht gelingen.

## Geopolitische Weltkarte

Durch die Verschiebung der geopolitischen Balance zwischen den USA, Russland und China geraten die EU und damit auch Deutschland in der Energieversorgung ins Hintertreffen. Zudem richtet die EU ihre Politik nicht an Interessen, sondern einer vermeintlichen Moral aus. Polen, Ungarn und die Slowakei widersetzen sich aktuell den Bemühungen um eine Neugestaltung der Handelsbeziehungen im Zuge des Inkrafttretens des überarbeiteten Handelsabkommens mit der Ukraine. Auch im Umgang mit China und den USA gibt es keine einheitliche Linie. Ungarn arbeitet eng mit China zusammen und ist zur viertgrößten Batterienation der Welt aufgestiegen. Seit 2022 lockte Ungarn südkoreanische und chinesische Unternehmen mit großzügigen Anreizen ins Land. Die neue Fabrik des chinesischen Unternehmens CATL in der Nähe von Debrecen soll die ungarische Produktionskapazität mehr als verdoppeln. Ungarn setzt auch in der Kernkraft auf Zusammenarbeit mit Russland und lässt von Rosatom in Paks die 2. Stufe des ungarischen Kernkraftwerkes ausbauen. Zur selben Zeit wurden die Kühltürme des deutschen AKW Gundremmingen gesprengt, obwohl der Abriss der noch existierenden Kraftwerke ein Irrweg bleibt.

Führende EU-Politiker und deutsche Regierungsvertreter haben die Lage in den USA trotz bestehender transatlantischer Beziehungen falsch eingeschätzt und gegen den wiedergewählten US-Präsidenten ausgeteilt. Der verlangt Tributzahlungen für fossile Energieexporte in die EU, zwingt die NATO-Staaten zu steigenden Militärausgaben und erhöht die Zölle. Wie das Auftreten Chinas, Japans oder Südkoreas zeigt, ist es möglich, als Partner der USA einen eigenen Weg zu gehen. Dafür muss das Interesse des eigenen Landes als Ziel einer nationalen Wirtschaftspolitik dienen, die Kompetenz und Rückgrat erfordert, aber Deutschland wirkt nicht nur in der Wirtschafts- und Energiepolitik planlos. Bayern war nach dem Ende des Zweiten Weltkriegs als reiner Agrarstaat das mit Abstand ärmste Bundesland. Mit der Nutzung der Kernkraft stieg das bayerische Bruttosozialprodukt kontinuierlich an. Das Land entwickelte sich zum Industrieland, und zwischen 1970 und bis heute erhöhte sich das Bruttosozialprodukt Bayerns um 1300 %.

Mit preiswertem Atomstrom entstand in Bayern eine prosperierende Ökonomie, aber die Generation, die dank preiswerter Stromversorgung und florierender Wirtschaft in Wohlstand aufwachsen konnte, hat dies vergessen. Ideologisch gelenkt und mit einem machtpolitischen Kalkül entstanden die Anti-Kernkraft-Bewegung und die Grünen. Der Ausstieg aus der Kernenergie wurde von einer grünen Politikergeneration initiiert und durch Gehirnwäsche der Leitmedien mit vorangetrieben. Einen großen Anteil daran haben auch opportunistische etablierte Parteien und die devoten Vorstände der deutschen Energieversorgungsunternehmen. Gräber (2025) beschreibt, wie Politik und Energieversorger vollkommen versagt haben, Deutschland mit einer zuverlässigen und $CO_2$-freien Energieerzeugung sicher und unabhängig zu versorgen. Wären noch alle 17 Kernkraftwerke in Betrieb, deren Abschaltung im Jahr 2000 durch eine rot-grüne Regierung und planlose Energieversorger beschlossen wurde, wäre Deutschland mit dem durchgeführten Ausbau der regenerativen Energien längst klimaneutral. Allein das Kernkraftwerk Gundremmingen hat jährlich 5 % des deutschen Strombedarfs gedeckt. In einer internationalen Umfrage 2025 haben Energiefachleute aus 49 Staaten innerhalb und außerhalb der Europäischen Union der deutschen Energiewende ein denkbar schlechtes Zeugnis ausgestellt. Diese ist nicht nachahmenswert, zu teuer, nicht zielorientiert, da ohne Kernenergie die Klimaziele nicht erreicht werden können.

Smil (2023) geht davon aus, dass noch im Jahr 2050 die Hälfte des globalen Energieverbrauchs aus fossilen Energieträgern stammen wird und die andere Hälfte aus erneuerbaren Energien. Zwar erkennen alle an, dass die Welt sich mitten in einer radikalen Energiewende befindet, aber über die notwendige und realistische Geschwindigkeit der Dekarbonisierung gibt es in der Politik und in der Wissenschaft große Divergenzen. Das zu lösende Klimaproblem und die Energiewende finden unter wirtschaftlicher und politischer Konkurrenz der USA, Chinas und Russlands statt, und die in der EU vorangetriebene grüne Energiewende kann an fehlender politischer Akzeptanz in der Bevölkerung und dem ökonomischen Abstieg scheitern.

## Literatur


Bart, I., 2025. Napozószékek a Titanicon. A klímaválságról magyar szemmel. Park. Budapest. 444 S.

Crippa, M. et al., 2025. GHG emissions of all world countries. Publications Office of the European Union, Luxembourg. https://data.europa.eu/doi/10.2760/9816914, JRC143227.

Europabarometer, 2025. Publication of the Eurobarometer and Surveys Unit. https://europa.eu/eurobarometer/surveys/detail/3632. https://doi.org/10.2861/1394672

Gräber, U., 2025. Hier sprengt Deutschland seine Klimaziele. Cicero. Magazin für politische Kultur, 27. Oktober 2025. www.cicero.de/wirtschaft/atomkraft-kernenergie-grundremmingen-klimaziele

Jeremies E.-P. et al., 2024. Die Energiewende 2.0: Review zum Transformationsprozess des Energiesystems in Deutschland. Sitzungsberichte der Leibniz-Sozietät der Wissenschaften 165. 299 S.

Scheller, K. (Bundesrechnungshof), 2024. Energiewende nicht auf Kurs: Deutschland hinkt seinen ambitionierten Zielen hinterher. www.bundesrechnungshof.de/SharedDocs/Statements/DE/2024/energiewende.html

Smil, V., 2023. Wie die Welt wirklich funktioniert. Die fossilen Grundlagen unserer Zivilisation und die Zukunft der Menschheit. Beck. 392 S.

Szalóczy, Z. et al., 2025. Quantifying the trade-offs in global energy transitions: How economic growth undermines carbon targets and sustainable surplus energy. Renew. and Sustain. Energy Rev. 223, 116027. https://doi.org/10.1016/j.rser.2025.116027.

# 15

# Wachstumsimperativ

**Hinweisfenster**

**Das Problem der Klimaerwärmung und der Umweltzerstörung ist eng mit demografischen Aspekten verbunden, denn Gesellschaften müssen in ihrer Heimat Energiequellen und alternative Methoden der Nahrungsmittelproduktion und der Abfallentsorgung finden. Die Zukunft hängt davon ab, welche tragfähigen Antworten die politischen Institutionen auf die sich seit langem abzeichnende Ressourcenknappheit entwickeln. Für die Zukunft existieren drei Szenarien: der Übergang zu einem grünen Kapitalismus, ein langsamer Systemzusammenbruch oder die Transformation zu einer Kreislaufwirtschaft. Die westliche Hybris, die Welt durch Intensivierung von politischer Kontrolle und ökonomisch-militärischer Beherrschung kontrollieren zu können, muss durch eine massive Verringerung des Verbrauchs natürlicher Ressourcen mit dem Ziel einer Stabilisierung der planetarischen Lage abgelöst werden. Die führenden Industrienationen müssen anerkennen, dass globale, soziale und ökologische Ungleichheit durch das historische Unrecht der Kolonialisierung und Ressourcenausbeutung hervorgebracht wurde. Dadurch haben sie eine Verantwortlichkeit für die Schaffung von sozialer und ökologischer Gerechtigkeit. Die liberalen westlichen Demokratien müssen sich unter der US-Sicherheitsstrategie *„Macht des Stärkeren"* von alten Illusionen einer transatlantisch dominierten Weltordnung verabschieden. China und Russland verweigern sich erfolgreich westlicher Vorherrschaft, und die EU muss neue Bündnisse schmieden, um ökonomisch und technologisch mithalten zu können.**



K. Dethloff, *Klimahybris*, https://doi.org/10.1007/978-3-662-73324-0_15

## Ökologische Transformation

Die realistischen Möglichkeiten der ökologischen Transformation, die sich in der nahen Zukunft fundamental von der Vergangenheit unterscheiden wird, diskutiert Delanty (2023). Bis zum Mittelalter um 1500 lebten auf der Erde weniger als 500 Mio. Menschen, und im Jahr 1900 waren es erst 1,6 Mrd. In den vergangenen 120 Jahren hat sich die Weltbevölkerung als Folge besserer medizinischer Versorgung und reduzierter Armut nahezu verfünffacht, im Jahr 2050 wird sie die 10-Milliarden-Marke erreichen. Auf die Art und die Dynamik menschlicher Gesellschaften hat diese Bevölkerungsexplosion erheblichen Einfluss. Während noch im 20. Jahrhundert die Masse der Menschen in ihrer Mobilität durch Armut oder die Grenzen totalitärer Staaten eingeschränkt waren, sind seit dem Zerfall des sozialistischen Ostblocks 1989/1990 immer mehr Menschen in Bewegung – entweder als Touristen oder als Migranten. Das Problem des Klimawandels und der Umweltzerstörung ist mit diesen demografischen Aspekten eng verbunden. Der Wandel in der Beziehung menschlicher Gesellschaften zu ihrer geografischen Heimat ist von enormer Bedeutung, weil neue Energiequellen, Methoden der Nahrungsmittelproduktion und der Abfallentsorgung gefunden werden müssen.

Die Zukunft heutiger Gesellschaften hängt davon ab, dass die Politik tragfähige Antworten auf die sich seit langem abzeichnende Ressourcenknappheit entwickelt. Technologien digitaler Art sind zu einem integralen Bestandteil menschlicher Gesellschaften und der gesamten Menschheit geworden. Die Verbreitung des Internets basiert auf der Verwendung fossiler Brennstoffe, deren drohende Ausschöpfung nicht nur auf Industrien, sondern auch auf die Digitalwirtschaft und die globale Kommunikation massive Auswirkungen hätte. Seit den 1990er-Jahren verlangen immer mehr Gesellschaften nach einer weitergehenden Demokratisierung mit *„Schutzbalken"* einer stärkeren Elitenkontrolle. Diese Entwicklungen verstärken sich besonders im globalen Süden, dem ein stärkeres ökonomisches und politisches Gewicht zukommt. Eine weitere Ausbreitung der Demokratie ist daher ebenso möglich wie das Erstarken antiliberaler Gegenbewegungen. Es mehren sich die Anzeichen, dass es zur Restauration altbekannter Macht- und Herrschaftsformen kommt, die auf der *„Macht des Stärkeren"* beruhen. Aktuelle Blaupausen kann man in der Ukraine, in Venezuela und bald in Grönland besichtigen. Die Machtausdehnung des Westens beruhte nach Mausfeld (2025) nicht auf einer höheren Kultur oder Sittlichkeit, sondern *„auf militärischer und technologischer Gewaltüberlegenheit … Kolonialisierung, Sklavenhandel, imperialen Kriegen und wirtschaftlicher Erpressung. Der Ausdruck „zivilisatorische Mission" ist ein mora-*

*lischer Mantel, mit dem die Kontinuität eines fünfhundert Jahre andauernden Prozesses gewaltsamer ökonomischer Ausbeutung der Welt verdeckt werden soll.*"

Eine Zukunftsidee besteht nach Delanty (2023) darin, die Zukunft mittels wissenschaftlicher Computersimulationen vorauszusagen und mit digitalen Technologien beherrschbar zu machen. Dabei versucht man, durch Nachhaltigkeit makroökonomische Lösungen für die durch technologische Entwicklung und Wachstumsfetischismus geschaffenen Probleme zu finden. Das Nachhaltigkeitskonzept lässt das Wachstumsparadigma unangetastet und fährt zweispurig bei der Entwicklung $CO_2$-freier Energieformen sowie weiterer fossiler Ressourcenausbeutung. Widersprüchliche Änderungen der US-Politik reflektieren divergierende Interessen der regierenden Eliten bei Handelszöllen, Fachkräftezuwanderung, Kartellrecht, Staatsausgaben oder moralisch-ideologischen Überzeugungen. Diese Auseinandersetzungen und Kompromisse münden in Gesetzen zu Energie, Zöllen, Künstlicher Intelligenz, Aufrüstung oder Kryptowährungen, die globale Wirkungen entfalten. Die Stabilität der eingeleiteten Veränderungen erfordert ein funktionierendes Zusammenspiel der Eliten. Die elitären US-Konzerne unterstützen die an die Macht gelangte Regierung, weil sie für ihre Profitmaximierung Schutz vor staatlichen Gesetzen erwarten und dafür digitale Manipulationswerkzeuge zur Verfügung stellen.

Diese werden genutzt, um die Öffentlichkeit gegen politisch unerwünschte Institutionen wie das Klimaforschungszentrum NCAR, die Umweltbehörde EPA oder die Entwicklungshilfe USAID aufzustacheln. Das überproportionale Wachstum großer Vermögen der Technologie- und Rüstungskonzerne ist kein Zufall, sondern das Ergebnis gezielter politischer Entscheidungen durch ökonomischen Druck der Technokonzerne auf die regierenden Eliten. In den Interessenkonflikten zwischen der EU und den USA ist das „*Einknicken*" der EU-Administration bei den Zollverhandlungen mit der US-Regierung die schlechteste Option. Marwecki (2025) geht davon aus, dass die liberalen westlichen Demokratien sich unter der neuen US-Sicherheitsstrategie „*Macht des Stärkeren*" von den alten Illusionen einer transatlantisch dominierten Weltordnung unter amerikanischer Führung verabschieden müssen. China und Russland verweigern sich erfolgreich westlicher Vorherrschaft, und die EU muss neue Bündnisse schmieden, um ökonomisch und technologisch in einer multipolaren Welt mithalten zu können.

Abb. 15.1 stellt die Anteile fossiler und regenerativer Energieträger an der globalen Stromerzeugung nach Ritchie und Rosado (2020) dar. Man erkennt die dominierende Rolle von Kohle (34 %) und Gas (22 %), an der sich bis 2050 nicht viel ändern wird.

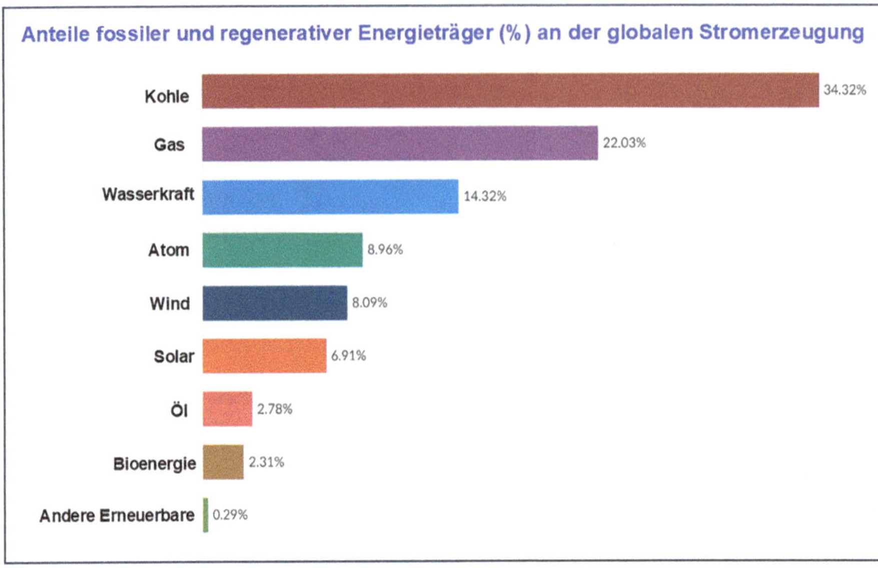


**Abb. 15.1** Anteil der verschiedenen Energieträger Kohle, Gas, Wasserkraft, Atom, Wind, Solar, Öl, Bioenergie und andere Erneuerbare (%) an der globalen Stromerzeugung 2024. (Quelle: Ritchie und Rosado (2020). https://ourworldindata.org/electricity-mix. CC BB 4.0)

Zur Erzwingung politischer Loyalität werden apokalyptische Ängste des Zusammenbruchs der menschlichen Zivilisation als Folge der Klimakrise beschworen, die endzeitlichen Visionen der Antike ähneln. Bis vor kurzer Zeit waren Katastrophen nicht menschengemacht, sondern zumeist das Resultat von Naturereignissen wie Überschwemmungen, Erdbeben, Vulkanausbrüchen und Orkanen. Ein Beispiel ist das Große Erdbeben von Lissabon, das 1755 die Schutzlosigkeit der menschlichen Gesellschaften gegenüber gewaltigen und unbeherrschbaren Naturkräften in Erinnerung rief. Das Erdbeben und der darauffolgende Tsunami zerstörten weite Teile Lissabons und markierten durch die hohen Kosten für den Wiederaufbau der Hauptstadt den Anfang vom Ende des portugiesischen Kolonialreichs.

Szenarien einer negativen Zukunft werden heute primär mit menschengemachten Ursachen assoziiert. Die erste wissenschaftlich fundierte Prognose einer pessimistischen Zukunft war Robert Malthus' *„Essay on the Principle of Population"*, in dem der englische Ökonom 1798 davor warnte, dass als Folge des enormen Bevölkerungswachstums die Menschheit ihre Nahrungsressourcen bald erschöpft haben würde. Als das Paradebeispiel einer Pandemie muss die Spanische Grippe gelten, der zwischen 1918 und 1920, begünstigt durch die Entbehrungen nach dem Ersten Weltkrieg, mehr als 50 Mio. Menschen zum Opfer fielen. Katastrophisches Denken kann als eine Verweigerung der Zukunft betrachtet werden, denn die Vergangenheit und höhere Gewalten verhindern diese, und die Zivilisation wäre den Weltläufen damit machtlos ausgeliefert.

## Zukunftskonzeptionen

Delanty (2023) beschreibt Technoutopismus als die Fähigkeit von Wissenschaft und Technologie, die derzeitigen Probleme durch neue Methoden der Rohstoffgewinnung und Nahrungsmittelproduktion zu lösen. Es gibt Pläne, wertvolle Mineralien aus Asteroiden zu gewinnen, denn bislang hat man schon zwölf geeignete Kleinplaneten identifiziert, die für den Weltraumbergbau geeignet erscheinen. Als ähnlich futuristische Beispiele lassen sich das Geoengineering oder das Züchten von Lebensmitteln im Labor nennen, beides utopische Instrumente im Kampf gegen den Klimawandel, zu dessen Hauptverursachern die Landwirtschaft zählt.

Für die Zukunft geht Delanty (2023) von drei Szenarien aus: dem Übergang zu einem grünen Kapitalismus, einem Zusammenbruch des Systems oder der Transformation zu einer Kreislaufwirtschaft. Das optimistische Szenario würde in einem sanften Übergang hin zu einer postkapitalistischen Wirtschaft und einer stark ökologisch ausgerichteten Politik bestehen, bei der Technologien Rettung versprechen. Für das pessimistische Szenario eines Zusammenbruchs der Gesellschaftssysteme gibt es gleichfalls zahlreiche Argumente. Die Erderwärmung wird bis 2050 um etwa weitere 2 K zunehmen, die Weltbevölkerung wird auf 9,7 Mrd. anwachsen. Es ist aber unwahrscheinlich, dass diese Entwicklungen bereits in einer planetaren Katastrophe münden. Am wünschenswertesten erscheint Delanty (2023) das Transformationsszenario zu einer Kreislaufwirtschaft, das angesichts der geopolitischen Weltlage aber am unwahrscheinlichsten klingt und derzeit keine Chancen auf Verwirklichung erkennen lässt.

Wagner (2023) richtete den Blick auf die 1970er-Jahre, als der Nachhaltigkeitsbegriff zentral wurde und man die Möglichkeit weiteren Fortschritts bezweifelte. Den Aufstieg des Nachhaltigkeitsdiskurses kann man mit der Veröffentlichung zweier Berichte datieren: dem Bericht des *„Club of Rome“* von 1972 und dem Bericht *„Unsere gemeinsame Zukunft“* der Kommission für Umwelt und Entwicklung der Vereinten Nationen („Brundtland-Kommission“) aus dem Jahre 1987. Im Mittelpunkt des Berichts des *„Club of Rome“* stand die Endlichkeit der planetaren Ressourcen. Erkenntnisfortschritte in Biologie, Medizin und Hygiene waren der wesentliche Grund für den Anstieg der Lebenserwartung seit dem 19. Jahrhundert. Erkenntnisfortschritte haben auch die Entwicklung von Produktionstechnologien erlaubt, die zur besseren Befriedigung materieller Bedürfnisse und zu wirtschaftlichem Fortschritt beigetragen haben. In ihrer gemeinsamen Wirkung haben sie durch das Bevölkerungswachstum den Verbrauch natürlicher Ressourcen drastisch erhöht. Selbst bei gleichbleibendem Verbrauch pro Kopf hätte allein schon das Bevölkerungswachstum die verfügbaren Naturressourcen verringert, aber der globale Pro-Kopf-Verbrauch von Ressourcen hat sich im Verlauf des letzten Jahrhunderts erheblich erhöht. Wie Lessenich (2020) feststellt, gibt es kein materielles Wachstum ohne zunehmenden Rohstoff- und Energieverbrauch: *„Vor allen Dingen gibt es kein Wachstum in den früh industrialisierten, vom Wachstumsboom der Nachkriegsjahre aufgepumpten Gesellschaften des globalen Nordens, das nicht auf Kosten der … immer noch weiter getriebenen Ausbeutung von natürlichen Ressourcen und sozialen Lebenswelten im globalen Süden gehen würde.“* In der Diskussion um die Zukunft wird ein grüner Kapitalismus beschworen, bei dem sich energiesparende Technologien mit einer aufgeklärten Konsumgesellschaft paaren. Der grüne Kapitalismus soll eine Entkopplung von Ressourcenverbrauch und Wachstum ermöglichen.

Lessenich (2020) beschreibt die absurden Blüten einer dekadenten Lifestyle-Ökologie in der First Class des Airbus A-380, die nur der Rettungsanker für den nächsten Zyklus der Kapitalakkumulation sein sollen. Sie künden von den verzweifelten Beruhigungsmitteln und den Illusionen einer Zivilgesellschaft, die ihr exklusives Lebensmodell eines ausbeuterischen Wachstumskapitalismus über die Zeit retten will. Das Wissen von einer veränderten gesellschaftlichen Weichenstellung ist zwar vorhanden, aber man kennt noch lange kein Weg. Selbst in Deutschland und der EU leben formal alle in einer Wohlstandsgesellschaft, sind aber auf sehr verschiedene Art und Weise von sozialer Ungleichheit und Ungerechtigkeit betroffen. Hieraus ergeben sich Grundelemente institutioneller Reformen, die das Welthandelsregime gerechter machen könnten. Es würde erfordern, globale Transaktionen an den Finanzmärkten weltweit zu besteuern, einen globalen Solidarbeitrag der reichsten Milliardäre und Konzerne zur Begrenzung des Klimawandels und zur Verankerung sozialer Standards zu erheben und die reichen Wirtschaften des Nordens zu Postwachstumsökonomien im Sinne einer Kreislaufwirtschaft umzubauen. Zucman (2026) plädiert für die Einführung eines Mindeststeuersatzes für ultrareiche Milliardäre, um die Flucht in Steuerparadiese zu verhindern. Dieser sollte bei Vermögen über 100 Millionen $ bei 2 Prozent liegen und würde weltweit über 300 Milliarden $ an Steuereinnahmen generieren und die Ultrareichen an der nationalen Solidarität beteiligen.

## Konsumismus

Seit der zweiten Hälfte des 20. Jahrhunderts explodierte eine Ideologie, die Selbstverwirklichung mit dem Konsum materieller Güter verbindet. In den letzten drei Jahrzehnten erfolgte auch eine Individualisierung der Selbstrepräsentation durch materielle Attribute, wie man an den Zahlen von Smartphones und der Internetnutzung feststellen kann. Die auf Daten von ITU und World Bank (2025) basierenden Zahlen weisen im Jahr 2024 über 9,14 Mrd. Mobiltelefonnutzer aus. Im Jahr 1999 lag diese Zahl noch bei 900 Mio. Die Zahl der Internetbenutzer betrug 2021 über 5 Mrd. Diese Zahlen verdeutlichen, dass der soziale Fortschritt eng mit intensiviertem Ressourcenverbrauch verknüpft ist und damit im Widerspruch zu Nachhaltigkeitsforderungen steht. Sozialer Fortschritt erfordert die Entwicklung der individuellen Talente und die Bildung des Geschmacks, und weder diese Talente noch der Geschmack sind notwendigerweise ressourcenintensiv. Deshalb ist Selbstverwirklichung nicht nur mit materiellem Konsum zu verbinden.

Die Vervielfachung des Pro-Kopf-Verbrauchs natürlicher Ressourcen im Lauf des 20. Jahrhunderts wurde lange als unproblematisch angesehen. Bei genauerer Analyse erkennt man, dass durch Erhöhung des Ressourcenverbrauchs Probleme verschoben wurden, deren Lösung zu kompliziert und unerwünscht war. Die Entwicklung von Klimaanlagen wird bei weiter steigenden Temperaturen in vielen Regionen der Welt immer unerlässlicher werden und zu einem erheblich wachsenden Stromverbrauch führen. Bis zum Jahr 2050 wird der Bedarf von Klimaanlagen voraussichtlich auf 5,5 Mrd. anwachsen. Diese Zahlen stehen für die Problemverschiebung ungelöster Probleme der Zivilgesellschaften in die Zukunft. Eine wesentliche Annahme war, dass ein Wissensfortschritt zur Entdeckung weiterer Ressourcen führen würde, die nutzbar gemacht werden können. Der Titel eines Berichts an den Präsidenten der Vereinigten Staaten über die Re-Orientierung militärischer Forschung auf zivile Zwecke unmittelbar nach dem Zweiten Weltkrieg drückte diese Einschätzung mit *„Science, the endless Frontier“* treffend aus.

Die damals aufkommende Idee von der *„friedlichen Nutzung der Kernenergie“* nach dem militärischen Einsatz der Atombomben in Hiroshima und Nagasaki durch die USA war das Musterbeispiel für die Hoffnungen der Zeit, vgl. Molfenter (2025). Scheinbar aus dem Nichts konnten unbegrenzte Mengen von vielfach verwendbarer Energie gewonnen werden. Trotz Tschernobyl und Fukushima ist das Hauptproblem der Kernkraft nicht ihr gegenwärtiges Gefahrenpotenzial, sondern die Kontrollnotwendigkeit über Jahrtausende. Es erforderte in der Phase der Kernkrafteuphorie der 1960er- und 1970er-Jahre entweder die Fähigkeit zur Problemverleugnung oder den Optimismus zu glauben, dass die Menschen über Jahrtausende politische Institutionen mit der Kontrollfähigkeit über radioaktive Anlagen und Lager aufrechterhalten könnten.

Dabei ist die Menschheitsgeschichte doch im Maßstab von Jahrhunderten durch den *„Verfall und Untergang"* politischer Ordnungen und durch Revolutionen bestimmt. Seit dem Klimawandel sind Folgen der Problemverschiebung in die Zukunft hinzugekommen, deren Bewältigung unwahrscheinlich und das Resultat von Kurzsichtigkeit ist. Wagner (2023) nennt diesen ersten Fortschrittsirrtum Hybris: die Vorstellung, dass, wenn sie es nur wollen, die Menschen alles durch Berechnung beherrschbar machen könnten.

Den prognostizierten Anstieg der Klimaanlagen bis 2050 auf über 5 Mrd. können sich die am stärksten Betroffenen in den heißen Regionen Afrikas und Indien mit Einkommen unter 8,3 US-Dollar pro Tag finanziell gar nicht leisten. Im 19. Jahrhundert waren die Bevölkerungsmehrheiten, also die unteren Klassen und Frauen, von den meisten Errungenschaften des Fortschritts ausgeschlossen oder daran nur begrenzt beteiligt. Dies änderte sich grundlegend erst im Verlauf des 20. Jahrhunderts mit der Gleichheit politischer Rechte, der Anerkennung von Gewerkschaften, der Transformation des Kapitalismus in einen nachfragegetriebenen Fordismus, der zum Massenkonsum führte und der Einrichtung sozialer Institutionen umfassender Art. Eine solche Geschichte sozio-politischen Fortschritts in Europa lässt sich auch für das 20. Jahrhundert schreiben, aber sie betrachtet nur eine Weltregion.

Dabei wird ausgeblendet, dass die Inklusion der Menschen in den Gesellschaften Europas mit der kolonialen Beherrschung und Ressourcenausbeutung Afrikas, Südamerikas, Asiens und anderer Weltregionen einherging. Das Freiheitsversprechen der Aufklärung wurde in Europa von den Eliten als uneinlösbar angesehen und gebrochen. Aber es inspirierte emanzipatorische Kämpfe, die zur Überwindung formaler Herrschaft durch das Mittel der Rechtsgleichheit führten. Mit gleichen Rechten ausgestattet konnte die Bevölkerungsmehrheit Druck auf das Establishment ausüben, den dieses nicht mehr abwehren konnte. Um sowohl die Ansprüche der Massen anzuerkennen als auch ihre privilegierte Stellung behalten zu können, reagierten die Eliten mit doppelter *„Externalisierung"*, nämlich der Verschiebung der Lasten der regionalen Problemlösung auf die Bevölkerung armer Regionen und auf die Natur. Wagner (2023) betont, dass auch demokratische politische Ordnungen eine imperiale Neigung entwickeln, weil sie einerseits die Problemgenerierung nicht unterdrücken können, aber andererseits keine ausreichenden Problembewältigungskapazitäten entwickeln und, wenn möglich, die Lasten nach außen verschieben. Diese Strategie hat in den USA eine lange

Tradition, wie sie sich gegenwärtig in Besitzansprüchen auf Grönland, dem erzwungenen Regimewechsel in Venezuela und dem gegenwärtigen Irankrieg manifestiert.

Eine dritte Problemverschiebung besteht nach Wagner (2023) darin, dass der praktizierte Fortschritt an sein Ende gelangt. Die Problemlösung wird in das Nirgendwo der internationalen Kooperation verschoben, die nie in adäquater Weise stattfindet, weil sie Privilegien antasten würde, wie sie bei den jüngsten Nicht-Entscheidungen zum Klimawandel erkennbar wurden. Die fortgeschrittenen Industriegesellschaften haben räumliche Externalisierung betrieben, als sie seit den 1970er-Jahren ressourcen- und emissionsintensive Industrien in andere ärmere Weltregionen verlagerten. Zugleich aber haben sie sich im Innern restrukturiert. Die Wirtschaftsauslagerung und das *„Outsourcing"* hatten den erwünschten Effekt, die *„Profitklemme"* zu lockern, die die Lohnabhängigen in Zeiten der Vollbeschäftigung den Unternehmen anlegen konnten. Darüber hinaus hatte die grenzüberschreitende Vernetzung das Argument verstärkt, wonach viele Fragen im nationalstaatlichen Rahmen nicht mehr beantwortbar wären. Der Verweis auf *„Globalisierung"* wurde zum Allzweckargument, Probleme nicht mehr anzugehen, Staatsaufgaben abzuwerfen und durch Privatisierungen Profitsteigerungen zu ermöglichen. Paradoxerweise wurde die Wissenschaft in der frühen Nachkriegszeit, als sie eine blühende Zukunft versprach, zum wegweisenden Problemlöser ernannt. Ihre heutigen Warnungen, die mit keiner anderen Ungewissheit behaftet sind als die Versprechen der 1960er-Jahre, werden als nicht ausreichend angesehen, um ihnen zu folgen und angemessen zu handeln. Es ist offensichtlich, dass Probleme nur verschoben worden sind, und eine Fortsetzung dieser Strategie nicht länger möglich ist.

Chakrabarty (2009) spricht von der *„Villa der modernen Freiheit"*, die auf dem Fundament fossiler Brennstoffnutzung erbaut worden sei. Er signalisiert damit, dass es der Hang zum komfortablen Wohnen und nicht das Wohnen als solches ist, der die Menschheit die Grenzen der Natur erreichen ließ. Das von ihm benutzte Wort kann mit *„Herrenhaus"* übersetzt werden, denn in diesem gibt es sowohl Herren als auch Knechte, Sklaven, Leibeigene und Bedienstete. Daher ist ein Herrenhaus nie nur ein Haus der Freiheit, sondern eines der Herrschaftskontrolle. Die Vereinten Nationen hatten im Jahre 2015 eine Liste von Zielen für nachhaltige Entwicklung beschlossen, die bis zum Jahre 2030 erreicht werden sollten. Sieht man sich das heutige Maß der Zielerreichung an, so kann dieses mit dem Ausmaß der Ressourcennutzung in Beziehung gesetzt werden. Dabei zeigt sich, dass die Länder des globalen Nordens die sozialen Ziele effizient erreichen, dabei aber natürliche Ressourcen in einem Maße nutzen, das global wegen der Begrenztheit planetarer Ressourcen nicht erreichbar wären. Die Länder des globalen Südens nutzen natürliche Ressourcen sehr viel weniger, fallen aber auch in der Erreichung sozialer Ziele zurück. Die Herren des globalen Nordens eigneten sich die Naturressourcen an, die die Bewohner des globalen Südens bräuchten, um ihre sozialen Ziele zu erreichen.

## Gerechtigkeit

Cloer (2025) analysiert, dass rund 3300 Milliardäre weltweit Vermögen in Höhe von fünfzehn Billionen US-Dollar besitzen, während die Hälfte der Weltbevölkerung mit weniger als 6,9 US-Dollar am Tag auskommen muss. 700 Mio. von ihnen leben in extremer Armut und kämpfen ums tägliche Überleben mit weniger als 2,2 US-Dollar pro Tag. Die reichsten zehn Prozent besitzen über drei Viertel des weltweiten Vermögens. Die Chefs großer Konzerne verdienten 1965 etwa 21-mal so viel wie ein durchschnittlicher Arbeitnehmer, 2022 war es bereits 344-mal so viel. Die Ungleichheit hat drastisch zugenommen, denn Marktwirtschaften generieren enormen Wohlstand für wenige und lassen viele in bitterer Armut zurück. Verteidiger der Marktwirtschaft loben ihre Effizienz, Produktivität und Innovation, aber Kritiker weisen darauf hin, dass Kapitalismus Wohlstand in den Händen weniger konzentriert, während die Armen die Kosten tragen.

Armut ist eine Folge politischer Entscheidungen zur Stabilisierung von Machtstrukturen. Ob in Marktwirtschaften, sozialistischen Volkswirtschaften oder Mischformen gestalten die Reichen und Einflussreichen die Regeln und Institutionen in einer Weise, dass ihre Vorteile gewahrt werden. Diese betreffen Monopole, Arbeitnehmerrechte, Privateigentum, Finanzen, Handel, Rüstungsausgaben und Steuern. Hinter diesen politischen Entscheidungen steht eine kleine Gruppe Superreicher, die sich einen unverhältnismäßig großen Einfluss auf die Politik gesichert hat und mit Steuersenkungen, staatlich finanzierter Rüstungsproduktion und Monopolstellungen belohnt wurde. Gerechte Politik müsste dafür sorgen, dass große Vermögen besteuert und Kapitalgewinne beim Tod des Eigentümers nicht mehr steuerfrei bleiben, womit den Erben unversteuerter Reichtum zugeschanzt wird. Das große Geld müsste aus der Politik verschwinden, damit Bestechung, Korruption und die empörende Ungerechtigkeit beendet werden, die den Kapitalismus zugunsten einer kleinen Elite verzerrt haben.

Wagner (2023) betont, dass die Hybris, der gegenwärtigen Lage durch Intensivierung von Kontrolle und militärischer Beherrschung Herr werden zu können, durch eine massive Verringerung des Verbrauchs natürlicher Ressourcen mit dem Ziel einer Stabilisierung der planetaren Lage ersetzt werden müsste. Die globale, soziale und ökologische Ungleichheit sind durch das historische Unrecht der Kolonialisierung und Ressourcenausbeutung entstanden, wodurch der Westen eine Verantwortlichkeit für die Schaffung von sozialer und ökologischer Gerechtigkeit hat. Seine Verantwortung resultiert daraus, dass Probleme ständig verschoben wurden, statt gelöst zu werden. Der völkerrechtswidrige Überfall Russlands auf die Ukraine, die Verwerfungen in der amerikanisch-europäischen Partnerschaft, die explodierenden Aufrüstungsausgaben, die Bewältigung der Klimakrise und die Transformation der Energieinfrastruktur bringen die staatliche Handlungsfähigkeit der EU-Länder an finanzielle Grenzen. Vor der Bundestagswahl 2025 haben Politik, Medien und Verbände den Anschein erweckt, als ob die Wünsche der Sozial-, Klima- und Verteidigungspolitik ohne neue Schuldenaufnahmen erfüllt werden könnten. Cremer (2025) kritisiert diese falsche Zeichensetzung, weil sie den Sozialstaat diskreditiert und zu einer Dauerempörung führt. Viele Bürger sehen die Staatsinstitutionen zunehmend als einen Liefermarktservice an, der ihre vielfältigen Wünsche erfüllen soll. Cremer (2025) weist mit Recht darauf hin, das erst die wirtschaftlichen Mechanismen des kritisierten Kapitalismus den jetzigen hohen Wohlstand Deutschlands ermöglicht haben. Dieser führt zu ansteigender Lebenszeit und erfordert ein funktionierendes System kollektiver Absicherung im Alter. Dringend erforderlich ist eine Debatte zur Entwicklung des Sozialstaats, die Reformoptionen bei den Sozialausgaben, der Migration in die Sozialsysteme und der Gesundheitsversorgung aufzeigt. Die geopolitischen Rivalitäten mit weltweiten Rekordausgaben für Aufrüstung stehen im krassen Widerspruch zu den globalen sozialen und klimapolitischen Herausforderungen und erfordern Lösungen durch die Wiederbelegung einer Politik der friedlichen Koexistenz. Die bedingungslose milliardenschwere Unterstützung der Ukraine im Verteidigungskrieg mit Russland durch Deutschland und die EU muss nach der von Pancevski (2026) beschriebenen Zerstörung der Nord-Stream-Pipeline durch ukrainische Spezialkräfte kritisch hinterfragt werden.

Seitdem Nachhaltigkeit ein zentrales Thema ist, formulieren sich in demokratischen Gesellschaften Ansprüche an die regierenden Eliten, dem Problem gerecht zu werden. Die Weltmächte verhindern die Verständigung über die am Gemeinwohl orientierten Probleme einer globalen politischen Gemeinschaft und setzen weiter auf das Herrschaftsrecht durch Ausübung militärischer Macht und ökonomischer Sanktionen. Marwecki (2025) betont, dass die gegenwärtigen Polykrisen von den politisch verantwortlichen Akteuren nicht mehr gesteuert werden können und in instabilen Übergangsphasen Kriegsgefahren durch politische Monster am größten sind. Die planetare

Klimakrise, die wirtschaftliche Destabilisierung, hohe Energiepreise und immense Wohlstandsverluste erzeugen eine „*Lost Generation*"-Stimmung, für die keine der Parteien, die Opposition eingeschlossen, ein wirkliches Lösungsangebot machen kann.

## Literatur

Chakrabarty, D., 2009. The climate of history. Four theses. Critical Inquiry 35, 197–222.

Cloer, L., 2025. Arm sein ist teuer. Über das Urteilen hinausdenken. Vision. Gesellschaft und Kultur. www.vision.org/de/node/9776

Cremer, G., 2025. Alles schrecklich ungerecht? Mythen, Halbwahrheiten, Fakten zum deutschen Sozialstaat. Herder. 256 S.

Delanty, G., 2023. Wann beginnt die Zukunft? – Überlegungen zu Temporalität, Nachhaltigkeit und Zukunftsszenarien. In: Adloff, F. et al. (Hrsg.), 2023. Imaginationen von Nachhaltigkeit: Katastrophe, Krise, Normalisierung. Campus Verlag, S. 49-70. https://doi.org/10.12907/978-3-593-44526-7

Lessenich, S. 2020. Neben uns die Sintflut. Wie wir auf Kosten anderer leben. Piper. 239 S.

Marwecki, D., 2025. Die Welt nach dem Westen. Über die Neuordnung der Macht im 21. Jahrhundert. Ch. Links. 288 S.

Mausfeld, R., 2025. Hegemonie oder Untergang. Die letzte Krise des Westens. Westend. 210 S.

Molfenter, A., 2025. Leó Szilard – Der Mann hinter der Bombe. Hirzel. 220 S.

Pancevski, B., 2026. Die Nord Stream Sprengung - die wahre Geschichte, die Europa erschütterte. HarperCollins. 368 S.

Ritchie, H. und P. Rosado, 2020. Electricity mix. OurWorldinData.org. Abgerufen von: ourworldindata.org/electricity-mix.

Wagner, P., 2023. Das Haus der Freiheit und die fossilen Brennstoffe: Notizen für eine Sozialgeschichte von Fortschritt und Nachhaltigkeit. In Adloff, F., et al. (Hrsg.). Imaginationen von Nachhaltigkeit: Katastrophe, Krise, Normalisierung (Zukünfte der Nachhaltigkeit, 2). Frankfurt am Main: Campus Verlag. https://doi.org/10.12907/978-3-593-44526-7.

World Bank, 2025. International Telecommunication Union via World Bank 2025. Processed by Our World in Data. Landline Internet subscriptions. International. World Development Indicators 122.

Zucman, G., 2026. Reichensteuer. Aber richtig! Suhrkamp. 63 S.

# 16

# Epizentrum Arktis

**Hinweisfester**

**Die Meereisausdehnung der Arktis hat im Oktober der Jahre 1978 bis 2025 um mehr als 3 Mio. km² abgenommen. Im Klimasystem der Erde wirken viele verschiedene Faktoren und Prozesse gleichzeitig, können sich verstärken oder abschwächen und bewirken natürliche Klimaschwankungen der Erde. Ab 1981 nahm auch das Meereisvolumen als Folge einer verstärkten Erwärmung durch Treibhausgase und der Reduktion von Aerosolemissionen ab. Treibhausgase fördern die Meereisschmelze an der Oberfläche, während Aerosolemissionen und Biomassenverbrennung diese reduzieren. Die Reduktion der atmosphärischen Aerosolbelastung verstärkt die Absorption einfallender kurzwelliger Strahlung über dem arktischen Becken, wodurch sich die Eisschmelze an der Oberfläche intensiviert. Die Reaktionen des arktischen Meereises auf externe Einflüsse beinhalten sowohl kurzfristige Anpassungen durch veränderte Strahlungsflüsse an der Eis- und Schneeoberfläche als auch längerfristige Auswirkungen durch eine veränderte meridionale Umwälzzirkulation des Atlantischen Ozeans. Die Arktis stellt ein Epizentrum des Klimawandels dar, und Russland ist der größte Anrainerstaat in der Arktis. Der Ukrainekrieg hat die wissenschaftliche Zusammenarbeit mit den Wissenschaftsinstitutionen der Russischen Föderation eingefroren. Der Rückgang der Meereisbedeckung und das Auftauen des Permafrostbodens werden die Zugänglichkeit zu Mineral- und Energieressourcen sowohl an Land als auch auf dem Festlandsockel in Zukunft beeinflussen und schaffen eine *„Neue Arktis"*. Russland wird die fossilen Energiequellen in jedem Fall fördern und dabei die wirtschaftlichen und sicherheitspolitischen Interessen statt der wissenschaftlichen Interessen in den Vordergrund zu stellen. Dadurch wird es schwieriger werden, die über Jahrzehnte gewachsenen vertrauensvollen Beziehungen zu russischen Wissenschaftsinstituten aufrecht zu erhalten.**



K. Dethloff, *Klimahybris*, https://doi.org/10.1007/978-3-662-73324-0_16

## Geostrategien

Der arktische Raum wird durch das neu erwachte US-Interesse an einer Einverleibung Grönlands zum Schauplatz internationaler Auseinandersetzungen zwischen den USA, seinen NATO-Partnern Dänemark und Europas sowie Russland und China. In einer angesichts des Ukrainekrieges instabilen Situation würde ein offensichtlicher Bruch des internationalen Völkerrechts durch die USA noch mehr Öl ins Feuer gießen. Eine derartige Entwicklung mit dem *„Recht des Stärkeren"* würde die geopolitische Weltkarte drastisch verändern, Vertrauen unwiderruflich zerstören und Klimaschutz endgültig in den Hintergrund rücken lassen. In Vorbereitung der 30. Weltklimakonferenz COP30, die im November 2025 im brasilianischen Belém im Amazonasgebiet stattfand, wurde ein Bericht mit den freiwilligen Verpflichtungen der teilnehmenden Länder veröffentlicht. Dieser enthält die von 64 Vertragsparteien des Pariser Abkommens zwischen dem 1. Januar 2024 und dem 30. September 2025 eingereichten Verpflichtungen, die etwa 30 % der gesamten globalen Emissionen im Jahr 2019 abdecken. Die in den neuen Verpflichtungen dargelegten Emissionspfade stimmen weitgehend mit einem linearen Pfad von den 2030-Zielen der Vertragsparteien zu ihren langfristigen Netto-Null-Zielen überein. Dies zeigt, dass die Vertragsparteien klare Schritte in Richtung Netto-Null vorgeben, auch wenn eine Beschleunigung der Maßnahmen erforderlich ist. Abb. 16.1 stellt die summierten nationalen Verpflichtungen zur $CO_2$-Emissionsreduktion in einem möglichen Korridor zwischen 10,7 und 9,5 Gigatonnen bis 2035 dar. Man erkennt, dass die Erfolge bisher überschaubar sind und die Probleme erneut in die Zukunft verlagert werden.

Die G20-Nationen sind durch den Ausstieg der USA aus dem Pariser Klimaabkommen bereits schwer getroffen und werden ihre ambitionierte Klimapolitik nicht wie geplant verwirklichen können. Die Großmächte USA, Russland und China setzen in ihrer imperialen Wirtschaftspolitik auch weiterhin auf Erdöl und Erdgas, und Deutschland und Europa spielen in dieser Liga keine Rolle. Insgesamt vollzieht sich zwar eine beachtenswerte Wende in der Energiepolitik, bei der die Stromerzeugung aus nichtfossilen Energieträgern große Fortschritte durch die Entwicklung der Solartechnik macht, die maßgeblich durch chinesische Staatskonzerne vorangetrieben wird. In allen anderen Bereichen werden die auserkorenen Klimaziele aber erst viel später erreicht werden können.

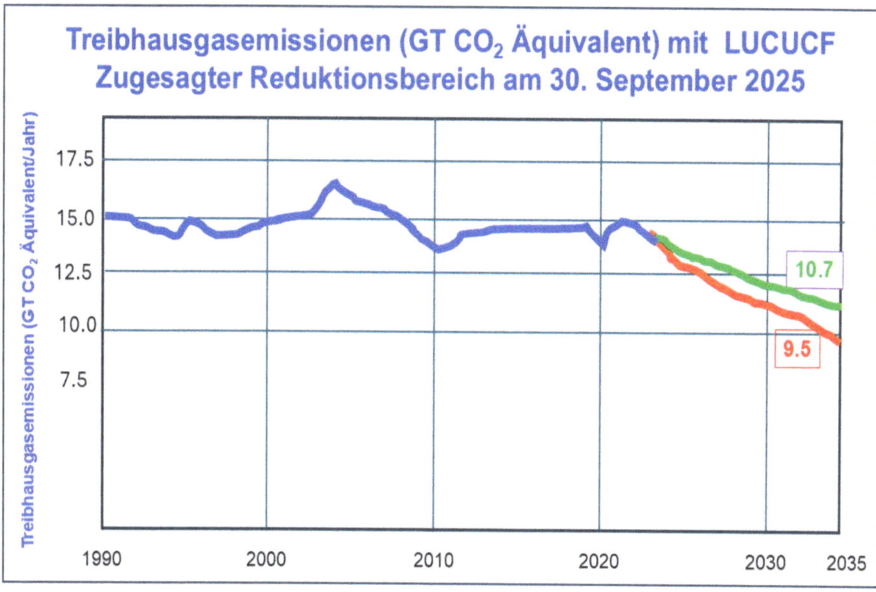


**Abb. 16.1** Beabsichtigte Reduktion der $CO_2$-Emissionen zum 30. September 2025 vor der 30. Weltklimakonferenz mit Reduktion im Bereich „Land Use, Land Use-Change and Forestry" (LULUCF). Dieser umfasst Landnutzung und Waldwirtschaft. Die Landwirtschaft ist ausgenommen, da sie als separater Sektor gezählt wird. Die Zahlen der Grafik basieren auf https://unfccc.int/process-and-meetings/the-paris-agreement/nationally-determined-contributions-ndcs

## Seismograf Arktis

Die Meereisausdehnung der Arktis hat im Oktober der Jahre 1978 bis 2025 deutlich um 3 Mio. km$^2$ abgenommen. Im Klimasystem der Erde wirken viele verschiedene Faktoren und Prozesse gleichzeitig, können sich verstärken oder abschwächen und bewirken natürliche Klimaschwankungen der Erde. Diese haben in der Arktis in den zurückliegenden Monaten maßgeblich dazu beigetragen, dass die Meereisausdehnung zum Ende des Sommers 2025 deutlich größer ausgefallen ist. Sie betrug im September 2025 4,74 Mio. km$^2$ und ist damit das bisher 14-kleinste Septemberminimum seit Beginn der Satellitenmessungen im Jahr 1979. In den letzten zwei Jahrzehnten hat sich der Rückgang des arktischen Meereises erheblich verlangsamt, wobei seit 2005 kein statistisch signifikanter Rückgang der Meereisfläche im September zu verzeichnen ist.

England et al. (2025) zeigen anhand von CMIP5- und CMIP6-Simulationen, dass solche Perioden mit minimalem Meereisrückgang bei steigenden Treibhausgasemissionen nicht ungewöhnlich sind. Die Analyse von Ensemblemitgliedern, die Analogien zur beobachteten Pause simulieren, deutet darauf hin, dass die derzeitige Verlangsamung noch bis zu zehn Jahren andauern könnte. Die Modellierung belegt, dass interne Variabilität den anthropogen bedingten Meereisverlust in den letzten Jahrzehnten weitgehend ausgeglichen hat. Insgesamt ist die beobachtete Pause im arktischen Meereisrückgang mit der simulierten internen Variabilität vereinbar. Erkenntnisse aus Klimamodellen deuten darauf hin, dass natürliche Klimaschwankungen eine große Rolle bei der Verlangsamung des anthropogen verursachten Meereisrückgangs gespielt haben. Insgesamt ist es dennoch überraschend, dass sich der Verlust des arktischen Meereises verlangsamt hat, obwohl die globalen Temperaturen Rekordwerte erreicht haben.

Lee et al. (2025) untersuchten die Auswirkungen von anthropogenen Aerosolen, Treibhausgasen und der Verbrennung von Biomasse auf die arktische Meereisdynamik unter Verwendung der historischen CESM1-Ensemblesimulationen. Geringe Veränderungen im arktischen Meereis von 1956 bis 1980 wurden durch ein Gleichgewicht zwischen der erwärmenden Wirkung von Treibhausgasen und der kühlenden Wirkung von Aerosolen bestimmt. Zwischen 1981 und 2005 nahmen die Meereisfläche als auch das Meereisvolumen aber als Folge einer verstärkten Erwärmung durch Treibhausgase und der Reduktion von anthropogenen Aerosolemissionen deutlich ab. Treibhausgase fördern die Meereisschmelze an der Oberfläche stark, während Aerosolemissionen und Biomassenverbrennung diese reduzieren. Der Rückgang der atmosphärischen Aerosolbelastung verstärkt die Absorption einfallender kurzwelliger Strahlung über dem arktischen Becken, wodurch die Eisschmelze an der Oberfläche gefördert wird. Die Ergebnisse von Lee et al. (2025) zeigen, dass die Reaktionen des arktischen Meereises auf externe Einflüsse kurzfristige Anpassungen durch veränderte Strahlungsflüsse an der Eis- und Schneeoberfläche ebenso beinhalten wie längerfristige Auswirkungen durch eine verstärkte meridionale Umwälzzirkulation des Atlantischen Ozeans (AMOC).

Die Reduktion der Aerosolbelastung zwischen 1981 und 2005 hat durch negative Auswirkungen auf die Schmelz- und Bildungsprozesse an der Eisoberfläche die Meereisausdehnung verringert, während die Eisvolumenreduktion mit der verstärkten AMOC und der anhaltenden Erwärmung des Ozeans im subpolaren Nordatlantik in Verbindung gebracht werden kann. Die Stärke und das Muster des Aerosolstrahlungsantriebs in der Arktis hängen stark von der Lebensdauer der Aerosole während des weiträumigen Transports ab, die durch die Trockenablagerungsraten der Aerosolvorläufer wie Schwefeldioxid über Schnee und Eis gesteuert werden. Unsicherheiten bei der trockenen Deposition können daher die arktische Aerosolbelastung und die Wirksamkeit der Abkühlung verändern. Zudem verringert die Ablagerung von schwarzem Kohlenstoff auf arktischem Schnee und Eis die Oberflächenalbedo, wodurch sich die Absorption solarer Strahlung und die Erwärmung der Oberfläche verstärken. Dieser Mechanismus kann in der Arktis Erwärmungseffekte hervorrufen, die in ihrer Größenordnung mit denen vergleichbar sind, die durch Kohlendioxid verursacht werden. Da CESM1 die Auswirkungen der Ablagerung von schwarzem Kohlenstoff auf die Strahlung nicht explizit simuliert, ist der in den Simulationen ermittelte Erwärmungseinfluss unsicher.

Abb. 16.2 verdeutlicht die verstärkte Erwärmung der Arktis im Herbst 2025.

Klimamodellsimulationen lassen vermuten, dass solche Perioden häufiger erwartet werden können. Blanchard-Wrigglesworth et al. (2025) gehen davon aus, dass ein fehlender Faktor in den Klimamodellen die Zunahme der borealen Waldbrände ist, die in den Klimaszenarien bisher nicht berücksichtigt wird. Die Einbeziehung von Emissionen aus der Verbrennung von Biomasse kann zu einer raschen Erholung der Meereisbedeckung im September während des betrachteten Zeitraums führen, die mit Besonderheiten bei der Simulation polarer Wolken zusammenhängen. Das erfordert, in den Modellen Veränderungen der Biomassenverbrennung zu berücksichtigen, da diese Einflüsse auf die beobachteten Trends beim arktischen Meereis ausüben. Jahn et al. (2024) erwarten konstant eisfreie Septemberbedingungen und das häu-

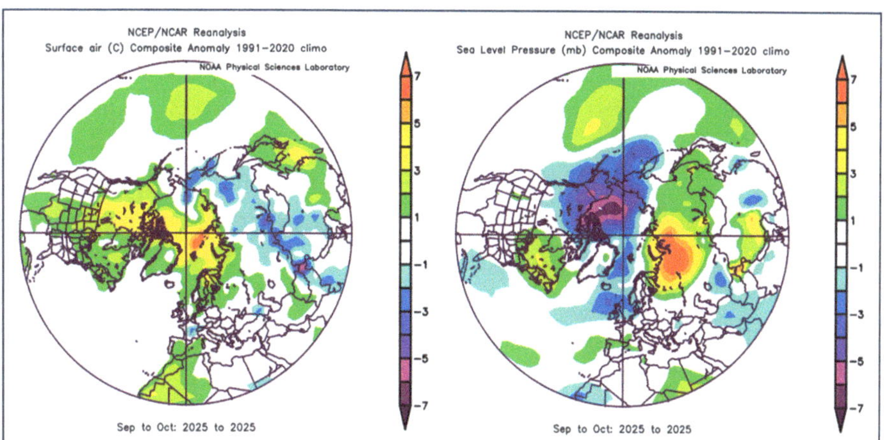


**Abb. 16.2** Erwärmung der Arktis im Herbst 2025 (September–Oktober) im Vergleich zum Zeitraum 1991–2020. Anomalien der 2m-Lufttemperatur (K, links) und des Bodenluftdrucks (hPa, rechts). (Quelle: https://psl.noaa.gov/cgi-bin/data)

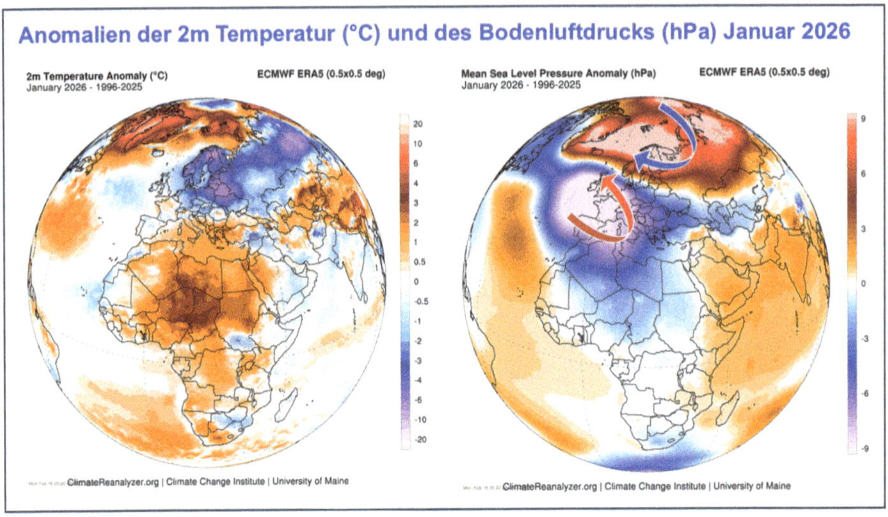


**Abb. 16.3** Anomalien der 2 m-Temperatur (K, links) und des Bodenluftdrucks (hPa, rechts) im Januar 2026. Blaue Pfeile bezeichnen die Zufuhr arktischer Kaltluft nach Europa, rote Pfeile die Zufuhr von milderer Atlantikluft. (Quelle: https://climatereanalyzer.org/research_tools/monthly_maps/)

fige Auftreten einer eisfreien Arktis bis zur Mitte des Jahrhunderts im Zeitraum 2035–2067. Dabei bestimmen die anthropogenen Emissionspfade, wie oft und wie lange die Arktis eisfrei sein könnte. Das höchste Potenzial für eisfreie Bedingungen besteht im Zeitraum August–Oktober bei einem Szenario mit hohen Emissionen. Ein wichtiger Treiber für eisfreie Bedingungen bleibt die interne Variabilität. In allen Fällen beginnt der Meereisverlust in der europäischen Arktis, setzt sich in der pazifischen Arktis fort und endet in der zentralen Arktis, wenn sie überhaupt eisfrei wird.

Der aktuelle Januar 2026 zeigte, dass sich durch interne Variabilität auch kältere Winter entwickeln können. Abb. 16.3 verdeutlicht dies für Januar 2026 unter den Bedingungen der arktischen Polarnacht, als die Wetterlage durch einen aus der Arktis stammenden kalten Polarwirbel bestimmt wurde, der Nordeuropa in seinem Griff hielt.

Diese Entwicklungen erklären, weshalb Russland seine Eisbrecherflotte für Fahrten und Transporte durch mehr als 3 m dickes arktisches Meereis ausgebaut hat, um die logistischen Herausforderungen zu beherrschen und die Transportrouten im arktischen Sommer entlang der russischen Arktisküsten eisfrei zu halten. Abb. 4.5 zeigte die Änderungen in den planetaren Wellenzügen durch verringerte Meereiskonzentration in der Arktis aus einem Modellexperiment von Dethloff et al. (2006) über acht Jahre. Sie verdeut-

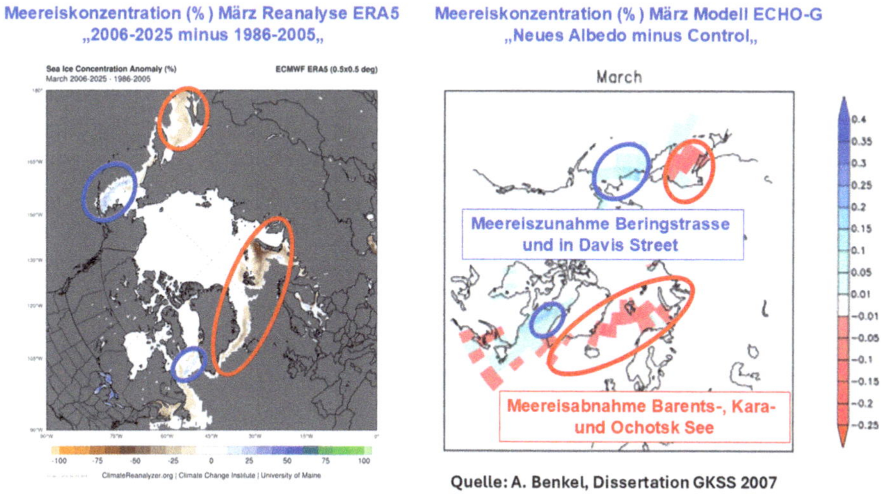


**Abb. 16.4** Änderungen der Meereiskonzentration (%) im März „2006–2025 minus 1986–2005" aus ERA5 (links) und aus dem Modellexperiment „ECHO-G mit verbesserter Eisalbedo-Parametrisierung" (rechts) von Dethloff et al. (2006) und Benkel (2007)

lichte die Veränderung der planetaren Wellenleiter zwischen den Tropen und der Arktis über Pazifik und Atlantik durch Reduktion der arktischen Meereiskonzentration. Die in diesem Modellexperiment beschriebenen Meereisänderungen sind in Abb. 16.4 für den März zusammen mit den Änderungen der beobachteten Meereiskonzentrationen der Zeiträume „2006–2025 minus 1986–2005" aus ERA5-Re-Analysedaten dargestellt.

Man erkennt die überraschende Ähnlichkeit der Muster in den ERA5-Re-Analysedaten und der Modellsimulationen in Bezug auf die Meereisreduktion in der Barents-, Kara- und Ochotsksee und die Meereiszunahme westlich Alaskas und der Davis-Straße. In den von Dethloff et al. (2006) beschriebenen Modellsimulationen mit einem gekoppelten Klimamodell ECHO-G bewirkten diese arktischen Meereisänderungen abrupte Änderungen im Telekonnektionsmuster der Arktischen/Nordatlantischen Schwingung. Dabei wechselte das AO-Muster von einer positiven AO-Phase zu einer negativen AO-Phase, und die regionalen Anomalien der Hoch- und Tiefdruckgebiete verschoben sich. Man kann deshalb auch in Zukunft davon ausgehen, dass die Arktis sich in einer negativen AO-Phase wieder abkühlen und auf interannuellen Zeitskalen stärkeres Eiswachstum stattfinden könnte. Die nichtlineare Wechselwirkung zwischen anthropogenen Antrieben und intern generierter Variabilität wird daher für Überraschungen in der Klimaentwicklung sorgen.

## Arktische Rohstoffe

Die Arktis stellt ein Epizentrum des Klimawandels dar, aber der russische völkerrechtswidrige Angriffskrieg auf das ehemalige Brudervolk der Ukraine hat die wissenschaftliche Zusammenarbeit mit den Wissenschaftsinstitutionen der Russischen Föderation eingefroren, die in beiden Polarregionen eine wichtige Randbedingung für diplomatische und politische Entwicklungen war. Die russische Arktis umfasst fast 40 % der dortigen Landfläche, und fehlende Daten aus dieser Region behindern die Forschung zum Klimawandel massiv. Internationale Zusammenarbeit zwischen West und Ost in der Arktisforschung war seit Ende des Kalten Krieges eine wichtige Säule friedlicher und kooperativer Beziehungen und führte zur Realisierung des internationalen MOSAiC-Driftprojektes. Die Unterstützung des Arktischen und Antarktischen Forschungsinstitutes St. Petersburg war dafür fundamental wichtig, vgl. Dethloff et al. (2020). Bereits jetzt haben die Vorbereitungsarbeiten für ein fünftes Internationales Polarjahr im Jahr 2032–2033 begonnen. 25 Jahre nach dem letzten IPY 2007–2008 spiegelt dieses den dringenden Bedarf an koordinierter internationaler Forschung wider, um die großen Herausforderungen der Arktisforschung mit der *„Arktischen Verstärkung des Treibhauseffektes"* zu bewältigen.

Durch die Erwärmung der Arktis und die Abnahme der Eisbedeckung entstehen strategische Chancen der Russischen Föderation für eine Nördliche Seeroute, die den östlichen und westlichen Teil des Arktischen Ozeans miteinander verbindet. Sie stellt eine Abkürzung zwischen Europa und Asien mit kürzeren Transitzeiten und Zugang zu den unerschlossenen Bodenschätzen der Arktis dar. Diese Route ist für die weltweite Schifffahrt aufgrund der kürzeren Entfernung und des geringeren Treibstoffverbrauchs im Vergleich zum Suezkanal attraktiv. Russland hat bereits in die Infrastruktur investiert, um diese Schifffahrtsroute befahrbar zu machen, hat dafür eine neue Generation von Eisbrechern entwickelt und wird den Frachtverkehr erhöhen sowie die Häfen ausbauen. Es wird erwartet, dass diese Route eine wichtige Rolle bei den Handelsströmen zwischen Asien und Europa spielen könnte und zu einer Verlagerung des Handels innerhalb Europas und einer Zunahme des Schiffsverkehrs in der Arktis führen würde.

Die Arktis besteht zu etwa gleichen Teilen aus Landregionen, aus Schelfgebieten mit einer Tiefe von weniger als 500 m und aus mehreren Tiefseebecken, die größtenteils mit Eis bedeckt sind. Während die Tiefseeregionen nur begrenzte Erdölreserven aufweisen, sind diese in den Schelfgebieten wahrscheinlich reichlich vorhanden. Auf der Grundlage einer begrenzten Menge an verfügbaren Explorationsdaten haben Gautier et al. (2009) eine geologische Schätzung der möglichen Öl- und Gasvorkommen erstellt. Etwa 30 % des weltweit unentdeckten Gases und 13 % des unentdeckten Öls könnten sich nördlich des Polarkreises zumeist offshore in weniger als 500 m Wassertiefe befinden. Unentdecktes Erdgas ist in der Arktis dreimal so reichlich vorhanden wie Öl und konzentriert sich weitgehend auf Russland. Die Ölressourcen sind für die wirtschaftlichen Interessen der arktischen Länder wichtig, und Fortschritte in der Technologie der Kohlenwasserstoffgewinnung sowie die schwindende Eisbedeckung um den Nordpol machen die Arktis zu einer zunehmend attraktiven Region für die Erschließung von Energiequellen. Die Ergebnisse von Gautier et al. (2009) lassen vermuten, dass nördlich des Polarkreises mehr als 770 TCF an Erdgasvorkommen vorhanden sind und 1547 TCF gefunden werden könnten. Der mittlere Weltgasverbrauch beträgt fast 110 TCF pro Jahr. Die mittlere Schätzung der unentdeckten Gasvorkommen ist größer als das bisher in der Arktis entdeckte Gesamtgasvolumen und entspricht etwa 30 % der weltweit unentdeckten konventionellen Gasvorkommen. Die Exploration, die Entwicklung von Produktions- und Transporteinrichtungen für Öl-, Gas- und Mineralressourcen nimmt in der gesamten Arktis zu.

Der Rückgang der Meereisbedeckung und das Auftauen des Permafrostbodens werden die Zugänglichkeit von Mineral- und Energieressourcen sowohl an Land als auch auf dem Festlandsockel beeinflussen. Russland wird die fossilen Energiequellen in jedem Fall fördern und dabei die wirtschaftlichen und sicherheitspolitischen statt wissenschaftlicher Interessen in den Vordergrund stellen. Dadurch wird es schwieriger werden, die über Jahrzehnte gewachsenen vertrauensvollen Beziehungen zu russischen Wissenschaftsinstituten in der Arktisforschung auf einem hohen Niveau zu halten. Militärische Konflikte bei der Erschließung der Arktis sind unwahrscheinlich, aber der politische Umgang mit Ressourcen könnte zu Konflikten führen. Hierbei stellen Umweltauswirkungen und ihre Folgen für traditionelle Lebensweisen ein zentrales Thema dar, und die unterschiedlichen Positionen zwischen Ost und West könnten sich verschärfen. Das geopolitische Umfeld für die europäische Arktispolitik hat sich verändert, und die mit dem Klimawandel und der beschleunigten Eisschmelze verbundenen Fragen zur Entwicklung neuer Schifffahrtsrouten und dem Zugang zu arktischen Rohstoffen erfordern diplomatische Dialoge mit Russland und China. Gleichzeitig muss Deutschland ein weiterhin gefragter und angesehener Partner der internationalen Arktis- und Klimaforschung auch im Hinblick auf die Vorbereitung des Fünften Internationalen Polarjahres 2032–33 bleiben. Diese Anforderung wird durch den vom BMFTR finanzierten Bau des AWI-Forschungsschiffes „*Polarstern Zwei*" abgesichert.

# Grönland

Die Arktis gerät unter der US-Regierung in den geopolitischen Fokus, da sie die Kontrolle über das zu Dänemark gehörende Grönland verlangt. Die geänderten klimatischen Bedingungen mit der beschleunigten Erwärmung der Arktis öffnen dem internationalen Handel kostengünstigere Transportrouten. Das zurückgehende Meereis öffnet Seewege zwischen Asien, China und Europa und macht Lagerstätten von Rohstoffen an Land und auf dem Meeresboden besser zugänglich. In der Arktis werden in Gebieten, die nun durch den Klimawandel zugänglich sind, riesige Mengen an unentdeckten Erdgas- und Erdölvorkommen vermutet. Die wesentlichen Gründe für den erneuten Vorstoß der USA, sich Grönland *„einzuverleiben"* sind die Kontrolle der neuen Seewege in der Arktis und der Zugang zu den immensen Rohstoffvorkommen auf Grönland. Die USA wollten bereits nach dem 1868 erfolgten Kauf Alaskas von Russland den gleichen Deal mit Grönland abschließen, dem das Königreich Dänemark zugestimmt hatte. Der beabsichtigte Kauf scheiterte am US-Kongress, der kein weiteres Geld für *„unbewohnte Eisregionen"* ausgeben wollte. Nach dem Ausbruch des Zweiten Weltkrieges und der Besetzung Dänemarks durch Deutschland überließ Dänemark 1941 die Arktisinsel Grönland den USA. Seitdem unterhalten die USA mehrere militärische Stützpunkte, aber auch wissenschaftliche Observatorien auf Grönland. Nach dem Krieg scheiterte Dänemark daran, die militärische Präsenz der USA auf Grönland zu beenden. Im Streit um Grönland, das nur 56.000 Einwohner zählt, kann die US-Regierung sich einen Militäreinsatz zur Annexion ebenso vorstellen wie den Kauf der größten Arktisinsel mit strategischer Bedeutung. Die dänische Regierung weist den mit nationalen Sicherheitsinteressen begründeten Anspruch der USA zurück und warnt vor einem Ende der NATO, sollten die USA Grönland annektieren.

Die abschmelzende Arktis stellt Rohstoffprojekte vor außenpolitische und diplomatische Herausforderungen. Die Entwicklungen in Grönland und der Ukraine als Folge zunehmender internationaler Spannungen führen zu einer Neubewertung der kritischen Rohstoffversorgung bei Öl, Gas und Seltenen Erden. In jedem Fall ist es erforderlich, diplomatische Lösungen zu finden und anzustreben. Die Vorbereitung des 5. Internationalen Polarjahres 2032–2033 wird durch den Stellvertreterkrieg Russlands mit dem Westen in der Ukraine belastet. Im Februar 2025 war ich zu einem Workshop in Monaco eingeladen, der die Lücken im wissenschaftlichen Verständnis der arktischen Klima- und Umweltveränderungen sowie der Wissenschaftskooperationen analysierte, vgl. Lappalainen und Petäjä (2025).

Das von der Stiftung Fürst Albert II. von Monaco unterstützte Treffen brachte Wissenschaftler mit unterschiedlichem Hintergrund zusammen, die in einem Weißbuch die wichtigsten Empfehlungen zu kritischen Themen zusammenfassten. Diese beinhalten die Dynamik des arktischen Meereises und des grönländischen Eisschildes, die Rolle von kurzlebigen Klimaschadstoffen, das Zusammenspiel zwischen arktischen Prozessen und dem gekoppelten Klimasystem, arktische Klimaeingriffe, Luftverschmutzung in der Arktis, die Rolle der Kooperation und lokaler Gemeinschaften, die Pan-Arktische Zusammenarbeit, den Datenaustausch sowie Künstliche Intelligenz. Wissenschaftler aller Nationen, politische Entscheidungsträger und Interessenvertreter müssen intensiver zusammenarbeiten, um Forschungslücken zu schließen und die für eine nachhaltige Arktisbeobachtung erforderliche Infrastruktur bereitzustellen. Gastgeber Fürst Albert II. von Monaco formulierte es folgendermaßen: *„Durch die Förderung des interdisziplinären Dialogs, die Stärkung der Zusammenarbeit und die Einbeziehung innovativer Forschungsansätze können wir Lösungen vorantreiben, die zum Schutz der Arktis und letztlich unserer gemeinsamen Zukunft erforderlich sind. Damit diese Ambitionen angesichts der Kräfte, die sich uns entgegenstellen, erfolgreich sind, brauchen wir unerschütterliches Engagement."*

## Literatur

Benkel, A., 2007. The role of northern hemispheric cryospheric albedo changes: A model study of the Arctic's impact on the global climate. Dissertation. GKSS, Universität Hamburg. 109 S.

Blanchard-Wrigglesworth, E. et al., 2025. Increasing boreal fires reduce future global warming and sea ice loss. Proceedings of the National Academy of Sciences of the United States of America 122, 23, e2424614122. https://doi.org/10.1073/pnas.2424614122

Dethloff, K. et al., 2006. A dynamical link between the Arctic and the global climate system. Geophys. Res. Lett. 33, L03703. https://doi.org/10.1029/2005GL025245.

Dethloff, K. et al., 2020. Das MOSAiC Driftexperiment und arktische Klimaänderungen. Sitzungsberichte der Leibniz-Sozietät der Wissenschaften zu Berlin 144, 141–155.

England, M. R. et al., 2025. Minimal Arctic sea ice loss in the last 20 years, consistent with internal climate variability. Geophys. Res. Lett. 52, e2025GL116175. https://doi.org/10.1029/2025GL116175

Gautier, D. L. et al., 2009. Assessment of undiscovered oil and gas in the Arctic. Science 324, 1175-1179. https://doi.org/10.1126/science.1169467

Jahn, A. et al., 2024. Projections of an ice-free Arctic Ocean. Nature Reviews Earth & Environment 5, 164–176.

Lappalainen, H. K. und Petäjä, T. (Hrsg.), 2025. Arena for the gap analysis of existing Arctic Science Co-Operations (AASCO), Summary of the AASCO event on February 4–5, 2025, in Monaco. Special edition, ISBN 978- 952-84-1294-6. 36 S.

Lee, Y.-C. et al., 2025. Distinct impacts of diverse forcing agents on Arctic sea ice since the mid twentieth century. npj Climate and Atmospheric Science 8, 362.

# 17

# Epilog

**Hinweisfenster**

**Kulturelle und ökonomische Selbstbegrenzung individueller Ansprüche und administrative Einschränkungen des Massenkonsums könnten nachhaltigen Klimaschutz und den Umbau zu einer Kreislaufwirtschaft ermöglichen. Existenzielle Risiken des dominierenden Wachstumsmodells mit seinen vergifteten Nebenwirkungen haben zu einer Systemkrise geführt. Ob Transformationsprozesse friedlich geregelt oder in einer Apokalypse enden werden, ist in einer von Krisen geschüttelten Welt offen. Sollte die ökologische Modernisierung durch den *„Green New Deal"* misslingen, könnten sich Wähler nach links oder rechts wenden. Dann sind repressive Staatsformen in grünem Gewande oder autoritäre Wenden durch demokratische Wahlen denkbar. Klimarisiken sind mit geopolitischen Fragen verkoppelt, und technokratische Eliten entscheiden über die strategischen Linien. Zur Durchsetzung ihrer politischen Agenden erzeugen sie mit Hilfe der Leitmedien ein Angstklima. Die westliche Politik mit dem Abbruch der Brücken zu Russland und China darf aus Sicht der Wissenschaft auf keinen Fall fortgeführt werden. Die globalen Probleme sind derart drängend, dass sich Europa ökonomisch und ökologisch erneuern und statt auf Konfrontation wieder auf friedliche Koexistenz setzen muss.**

In seiner Nobelpreisrede in Stockholm sprach der ungarische Laureat László Krasznahorkai (2025) über die allgegenwärtige Apokalypse in der Welt: *„Ihr seid ins All geflogen, habt die Vögel verlassen, dann seid ihr zum Mond geflogen und habt dort eure ersten Schritte gemacht, ihr habt Waffen erfunden, die die ganze Erde um ein Vielfaches in die Luft jagen könnten, und dann habt ihr Wissenschaften auf so flexible Weise erfunden, dass das Morgen Vorrang vor dem*


K. Dethloff, *Klimahybris*, https://doi.org/10.1007/978-3-662-73324-0_17

*hat, was man sich heute nur vorstellen kann … Bleib stehen, denn dieser Schlamm wird dich verschlingen, er wird dich in den Sumpf ziehen."*

## Hitzestress

Der Klimawandel stellt die Zivilgesellschaften in den geografischen Regionen des Planeten in unterschiedlicher Schärfe vor die Frage des Überlebens. Bereits jetzt herrschen in subtropischen Regionen extrem hohe Jahresmitteltemperaturen mit lebensbedrohenden Bedingungen. Abb. 17.1 stellt die in den subtropischen Breiten der Erde liegenden Gebiete im Sommer 2025 mit den höchsten gefühlten Temperaturen von über 46 °C in dunkelroter Farbe dar. Das ECMWF unterteilt Wärme- und Kältestressperioden in 10 Kate-

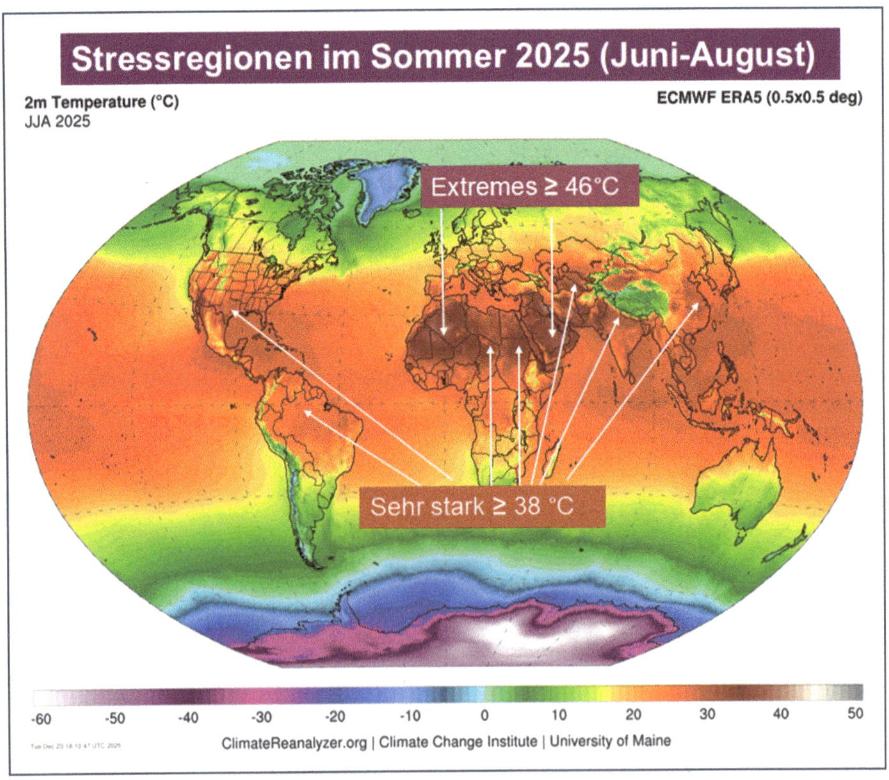


**Abb. 17.1** Thermische Stressregionen im Sommer 2025. Die Farbskale kennzeichnet die Maximaltemperaturen. Durch Pfeile wird auf Regionen mit extrem hohen Temperaturen (≥ 46 °C) und sehr hohen Temperaturen (≥ 38 °C) hingewiesen. (Quelle: https://thermaltrace.climate.copernicus.eu/ und www.ClimateReanalyzer.org)

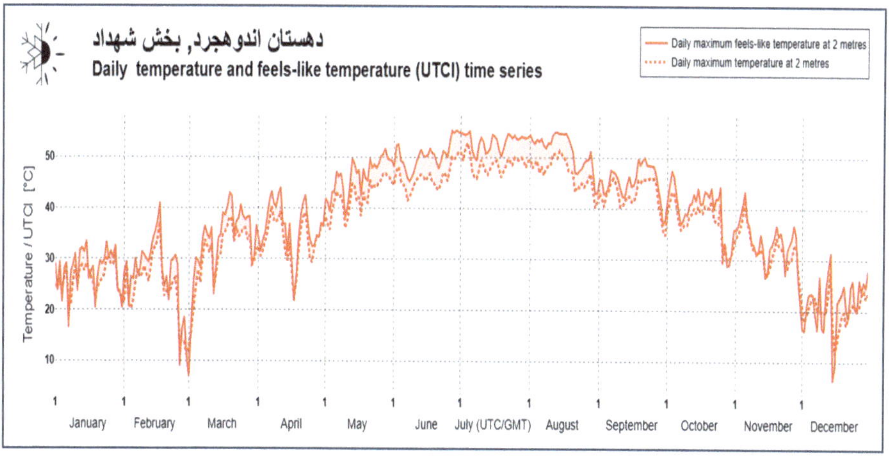


**Abb. 17.2** 2 m-Maximumtemperatur und gefühlte Maximumtemperatur (°C) in Qomrod RD, Isfahan Provinz, südlich von Teheran im Jahr 2024. Quelle: https://thermaltrace.climate.copernicus.eu

gorien, die die Anzahl der Tage im ausgewählten Zeitraum angeben, an denen der Index die gewählte Kategorie von Hitze- oder Kältestress erreichte. Der Wärmestressindex beschreibt, wie heiß sich die Umgebungstemperatur für Menschen anfühlt und wird neben der Temperatur von der Luftfeuchte, dem Wind und der Sonneneinstrahlung beeinflusst. Die dunkelroten Gebiete stellen Regionen mit einem Klima dar, in denen das Leben häufig zur Qual wird. Die gefühlten Temperaturen über 46 °C treten mit Wassernotstand zudem in den extrem armen Regionen der afrikanischen Sahelzone und im Nahen Osten auf, aus denen die Menschen fliehen.

Durch den Klimawandel verstärken sich diese Extremsituationen und werden zu weiterer Massenmigration nach Europa besonders aus Nordafrika und Vorderasien führen. Abb. 17.2 stellt die Maximumtemperatur in 2 m Höhe sowie die gefühlten Maximumtemperatur in Qomrud südlich Teherans im Laufe des Jahres 2024 dar und zeigt, dass die gefühlten Temperaturen von Mai bis September über 40 °C und im Juli und August über 50 °C liegen und hohen Hitzestress erzeugen. Ähnlich qualvolle Bedingungen herrschen im saudiarabischen Riad mit gefühlten Sommertemperaturen von bis zu 50 °C. In dieser Klimaregion ist der Einsatz von Kühlanlagen für neun Monate des Jahres erforderlich.

Abb. 17.3 stellt die täglichen Maximumtemperatur in 2 m Höhe und die gefühlte Maximaltemperatur in Dunapataj in der ungarischen Tiefebene (Alföld) im Jahr 2024 dar. Hier herrschten von Juni bis August 2024 Temperaturen bis zu 40 °C, die bei anhaltenden Hochdrucklagen mit intensiver Sonneneinstrahlung zu extremen Bedingungen ohne Niederschlag führten.

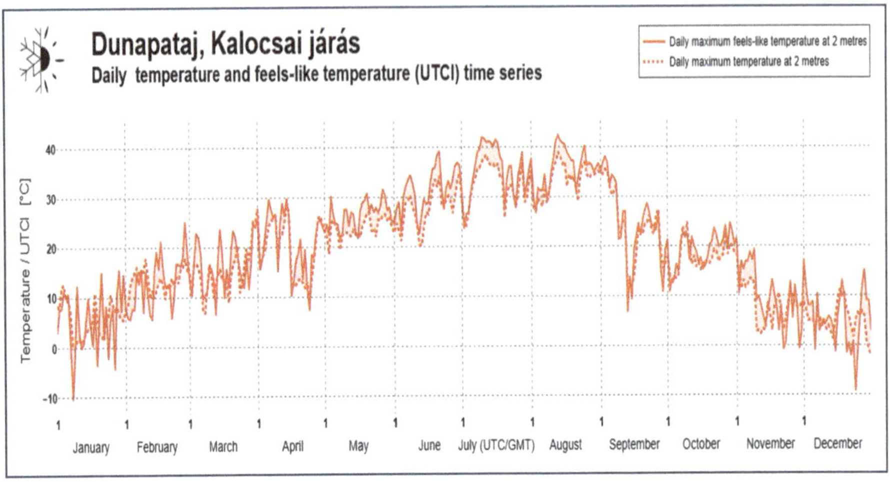


**Abb. 17.3** 2 m-Maximumtemperatur und gefühlte Maximumtemperatur (°C) in Dunapataj in der Nähe Kalocsas im Jahr 2024. (Quelle: https://thermaltrace.climate.copernicus.eu/)

An der mecklenburgischen Ostseeküste in Rostock schwankten die Temperaturen von Juni bis August 2024 zwischen 20 und 30 °C und entsprachen damit Wohlfühlbedingungen, obwohl auch hier suggeriert wurde, dass es zu heiß sei.

Die Temperaturen in der ungarischen Tiefebene erzeugen im Sommer nur schwer zu ertragenden Hitzestress für die Bewohner sowie Dürren und Missernten in der Landwirtschaft und haben die wohlhabenderen Einwohner bereits zum Einbau von Klimaanlagen veranlasst. Trotz vollmundiger Ankündigungen der Regierung, Ungarn mit einer Million Bäumen aufzuforsten, laufen die Dinge vor Ort in eine andere Richtung. Hinter unserem Haus stand Jahrzehnte lang ein kleiner Wald von zwei Quadratkilometern, der das Mikroklima und den Wasserhaushalt fühlbar positiv beeinflusste. Im Sommer 2025 wurde dieser Wald vom privaten Eigentümer ohne politischen Widerstand der Gemeindeverwaltung abgeholzt, um das Brennholz vermarkten zu können.

## Armutsregionen

Abb. 17.4 stellt die Armutsregionen der Erde mit ihren Klimagefahren dar. Alkire et al. (2025) lieferten eine Analyse von Armut und Umweltgefährdung und beschrieben, dass 1,1 Mrd. Menschen in akuter Armut leben. 887 Mio. arme Menschen sind von Klimagefahren wie extremer Hitze, Über-

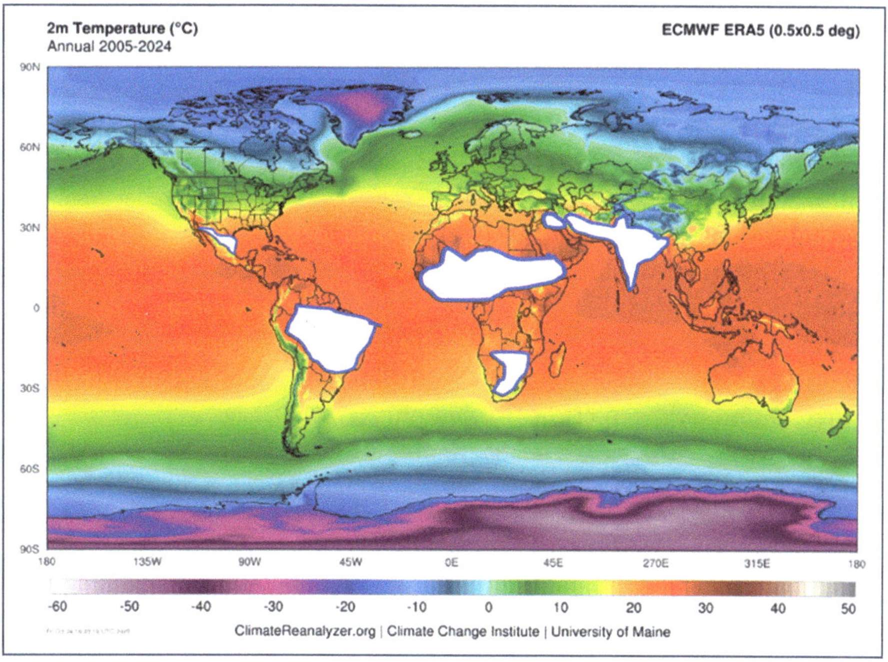


**Abb. 17.4** Regionen der Erde mit höchstem Armutsindex und die Gefährdung durch Klimagefahren (weiße Gebiete mit blauem Rand). (Quelle: Alkire et al. (2025) und www.ClimateReanalyzer.org)

schwemmungen, Dürre oder Luftverschmutzung betroffen. Diese Ergebnisse unterstreichen die enge Beziehung zwischen Armutsbekämpfung und Klimaanpassungsmaßnahmen. Klimaschocks nehmen an Häufigkeit und Intensität zu und hinterlassen eine Spur menschlichen Leids voller Entbehrungen.

Im Jahr 2022 wurden durch klimabedingte Katastrophen rund 32 Mio. Menschen aus ihren Häusern und Dörfern vertrieben. Armut, die früher als sozio-ökonomisches Problem betrachtet wurde, ist inzwischen untrennbar mit Klimaänderungen verbunden. Ohne Anstrengungen zur Abschwächung der Klimafolgen wird sich die Zahl der Menschen in finanzieller Armut bis 2050 verdoppeln. Armut erhöht die Gefährdung durch Klimarisiken, die ihrerseits die Armut verstärken und damit einen unheilvollen Kreislauf verlängern. Diese Verflechtung ist ein Merkmal des Klimawandels und kann ohne finanzielle Unterstützung und Hilfe des reichen Nordens nicht behoben werden. Das wird ohne Einschränkungen des verschwenderischen Lebensstils im reichen Westen und Norden der Erde nicht möglich sein, aber zu neuerlichen politischen und sozialen Kontroversen führen. Die Bevölkerung der mittleren Breiten lebt verglichen mit den Tropen und Subtropen trotz des hysterisch beschworenen Klimawandels weiterhin in einem Klimaparadies, diskutiert ihre „*Luxusprobleme*" und wird durch vernünftige Anpassungsmaßnahmen auch zukünftig gut leben können.

Bart (2025), Bätzing (2023) und Staab (2025) gehen davon aus, dass nur kulturelle und ökonomische Selbstbegrenzung persönlicher Ansprüche und eine administrative Einschränkung des ausufernden Massenkonsums Klimaschutz ermöglichen können. Ob eine Gesellschaft mit kultureller Selbstbegrenzung durch eine grüne Ökodiktatur oder demokratisch ausgehandelte Gesetze erreicht werden kann, wird sich noch herausstellen. Gesetzgeberische Maßnahmen könnten die Überflussgesellschaften des Westens mit Massenkonsum und überdimensioniertem Verbrauch von Ressourcen einschränken, Wachstum durch selbstgesetzte und kulturell verankerte Rahmenbedingungen begrenzen und zwischen erforderlichen und vernachlässigbaren Bedürfnissen unterscheiden. Davor und vor der Reduktion der überhöhten eigenen Ansprüche schreckt aber das regierende Establishment zurück. Die zur Bewältigung des Klimawandels erforderliche Entwicklung technologischer Lösungen wäre bei vertrauensvoller geopolitischer Zusammenarbeit und Umlenkung der enormen Aufrüstungskosten bezahlbar. Dies würde einen Sinneswandel mit diplomatischen Lösungen der geopolitischen Konfliktherde erfordern, der derzeit nicht erkennbar ist.

## Friedliche Koexistenz

Eines der Idole meiner Jugend, Helmut Recknagel, wurde 1960 in Squaw Valley Olympiasieger im Skispringen und schrieb in seinem 2007 veröffentlichten Buch, dass wir alle wieder einfach dort beginnen sollten, wo wir schon mal waren. Er fordert ein bescheideneres Leben ohne die Zwänge und Mechanismen der Freizeit-, Vermarktungs-, Angst- und Verblödungsindustrie und beschreibt das Grundproblem der Zeit: „*Der Mensch ist von Natur aus bequem. Und der Kapitalismus bedient diese Bequemlichkeit. Für jedes Bedürfnis ist gesorgt, man kann alles bekommen. Praktisch scheitert die Erfüllung am Vermögen, das in des Wortes eigentlicher und auch in seiner übertragenen Bedeutung gemeint ist. In Phasen der Prosperität ist genug für alle da, die soziale Hängematte wird dicht geknüpft. Erst wenn es bei der Verteilung eng wird, werden die Löcher darinnen weiter und immer mehr Menschen fallen hindurch. So aber funktioniert ein Gemeinwesen auf Dauer nicht. Es muss die Bequemlichkeit nicht bedienen, sondern überwinden, mindestens aber steuern. Ein allgemeines Recht auf Faulheit gibt es nicht … Gesellschaftliches Dasein ist Nehmen und Geben.*"

Das Gros der regierenden Entscheidungsträger hat selten Berufserfahrungen außerhalb der eigenen Politikerlaufbahn, zielt in seiner politischen Arbeit auf

Wiederwahl statt auf das Gemeinwohl und vernachlässigt häufig nachhaltige Lösungen zugunsten populistischer Stimmensammlung. Man erkennt die Abgehobenheit und den Realitätsverlust der Machteliten in der Klimapolitik, die dank ihrer großzügigen finanziellen Alimentierung durch den Steuerzahler kein Problem mit teurer Energie haben. Liessmann (2024) formuliert es folgendermaßen: *„Die intellektuelle Elite, die nach dem Bologna-System studiert, hat sich nie darüber gewundert, dass geistige Leistungen mit Credit Points beziffert werden. Man wird sich auch nicht wundern, wenn das Leben und die Lebenschancen eines Menschen schlechthin einer Punktebewertung unterliegen und von dieser abhängig gemacht werden.“*

Damit sind demokratische Systeme nicht allzu weit vom chinesischen Punktesystem mit Bonuspunkten für regelgerechtes Verhalten seiner Bürger angesiedelt. Die Lebensbedingungen der Mittelschicht werden durch hohe Energiepreise, steigende Steuern und die Inflation bedroht. Dabei spielen die Fortführung und Finanzierung des Ukrainekriegs ohne diplomatische Ideen und das Verbrennen gesellschaftlichen Vermögens durch katastrophales Wettrüsten eine entscheidende Rolle. Die seit 3,5 Jahren verhängten Sanktionen gegen Russland sind in den vergangenen Jahren das bevorzugte moralische Werkzeug europäischer Politik gewesen, Stärke zu zeigen, ohne das Blut eigener Soldaten vergießen zu müssen. Die Sanktionen haben den Ukrainekrieg nicht beendet, dafür aber die europäische und deutsche Wirtschaft sowie die Bevölkerung der Ukraine schwer belastet. Um Frieden in Europa zu erreichen, müssten auch die Interessen Russlands ernst genommen werden. Dies wird mit dem Abbruch aller Brücken zu Russland und einer weitgehenden Abschottung nicht gelingen, denn Europa und Russland liegen auf demselben Kontinent. Frieden kann weder durch Sanktionen noch durch die für Europa über neue Schulden finanzierte Ausrüstung der Ukraine erreicht werden. Die liberalen westlichen Demokratien müssen sich von ihren Illusionen einer transatlantisch dominierten Weltordnung unter US-Führung verabschieden. China und Russland verweigern sich westlicher Vorherrschaft, und die EU muss neue Bündnisse schmieden, um als Partner ernst genommen zu werden und ökonomisch und technologisch im Wettbewerb der Nationen mithalten zu können.

Bei allen Fragen der Kredit- und Finanzpolitik gab es in der Bundesrepublik immer Fachleute wie den von Gall (2006) porträtierten Chef der Deutschen Bank Josef Abs, die wirtschaftlichen Rationalitätserwägungen den Vorrang vor politischen Abwägungen gaben und damit für das deutsche Wirtschaftswunder mitverantwortlich waren. Abs' Grundüberzeugung bestand darin, dass die Finanzwelt trotz aller internationaler Verflechtungen national und einzelstaatlich bestimmt sein muss und sich daraus ihre Existenzberechtigung ergibt. Abs scheute sich nie, politische Entscheidungen wie die Aufwertung der D-Mark 1969 als Dummheit zu bezeichnen: *„Es war, als ob eine Nonne sich plötzlich prostituiert, es wurde eine unvergleichliche, leichtsinnige, für unsere wirtschaftliche Zukunft höchst folgenreiche Bereitschaft gezeigt, das Spiel zur Verteidigung eines überhöhten Dollarwertes weiter mitzuspielen.“* Deutschland verlor damals durch Interventionen am Devisenmarkt über 50 Mrd. D-Mark. Abs verhinderte auch das Projekt einer Air Union unter französischer Führung, das die Lufthansa im *„Malstrom politischer Interessen“* zerrieben hätte. Abs sah, wie Gall (2006) es formulierte, bereits in den 1960er-Jahren die westliche Welt nicht nur durch äußere Feinde bedroht, sondern auch in ihrem Inneren durch die Preisgabe verbindender Werte und Überzeugungen. Dazu gehörte das Handeln für die Idee des Gemeinwohls und Verpflichtung für das Gemeinwesen, ohne die Antriebskräfte des Individualismus als Lebensziel aufzugeben.

## Ost- und Westeuropa

Nach meinem Physikstudium 1973 führte mich eine meiner ersten Reisen in die Sowjetunion zu einer internationalen Sommerschule *„Physik der Ionosphäre“* nach Sotschi auf der Krim und zum Hydrometeorologischen Dienst nach Moskau. Manche dieser Kontakte haben alle seitdem erfolgte Zeitenwenden überstanden. 1986 arbeitete ich einige Wochen im Institut für Atmosphärenphysik Moskau der sowjetischen Akademie der Wissenschaften und lernte seinen Direktor AKM-Prof. M. Obukhov und weitere angesehene Wissenschaftler wie den 2025 verstorbenen Prof. Igor Mokhov, Mitglied der Russischen Akademie der Wissenschaften kennen. Seit den 1980er-Jahren besteht auch mein Kontakt zu Gera Stenchikov, Mitentdecker des *„Nuklearen Winters“*, heute Professor an der KAUST-Universität in Saudi-Arabien. Bis zu meiner Emeritierung 2016 und auch danach haben wir vom wissenschaftlichen Austausch mit den russischen Kollegen und Kolleginnen im Institut in Moskau und dem Arktischen und Antarktischen Forschungsinstitut St. Petersburg profitiert. Klimaforschung in der Arktis ohne Beteiligung russischer Institute wird rudimentär bleiben, weil sie die Hälfte der Arktis ausschließt.

Der Griff in die historische Mottenkiste mit der Reaktivierung des russischen Feindbilds verfängt im deutschen Osten aufgrund der unterschiedlichen Sozialisierung weniger als im Westen. Er wird als ein Versuch wahrgenommen, die frühere Entspannungspolitik zwischen Ost und West in der Zeit des *„Kalten Krieges“* zu diskreditieren und eine neue zu verhindern. Die mögliche Eskalation des Konfliktes zwischen der Ukraine und der Atommacht Russland ist keine Fiktion. Wenn man eine neue Spaltung des Kontinents verhindern will, muss die EU Russland als Land in Europa akzeptieren. Kein anderes Land der Welt, schon gar nicht die USA oder China haben versucht, sich wie das westliche Europa völlig von Russland abzukoppeln, sondern haben die diplomatischen, politischen und wirtschaftlichen Beziehungen weiter gepflegt. In der sensiblen Weltraumerkundung arbeiten die Russen und Amerikaner auch nach dem Ausbruch des Ukrainekrieges weiter zusammen. Die deutsche Sichtweise divergiert mit denen anderer osteuropäischer Länder wie Ungarns und hält einem harten Realitätscheck oft nicht stand. Die europäische Politik mit dem Abbruch aller Brücken zu Russland darf aus Sicht der Wissenschaft auf keinen Fall fortgeführt werden.

Noch vor zehn Jahren wurde Deutschland ökonomisch und politisch als die Lokomotive des europäischen Zuges wahrgenommen. Heute befinden sich Deutschland und die EU in einem Zustand der Agonie und ökonomischen und militärischen Schwäche. Die Brutalisierung der Angriffe auf die liberalen Demokratien Europas kann man nicht mit moralischen Appellen, sondern nur mit realer ökonomischer Macht und eigener Verteidigungsfähigkeit abwehren. Europa müsste eine gemeinsame und unabhängige Strategie im Verhältnis zu den USA, China und Russland finden, und dabei ist der *„Green New Deal“* keine Lösung, sondern ein Problem. Die ökologisch und klimapolitisch notwendige Dekarbonisierung der Wirtschaft mit Nullemissionen ist nicht zum Nulltarif zu haben, sondern wird sehr teuer werden. Die EU und Deutschland haben sich seit der Coronakrise bereits überschuldet und finanziell nur noch begrenzte Spielräume.

Steigende Ausgaben für soziale Absicherung, Pflege, Migration, Aufrüstung und die militärische Unterstützung der Ukraine sowie bei deren Wiederaufbau führen zu Interessen- und Verteilungskonflikten. Die europäischen Länder haben ihre nationale Souveränität größtenteils an eine demokratisch nicht legitimierte Brüsseler *„Verwaltungsmaschine“* abgegeben, die das Leben der Völker in den Nationalstaaten durch 80 % national geltende Gesetze regelt. Dadurch entwickelten sich seit 2015, ausgelöst durch die verfehlte deutsche Migrationspolitik, gefährliche Meinungsdifferenzen zwischen den konservativen Ländern Osteuropas mit Ungarn als Speerspitze und Westeuropa mit seinen *„grün-woken“* Haltungen. In Ungarn leben 9,5 Mio. Einwohner mit einer ethnischen Minderheit von etwa 700.000 Roma, deren Integration, nicht nur auf dem Arbeitsmarkt eine wichtige Aufgabe bleibt. Ungarn erwirtschafte 2024 ein BIP von 30.400 € pro Einwohner und lag in Europa auf Platz 30 nur kurz vor der Slowakei, Lettland und Griechenland. Aufgrund dieser Wirtschaftsleistung hat Ungarn die Quotenregelung der EU zur Zwangsaufnahme von Migranten nie akzeptiert und wurde dafür mit hohen finanziellen Sanktionen bestraft. Im Dezember 2025 hat das Europaparlament den politischen Realitäten Rechnung getragen und ein verschärftes Asylrecht beschlossen, das dem ungarischen Standpunkt mit zehnjähriger Verspätung sehr nahekommt.

## Trilemma

Cedillo (2023) sieht die Welt in einer Epoche des imperialen Wettbewerbs um Kapitalakkumulation und den Verbrauch der endlichen Ressourcen der Biosphäre und des Klimas. Bei der durch die EU-Kommission beschlossenen „*Great New Deal*“-Transformation geht er von einem unlösbaren Trilemma aus. Dieses besteht aus den drei Faktoren Dekarbonisierung, Wachstum für Profitakkumulation und Arbeitseinkommen sowie sozialer Absicherung, von denen ein Faktor auf der Strecke bleiben wird. Betrachtet man noch die Kosten für die Gewinnung und Verarbeitung von Seltenen Erden, die für die Erzeugung, Speicherung und Verteilung erneuerbarer Energien unverzichtbar sind, werden die Widersprüche noch eklatanter. Deshalb befindet sich nach Cedillo (2023) die Welt auf dem Weg in eine Kriegstreiberei, die Demokratie, Freiheit und Emanzipation gefährdet, weil als Folge des Ukrainekrieges alle klimapolitischen Ziele anstandslos aufgegeben wurden. Die historische Verantwortung der westlichen Industrienationen für das ökologische Desaster wird negiert, und eine unausweichlich erscheinende militärische Eskalation wird akzeptiert: „*Dem neoimperialen russischen Nihilismus steht ein moralischer Rigorismus des Westens gegenüber, der das Putin-Regime, wenn nicht RussInnen generell, als das radikal Böse definiert. Das Feindbild schafft innere Kohärenz und legt die Spur zu einem Autoritarismus, den man eigentlich vorgibt zu bekämpfen.*“

Ohne die Beteiligung Russlands und seiner Wissenschaftsinstitutionen werden die Herausforderungen der globalen Klima- und Umweltkrise nur hohles Gerede bleiben. Die Welt ist ein gewaltiger Krisenherd, und die US-Regierung versucht, eine amerikanisch geführte Herrschaftsordnung zu installieren. Die EU und die deutsche Politik haben große Probleme, die Sicht anderer Länder und Kulturen auf die internationalen Konfliktherde zu akzeptieren. Die EU muss sich einem Realitätscheck stellen, strategisches Vertrauen zu einem so wichtigen Handelspartner wie China aufbauen und einen Neustart in den Beziehungen zu Russland anstreben. Die ständige Warnung vor der Zerstörung der Demokratie ist zwar gerechtfertigt, aber auch Ausdruck von fehlender Bereitschaft und intellektueller Faulheit der regierenden Parteien, Antworten auf die täglichen Probleme der einfachen Menschen zu geben.

Liessmann (2024) sieht das Establishment in der Pflicht, endlich Ordnung in fundamentalen Bereichen des Staatswesens herzustellen. Die Bevölkerungsängste vor unbezahlbaren Mieten und Energiepreisen, steigenden Steuerbelastungen der Mittelschicht, niedrigen Renten, überteuerter Pflege im Alter und vor eskalierender Kriegsrhetorik und inflationären Aufrüstungsausgaben müssen beantwortet werden. Dabei ist arrogante Überheblichkeit der Regierenden im Kampf um Wählerstimmen keine geeignete Strategie und führt nur zu Rückenwind für rechtsextreme Alternativen. Seit 20 Jahren verspricht die Brüsseler EU-Elite Wohlstand und Wettbewerbsfähigkeit durch eine grüne, digitale und soziale Wende, auf die Europas Bürger aber immer noch vergeblich warten. Die heutigen Probleme ähneln denen vor 1990 und wurden damals durch eine Entspannungspolitik und Aufbau von Vertrauen zwischen den politischen Blöcken gelöst, die auch heute alternativlos ist.

In der Klimadebatte tobt der Kampf zwischen den Verfechtern eines ausschließlich menschengemachten Klimawandels und seinen Leugnern, die in den USA an die politische Macht gekommen sind und für den Ausstieg aus dem Pariser Klimaschutzabkommen gesorgt haben. Die USA setzen auf die Ausbeutung der endlichen Erdöl- und Erdgasressourcen bis zum letzten Tropfen und stehen für eine moralische Verrohung der Superreichen, deren deprimierende Konturen Mausfeld (2023) in den globalen Peripheren aufleuchten sieht. In den USA arbeitet die NSF daran, die Finanzierung des führenden amerikanischen Klimaforschungsinstituts NCAR in Boulder zu beenden und das Institut zu zerschlagen. Die Erzählung von der systematischen Rivalität der von den USA geführten NATO und Europas mit China und Russland stehen im Widerspruch zu den klimapolitischen Zwängen des Überlebens auf der Erde. Die Existenz von Turbulenz zwingt nicht nur in naturwissenschaftlichen, sondern auch gesellschaftlichen Systemen dazu, einen Interessenausgleich durch diplomatische Lösungen zu erreichen. Es gibt keine alternativen Lösungen und die Existenz von Turbulenz liefert einen einzigartigen naturwissenschaftlichen Hinweis, friedliche Koexistenz als wichtigstes Ordnungsinstrument einzusetzen.

Der Bericht des United Nations Environment Programme (2025) beschwört in langen Worthülsen einen grundlegenden Kurswechsel in der globalen Wirtschafts- und Umweltpolitik zur Rettung der Lebensbedingungen auf der Erde. Die Anpassung an veränderte Klimabedingungen verlangt, sich auf länger anhaltende Dürreperioden und Extremniederschläge mit Überschwemmungen gleichzeitig einzustellen. Die Erfüllung dieser Anforderungen führt zu einem enormen finanziellen Spagat, der Klimaschutz so teuer macht, dass nicht gleichzeitig Hochrüstung betrieben werden kann. Europa muss sich zwischen „*Green New Deal*" und milliardenschwerer Aufrüstung entscheiden. Durch den Schutz von Klima und Natur würden sich nicht nur

Millionen Menschenleben retten lassen, die Welt könnte auch die jährliche Wirtschaftsleistung bis 2070 um 20 Billionen US-Dollar steigern. Eine Welt mit erneuerbaren Energien, stabilen Ökosystemen und gerechter Ressourcennutzung würde nicht zwangsläufig zu einem niedrigeren Lebensstandard führen, sondern nach den Autoren der UNEP-Studie ein widerstandsfähigeres Wirtschaftssystem erschaffen.

Der sehr optimistisch gehaltene Report basiert auf zwei Ideen. Die erste stützt sich auf technologische Entwicklung und Effizienzsteigerungen in der Energienutzung und beim Ressourcenverbrauch. Die zweite fordert deutliche Verhaltensänderungen der Menschen ein, die zu weniger Fokus auf materiellen Konsum führen. Diese Forderungen klingen utopisch und werden seit langer Zeit wiederholt. Die Bewirtschaftung der natürlichen Ressourcen erfordert, weniger zu verbrauchen, weniger zu verschwenden und Ökosystemleistungen wie sauberes Wasser und Luft sowie Böden zu schützen. Dazu müssen die Lösungen fair sein und sich am Wissen der indigenen Völker und lokalen Gemeinschaften orientieren. Die Abstimmung zwischen Natur, Gesellschaft und Wirtschaft muss durch nachhaltige Landnutzung, grüne Infrastruktur, Anpassung an den Klimawandel, nachhaltigen Konsum und Ernährungssicherheit gestärkt werden. Um das Naturkapital wiederherzustellen, muss der Druck auf Ökosysteme und Biodiversität verringert werden, sodass bis 2030 30 % der Land- und Meeresflächen weltweit zu schützen sind. Die Kreislaufwirtschaft spielt eine Schlüsselrolle bei der Wiederherstellung des Naturkapitals, indem das bisher vorherrschende Modell *„Nehmen, Herstellen, Entsorgen“* abgelöst wird. Sie fördert Recycling, Wiederverwendung, Aufarbeitung und die gemeinsame Nutzung von Produkten, um Abfall zu minimieren und die Gewinnung neuer Ressourcen zu reduzieren. Die Verwirklichung einer Kreislaufwirtschaft stellt den Schlüssel zur Bewältigung der globalen Umweltkrisen dar.

Dieses seit Jahrzehnten vernehmbare optimistische Wunschdenken steht leider in eklatantem Widerspruch zu dem Zustand, in den unsere Welt durch den dynamisierten Kapitalismus laut Liessmann (2019) geraten ist: *„Der globalisierte Kapitalismus produziert Wunderwerke aller Art, gleichzeitig aber Verarmung und unvorstellbares Elend für diejenigen, die in den Industrieregionen Ostasiens und anderer Weltteile diese Wunderwerke schaffen. Der globale Kapitalismus schafft ungeheuren Reichtum für wenige und bisher kaum bekannten Wohlstand für einige privilegierte Regionen dieser Erde, er verschärft aber auch in ebenfalls bisher ungeahnter Weise den globalen und lokalen Gegensatz zwischen Arm und Reich.“* Liessmann (2024) fordert politische Ideen für ein europäisches Staatskonzept, in dem der Staat nicht nur Verwalter von Armut in den Slums der Großstädte ist, sondern klare Grenzen zwischen Markt, Macht und Gerechtigkeit zieht und durchsetzt. Liessmann (2025) glaubt, dass der beschönigende Begriff des Klimawandels präzise die unerbittlich auf die Menschheit zukommenden Probleme beschreibt und diese sich in vielfältiger Weise an den Klimawandel anpassen muss. Er schreibt: *„Selbst wenn es gelingen sollte, die $CO_2$ Emissionen in den nächsten Jahrzehnten radikal zu senken, selbst wenn, was in den Sternen steht, die Energiewende in einem globalen Maßstab angesichts einer weiterwachsenden Erdbevölkerung durchgesetzt werden könnte, werden die Folgen der Industrialisierung für viele Generationen den Umgang mit Natur und Klima weiterhin bestimmen"*.

Wenn Demokratie zu einer oberflächlichen Talkshow degeneriert und Wirtschafts- und Profitinteressen in den Vor- oder Hinterzimmern des politischen Establishments ohne demokratische Kontrolle verhandelt werden, ist das Demokratiespiel aus und der Weg in eine rechtsextreme Diktatur weit geöffnet. Wie Huxley (1946) schrieb, gilt die größte Sorge der Mehrheit der Menschen auf diesem Planeten nur ihrer nächsten Mahlzeit – im Gegensatz zu den *„wohlgenährten Machtliebhabern an der Spitze der gesellschaftlichen Pyramide"*. Moderne Technik führt zur Konzentration von Macht in immer weniger Händen und zum Verlust bürgerlicher Freiheiten und der Selbstbestimmung für die Masse der Menschen. Wir dürfen Huxleys (1946) deprimierende Aussage nicht vergessen, *„dass der wissenschaftliche Fortschritt einer der Urheber des voranschreitenden Niedergangs der Freiheit und der Zentralisierung der Macht im 20. Jahrhundert ist"*.

## Zukunftsschleier

Der CIA-Report (2018) ging davon aus, dass es keine Alternative zum Multilateralismus gibt und der souveräne Staat auch weiterhin der Grundpfeiler internationaler Entscheidungsprozesse bleiben wird. Die Idee einer Weltregierung ist nicht verwirklichbar und bleibt eine Illusion. Die Vereinten Nationen als Institution für Frieden und Sicherheit können heute kaum noch nennenswerte Einflüsse zur Beendigung kriegerischer Konflikte und multipler Krisen leisten und müssten zur Bewältigung der gegenwärtigen Konflikte reformiert werden. Zur Erstellung und Durchsetzung international geltender Regeln und zur Schlichtung bei Streitfällen ist die UNO aber weiterhin unverzichtbar, obwohl bei globalen Problemen wie der Klimaerwärmung oder der Rüstungskontrolle nur selten Einigung erreicht werden kann. Zu den Grundsätzen, auf denen die Weltordnung basiert, gehören die Unabhängigkeit und territoriale Integrität von Staaten, der Freihandel, die Freiheit der Meere, Diplomatie und Friedensverträge sowie moralische Werte und humanitäre Normen. Um ein globales Chaos zu verhindern, muss man auf Multipolarität und die Verteilung der militärischen und wirtschaftlichen Macht auf mehrere Großstaaten setzen, die bereit sind, Probleme im Rahmen der UNO diplomatisch zu lösen.

Achayara (2025) geht davon aus, dass die USA in militärischer, finanzieller und technologischer Hinsicht eine Weltmacht bleiben wird. Die im Januar 2026 angekündigte Verdopplung der US-Militärausgaben auf 1,5 Billionen US-Dollar leitet eine neue Runde verheerender Hochrüstung und steigender Aktienkurse von Rüstungsfirmen ein. China besitzt bereits eine herausragende Rolle in den Bereichen Entwicklung, Handel und Finanzen und wird diese ausbauen. Machtverhältnisse und Bündnisse werden in einer Multiwelt themen- und zeitabhängig sein. Die Länder werden versuchen, erstarrte Allianzen zu vermeiden und bei Rivalitäten zwischen Großmächten Partei zu ergreifen. Länder könnten wirtschaftliche und infrastrukturelle Hilfe von China erhalten, sich aber in Sicherheitsfragen an die USA und ihre Verbündeten wenden.

Die Ära der Hyperglobalisierung, die lange als Garant für Wohlstand und Frieden gefeiert wurde, ist durch die Instrumentalisierung von Handelszöllen und Geopolitik beendet. Diese führt zu einer De-Globalisierung, bei der viele Länder die Abhängigkeit vom Außenhandel verringern und mehr nationale Selbstständigkeit anstreben. Eine vielfältige Welt eröffnet neue Wege der Zusammenarbeit, die die Trennung zwischen dem Westen und dem Rest der Welt überwinden kann. Exklusive Gruppen wie die G7 werden obsolet werden, wenn sie sich nicht erweitern und anpassen. Die UNO blickt auf eine 80-jährige Geschichte zurück und ist unverzichtbar bei der Organisation der globalen Zusammenarbeit, Transparenz und kollektiver Sicherheit. Man darf die Hoffnung nicht aufgeben, dass die Normen des Multilateralismus, der Gegenseitigkeit, der humanitären Hilfe und des Umwelt- und Klimaschutzes trotz mancher Rückschläge wiederbelebt und gestärkt werden könnten. Angesichts der düsteren Stimmung in der jetzigen Weltordnung, ist es hilfreich zu erkennen, dass diese nicht untergeht, sondern sich verändert.

Das größte Risiko des 20. Jahrhunderts war die nukleare Vernichtung, die weiterhin eine sehr reale Bedrohung darstellt, aber die Gefahren durch den Klimawandel und natürliche Pandemien nehmen an Bedeutung zu. Zudem kristallisieren sich neue technologische Bedrohungen wie unkontrollierte Künstliche Intelligenz und biotechnologisch hergestellte Krankheitserreger heraus. Unter dem Gesichtspunkt der begrenzten Erdressourcen von Rohstoffen und Sicherung einer beherrschbaren Zukunft wird das Konzept von Nachhaltigkeit bedeutsamer. Die Vereinten Nationen und andere multilaterale Institutionen müssen sich um eine bessere Zukunft für alle Menschen auf diesem Planeten kümmern. Dazu zählt die Entwicklung technologischer Lösungen für die $CO_2$-Abscheidung aus der Atmosphäre, die Entwicklung regenerativer Energiequellen, insbesondere der Solarenergie, und von Konzepten für nachhaltige Kreislaufwirtschaft.

Der Umgang mit den klima- wie auch geopolitischen Unsicherheiten erfordert eine diplomatische und bewusste Auseinandersetzung mit den Problemen. Dazu muss man Szenarien entwickeln, um sich vorzustellen, in welche Richtung die Dinge laufen könnten. Zukunftsszenarien müssen die optimistischen und pessimistischen Ergebnisse widerspiegeln, und darüber nachdenken, was schiefgehen könnte. Es geht um jene Dinge, die jenseits unserer Vorstellungskraft liegen und an die wir noch nicht einmal gedacht hatten. Wir benötigen kritische und ehrliche Auseinandersetzungen, die uns helfen, aus festgefahrenen Denkmustern herauszukommen und neue Lösungsstrategien zur Bewältigung der zahlreichen Poly-Krisen zu entwickeln. Dazu muss auch der Zurückbau der überteuren Wasserköpfe in der EU-Administration und den deutschen Bürokratiemonstern gehören, der zur Effizienzverbesserung, Modernisierung und Steigerung der Wertschöpfung unumgänglich ist.

## Krisen

Die Krise der EU wurde durch den strategischen Fehler der gemeinsamen Währung verschärft, die die unterschiedliche Wirtschaftskraft der EU-Länder unter die Knute des Euro zwang. Falsche Lehren aus der Geschichte, gemischt mit der Eitelkeit und dem Ehrgeiz der Eliten für ein Projekt, das darauf abzielte, Europa zusammenzubringen, haben das Gegenteil bewirkt. Während ihrer 75-jährigen Geschichte hatten die europäischen Verbündeten der NATO eine stets abhängige Beziehung zu den Vereinigten Staaten, weil diese einen großen Teil der Kosten übernahmen, um im Gegenzug eine Führungsrolle auszuüben. Die US-Regierung besteht darauf, dass die europäischen Verbündeten einen größeren Teil der Verteidigungslast der NATO übernehmen, strebt aber auch einen Kompromissfrieden in der Ukraine an, der Europa hohe finanzielle Lasten für den Wiederaufbau bescheren wird. Derzeit befindet sich Europa nach Scheidler (2025) auf dem Irrweg in eine schrankenlose Militarisierung und Kriegsertüchtigung, die alle bisher erkämpften demokratischen und sozialen Errungenschaften bedroht: *„Obwohl die EU ein existenzielles Interesse daran haben müsste, eine Aufrechterhaltung oder gar Ausweitung des Brandherdes vor der eigenen Haustür zu vermeiden, gießt sie Öl ins Feuer, um einen aussichtslosen Krieg weiterzuführen."*

Das westliche NATO-Bündnis ist anfällig für die Launen der amerikanischen Vorherrschaft, was die Fragilität der transatlantischen Abhängigkeit verdeutlicht und eigene Strategien der EU zur Verständigung mit Russland und China erfordert. Die Dissonanzen mit der US-Regierung sind das Markenzeichen für die westliche Hybris, als Gralshüter einer globalen Werteordnung aufzutreten, die häufig nur auf Worten beruht. Angesichts der deutschen und europäischen Wirtschaftskrise ohne den Zugang zu preiswerten russischen

Rohstoffen und des finanziellen Multi-Milliardengrabes in der Ukraine wird der Weg Europas im Korsett zwischen den Weltmächten USA sowie Russland und China zur Emanzipation sehr steinig werden. Marwecki (2025) stellt fest: *„Der staatliche Investitionsmut, der sich in Deutschland auf die Klimapolitik hätte richten können, zielt heute auf die militärische Zeitenwende. Ironie auch insofern, da nichts schädlicher für die Umwelt ist als der Aufbau und Einsatz von Kriegsmaschinerie. In Anlehnung an „Schwerter zu Pflugscharen" und den Propheten Jesaja ließe sich formulieren: Langstreckenraketen und Panzer zu grüner Energie und Elektroautos."*

Liessmann (2024) erwartet eine weitere Verschärfung der existierenden politischen und militärischen Konflikte, bei denen es trotz aller moralischen Appelle nur um den Zugriff und die Ausbeutung der letzten verfügbaren Erdressourcen von Öl, Gas und Seltenen Erden geht, um den unersättlichen Energiehunger einer immer weiter anwachsenden Weltbevölkerung zu stillen. Der Schutz des Planeten findet nur in den heuchlerischen Sonntagsreden der Regierenden statt, die vor den unermesslichen Ansprüchen der Menschheit kapituliert haben und Verwaltungs- aber kaum Gestaltungsfunktionen ausüben. Die Forderung der US-Regierung, im Interesse der nationalen Sicherheit Kontrolle über Grönland zu erlangen, wird der Lackmustest für die europäischen Staaten. Ob die militärische Eskalationsspirale zur Profitsteigerung für bereits extrem reiche Minderheiten in Ost und West in atomarer Zerstörung mündet und die menschliche Zivilisation in eine chaotische Welt ohne Gesetze und Skrupellosigkeit rutscht, werden wir erst im Rückblick erfahren. Man kann nur hoffen, dass in den Schaltzentralen der Macht nicht nur verantwortungslose Zocker, sondern auch Menschen mit Verstand und Moral sitzen, die solch ein Szenario verhindern wollen und können.

Da Empoli (2026) beschreibt, dass unter Führung der digitalen Konquistadoren der ganze Planet ein Labor geworden ist, in dem ein entfesseltes *„Silicon Valley"* ohne die geringsten Sicherungsmechanismen an einer posthumanen Zukunft bastelt. Europas Eliten kuschen vor den neuen digitalen Kolonialherren im Glauben, sich durch Unterwerfung retten zu können und agieren dabei nur als Brandbeschleuniger. Dabei gibt es für Europa nur den einen Weg, sich endlich von der amerikanischen Vormundschaft zu befreien. Es erscheint aber fraglich, ob in den Brüsseler Institutionen solch ein Schritt ohne den Austausch der in amerikanischen Thinktanks ausgebildeten EU-Eliten überhaupt möglich ist. Mit dem Amtsantritt von Präsident Trump hat sich die Kluft im multilateralen und multikulturellen Denken zwischen Washington und Brüssel sowie Berlin außerordentlich vertieft. Im Jahr 1989 schenkte Gorbatschow den ehemaligen Satellitenstaaten der Sowjetunion die Freiheit, ihre eigenen Entscheidungen zu treffen und entließ sie durch den Abzug der Besatzungstruppen aus der sowjetischen Vormundschaft. Im September 1989 öffnete die Volksrepublik Ungarn die Grenze zu Österreich und trug maßgeblich zur Geburt eines einheitlichen und freien Europas bei. Heute besteht für Europa und Deutschland unter der 2025 gewählten US-Regierung eine ähnliche Chance, sich aus der *„selbst verschuldeten Unmündigkeit"* zu lösen und wirkliche Souveränität zu gewinnen.

## Literatur


Alkire, S. et al., 2025. The global Multidimensional Poverty Index (MPI). Country results and methodological note, OPHI MPI Methodological Note 61. Oxford Poverty and Human Development Initiative (OPHI), University of Oxford.

Achayara, A., 2025. The once and once and future world order. Why global civilization will survive the decline of the west. John Murray Press. 464 S.

Bart, I., 2025. Napozószékek a Titanicon. A klímaválságról magyar szemmel. Park. Budapest. 444 S.

Bätzing, W., 2023. Homo Destructor. Eine Mensch-Umweltgeschichte. Von der Entstehung des Menschen zur Zerstörung der Welt. Beck. 463 S.

Cedillo, R. S., 2023. Dieser Krieg endet nicht in der Ukraine. Argumente für einen konstituierenden Frieden. transversal texts. eipcp Wien.

CIA, 2018. Die Welt im Jahr 2035. Gesehen von der CIA und dem National Intelligence Council. Das Paradox des Fortschritts. Beck. 318 S.

Da Empoli, G., 2026. Die Stunde der Raubtiere. Macht und Gewalt der neuen Fürsten. Beck. 124 S.

Gall, L. 2006. Der Bankier Hermann Josef Abs. Eine Biographie. Beck. 526 S.

Huxley, A., 1946. Zeit der Oligarchen. Über Wissenschaft, Freiheit und Frieden. Hanser. 89 S.

Krasznahorkai, L., 2025. Nobel Prize Lecture in Literature. Stockholm, 7. Dezember 2025. www.nobelprize.org/prizes/literature/2025/krasznahorkai/lecture/

Liessmann, K. P., 2019. Bildung als Provokation. Piper. 237 S.

Liessmann, K. P., 2024. Lauter Lügen und andere Wahrheiten, Piper. 253 S.

Liessmann, K. P., 2025. Was nun? Eine Philososphie der Krise. Zsolnay. 238 S.

Mausfeld, R., 2023. Hybris und Nemesis, Wie uns die Entzivilisierung von Macht in den Abgrund führt – Einsichten aus 5000 Jahren. Westend. 510 S.

Marwecki, D., 2025. Die Welt nach dem Westen. Über die Neuordnung der Macht im 21. Jahrhundert. Ch. Links Verlag. 288 S.

Recknagel, H., 2007. Eine Frage der Haltung. Erinnerungen. Das Neue Berlin. 255 S.

Scheidler, F., 2025. Friedenstüchtig. Wie wir aufhören können, unsere Feinde selbst zu schaffen. Promedia. 224 S.

Staab, P., 2025. Systemkrise. Legitimationsprobleme im grünen Kapitalismus. Suhrkamp. 221 S.

United Nations Environment Programme, 2025. Global Environment Outlook 7: A future we choose – Why investing in earth now can lead to a trillion-dollar benefit for all. Nairobi. https://wedocs.unep.org/handle/20.500.11822/49014.

FSC
www.fsc.org
MIX
Papier | Fördert gute Waldnutzung
FSC® C083411

Kolibri 360 GmbH
Ferdinand-Jühlke-Straße 7
99095 Erfurt, Deutschland
produktsicherheit@kolibri360.de